エレクトロニクスのための
熱設計完全制覇

国峰尚樹 [著]

あなたの設計現場で必ず役立つ!

日刊工業新聞社

はしがき

　早いもので、「熱設計完全入門」を上梓してから二十余年の歳月が流れました。この間にエレクトロニクス製品は劇的に変わりました。薄型テレビ、スマホ、LED照明、EV、当時はなかったもので溢れています。

　開発設計には熱流体シミュレーションが活用されるようになり、試作前の温度予測を可能にしました。それにもかかわらず依然として多くの製品で熱問題が発生しています。製品の小型・高性能化が進み限界設計を余儀なくされているのも事実ですが、本質的に何か足りないものがあります。それが、設計初期に行うべき「上流熱設計」です。

　熱は感覚的に捉えることができる身近な現象なので、ある程度「勘と経験」が生かせます。しかし、伝熱のメカニズムは複雑で定量把握が困難なため、数値化はシミュレーションに頼ります。その結果、「勘と経験で設計して、シミュレーションで修正する」という設計パターンができ上がります。

　このパターンではシミュレーションは実験代替えなので精度が求められます。しかし精度を追求するほど「予測コスト」が膨らみます。また予測が正確であってもそれが「適切な熱設計」につながるとは限りません。

　短期間での高度な製品設計が要求される現在、"温度を確認して対処する"いわば「後出し熱設計」は限界にきています。"熱的要件から冷却機能を創り上げていく"、「上流熱設計」こそが、こうした状況から脱却する唯一の手段なのです。

　本書ではこの「上流熱設計の実践」のために必要な知識、ツール、手法、手段、プロセスについて、紙面の許す限り詳しく解説しました。そうした意気込みを「完全制覇」というタイトルに込めています。

　本書は熱設計プロセス構築に至るまでを下記のステップで構成しています。

◆熱設計の基礎
第1章、第2章、第3章では、熱設計の基本的事項と放熱のメカニズム、熱設

計で使用する計算式について解説しました。

◆予測ツールと計測ツール

第4章、第5章では、熱設計に欠かせない温度予測ツールと熱計測方法、および部品温度管理の考え方について説明してあります。

◆熱設計手法

第6章、第7章、第8章では、機器や基板、コンポーネントの熱設計で使う手法や常套手段について解説しています。

◆冷却デバイス

第9章、第10章、第11章では、放熱材料や冷却デバイスについて、その使用方法や注意点、液冷システムの設計方法などについて詳述しました。

◆熱設計プロセス

第12章では、3つの熱設計事例をもとに熱設計のプロセスを解説しています。実製品の事例を掲載できないため、仮想製品モデルを対象としていますが、考え方や手法を理解していただければ幸いです。

　熱設計の実施にあたって必要なExcel計算シートも準備しました。シートのダウンロード方法は参考文献のページ（p.334）に記載してあります。

　ここで説明した手法は、これからも多くの製品に適用しながらより確実なものへと更新していきたいと考えています。そのためにはたくさんの皆様にご活用いただき、ご意見、ご叱正を賜ることができればありがたいです。

　最後に、貴重な写真・文献・資料・データを提供していただいた多くの企業の方々、有益な助言や協力を賜った皆様、そして企画から4年もの長きにわたり、出版時期の調整、紙面のスリム化など全面的にお世話いただいた日刊工業新聞社出版局の国分未生さん、鈴木徹さんに心から感謝いたします。

　2018年4月　　　　　　　　　　　　　　　　　　　　　　　　国峰尚樹

目　　次

はしがき

第1章　製品開発のキー技術となった「熱設計」
〜部品の小型化と製品の多様化が熱設計を変えた〜 ……………… 1

1.1　熱対策から熱解析、そして熱設計へ ……………………………………… 1

1.2　実装技術の進展と冷却技術の変遷 ……………………………………… 2
　　1.2.1　「発熱集中」が少ない時代の冷却方式 ……………………………… 2
　　1.2.2　発熱集中が冷却方式を多様化した ………………………………… 3

1.3　部品の小型化がもたらしたインパクト ………………………………… 5

1.4　「発熱量の見積」が熱設計の要 ………………………………………… 6
　　1.4.1　そもそもなぜ熱がでるのでしょう ………………………………… 6
　　1.4.2　どれくらいが熱になるのか？ ……………………………………… 7
　　1.4.3　出力100Wのアンプは発熱量100Wか？ ………………………… 9
　　1.4.4　発熱量の予測と計測 ………………………………………………… 10

1.5　熱による不具合も様変わり ……………………………………………… 13
　　1.5.1　熱で機器が動かない！　熱暴走の危険 …………………………… 13
　　1.5.2　熱で機能が制限される　〜長く動かせれば商品の差別化に〜 … 14
　　1.5.3　低温やけどでクレーム！ …………………………………………… 14
　　1.5.4　さまざまな原因で部品は壊れる …………………………………… 16

第2章　伝熱のメカニズムと放熱促進
〜熱をミクロに捉えてその振る舞いを知っておこう〜 …………… 18

2.1　熱はどのように発生し伝わっていくのか？ …………………………… 18

2.2　部品の中は熱伝導で伝わる ……………………………………………… 20
　　2.2.1　電気を伝えやすい材料は熱も伝えやすい ………………………… 20
　　2.2.2　熱伝導率は測定方法で異なる ……………………………………… 21

2.3　表面からは空気の熱伝導と移動の複合現象「対流」で放熱 ………… 23
　　2.3.1　対流促進には「温度境界層」を薄くする ………………………… 23
　　2.3.2　流速を上げると温度境界層は薄くなり、やがて乱れる ………… 26
　　2.3.3　内部に空間のある密閉筐体　〜対流と熱伝導は紙一重！〜 …… 27
　　2.3.4　伝熱工学とCFDの違いは「熱伝達率」………………………… 28

iii

目　　次

2.4　熱放射によって物体間で直接熱交換する ································· 29
　　2.4.1　温度が高くなると放射される電磁波は強く、波長が短くなる ··· 32
　　2.4.2　色と放射率は直接関係しない ································· 33
　　2.4.3　単色放射率と単色吸収率は同じ ······························ 34
2.5　通風口による換気 ·· 35
　　2.5.1　ファンや通風口で筐体の換気風量を制御する ················· 35
　　2.5.2　風量が決まるメカニズム ····································· 36
2.6　熱源を筐体に接触させて熱を逃がす ································· 37
2.7　温まりにくいものを使って温度上昇を抑える ······················· 38
2.8　熱対策における伝導・対流・放射の役割とは ······················· 39
　　2.8.1　熱伝導では温度の均一化しかできない ······················· 39
　　2.8.2　平均温度を下げるのは対流か熱放射 ························· 40

第3章　熱設計に使用する計算式
　～熱をマクロに捉えて放熱に効くパラメータを押さえよう～ ······· 41

3.1　伝熱を支配する基礎方程式 ··· 41
3.2　熱移動を1つの式で表現する　～熱のオームの法則～ ················· 42
3.3　放熱のイメージと言葉を理解しましょう ····························· 44
　　3.3.1　温度（水位）、熱量（水量）、熱流量（流量） ··············· 44
　　3.3.2　熱抵抗（管路抵抗）、熱容量（底面積） ····················· 45
　　3.3.3　放熱は表面からしかできない　～熱流束が温度を決める～ ······ 45
3.4　熱伝導の計算で使用する代表的な式 ································· 48
　　3.4.1　熱伝導形状係数 ··· 48
　　3.4.2　等価熱伝導率 ··· 50
　　3.4.3　接触熱抵抗の計算 ··· 54
　　3.4.4　拡がり・狭まりの熱抵抗 ····································· 55
3.5　対流の計算で使用する式 ··· 56
　　3.5.1　伝熱工学で登場する無次元数 ································· 57
　　3.5.2　空気中の物体の自然対流平均熱伝達率 ······················· 59
　　3.5.3　空気中の物体の強制対流平均熱伝達率 ······················· 61
　　3.5.4　管内の熱伝達率 ··· 63
　　3.5.5　高高度や低圧下での熱伝達率 ································· 64
3.6　熱放射の基礎式と電子機器向けの式への変換 ······················· 65
　　3.6.1　単体の熱放射の基礎式 ······································· 65
　　3.6.2　2面間の熱放射の式 ·· 66
　　3.6.3　電子機器向けの放射計算式 ··································· 67

目　　次

　　　3.6.4　COS4 乗則 ……………………………………………………… 68
3.7　筐体熱設計に不可欠な「物質移動による熱輸送の式」………………… 69
　　　3.7.1　物が動けば熱も移動する ……………………………………… 69
　　　3.7.2　必要な換気風量や通風口面積を求める ……………………… 71
3.8　通風抵抗とファン動作点の計算式 …………………………………… 72
　　　3.8.1　流れのオームの法則 ……………………………………………… 73
　　　3.8.2　圧損係数と通風抵抗 ……………………………………………… 73
　　　3.8.3　圧損係数の計算 ………………………………………………… 75
　　　3.8.4　流体抵抗の合成 ………………………………………………… 77

第 4 章　熱設計の手法とツール
〜熱設計は徹頭徹尾「熱抵抗」で考える〜 ……………………… 79

4.1　伝熱基礎式を製品の熱計算に適用するには ………………………… 79
　　　4.1.1　電子機器用の簡易計算式の利用 ……………………………… 79
　　　4.1.2　図表・グラフの活用 ……………………………………………… 80
　　　4.1.3　Excel による伝熱計算 ………………………………………… 82
　　　4.1.4　Excel による熱回路網法計算 ………………………………… 83
4.2　伝熱基礎式を冷却機構の設計に適用するには ……………………… 85
　　　4.2.1　「熱抵抗」を中心に考える　〜なぜ熱抵抗を使うか〜 ……… 87
　　　4.2.2　「目標熱抵抗」と「対策熱抵抗」を対比して考える ………… 90
4.3　骨太の熱抵抗で放熱経路を構造化する　〜まず木を見ず森を見る〜 92
　　　4.3.1　熱抵抗モデルで機器の放熱ルートを決める ………………… 94
　　　4.3.2　熱抵抗に含まれるパラメータから熱対策をリストアップする … 95
4.4　強力な助っ人、熱流体解析ソフトウエア（CFD）を活用しよう ……… 96
　　　4.4.1　CFD 活用のメリットと注意点 ……………………………… 98
　　　4.4.2　解析精度を追求する前に個人差をなくす努力を ……………… 98
　　　4.4.3　解析精度の目標 ………………………………………………… 100
　　　4.4.4　温度予測ツールの使い分け …………………………………… 101

第 5 章　温度管理と熱計測
〜適切な温度管理と精度のよい測定で機器の信頼性を 確保しよう〜 ………………………………………………………… 102

5.1　部品の温度測定と温度管理 …………………………………………… 102
　　　5.1.1　「部品温度」の定義 ……………………………………………… 102
　　　5.1.2　半導体部品で定義される熱抵抗・熱パラメータ ……………… 103
　　　5.1.3　ジャンクション温度の推定 …………………………………… 104

v

目　　次

　　5.1.4　端子部温度規定 ··· 108
　　5.1.5　周囲温度のみで規定される部品への対応 ··················· 109
5.2　熱電対による温度測定 ·· 110
　　5.2.1　熱電対による温度測定誤差の原因 ···························· 110
　　5.2.2　温度測定誤差の例 ··· 113
　　5.2.3　その他の測定誤差にも注意 ···································· 115
5.3　サーモグラフィーによる温度測定 ································· 116
　　5.3.1　測定精度を決める放射率設定 ································· 117
　　5.3.2　サーモグラフィーの解像度 ···································· 118
5.4　抵抗法による巻線の温度測定 ······································ 119
5.5　半導体のジャンクション温度測定 ································· 120
5.6　熱抵抗の測定 ·· 122
　　5.6.1　ASTM D5470（接触熱抵抗・熱伝導率測定）·············· 122
　　5.6.2　T3Ster（過渡熱抵抗測定）··································· 123
5.7　熱流量・熱流束の測定 ·· 126
5.8　風量や圧力・通風抵抗の測定 ······································ 128

第6章　自然空冷機器の熱設計の常套手段
　　　　　～戦わずして逃げ道へ誘導せよ～ ····························· 131

6.1　自然換気を使って放熱する機器 ···································· 131
　　6.1.1　どれくらいの通風換気が必要か？　自然空冷で大丈夫か？ ········ 131
　　6.1.2　排気口と吸気口の見分け方　～発熱中心～ ··················· 132
　　6.1.3　発熱中心を下にして煙突効果を得る ························· 137
　　6.1.4　大切なのは吸気口よりも排気口！ ···························· 138
　　6.1.5　「最も狭い部分」を通風口面積と考える ······················ 139
　　6.1.6　通風口は細くしすぎない ······································ 140
　　6.1.7　排気口はできるだけ高い位置に設ける！　吸気口の配置は自由 ······ 141
　　6.1.8　自然空冷機器は狭い空間を作ってはいけない ················ 142
6.2　内部空間のある密閉機器の設計 ···································· 144
　　6.2.1　通風口の放熱能力と筐体表面の放熱能力の比較 ·············· 144
　　6.2.2　密閉筐体の放熱　～内部に空間が空いている場合～ ··········· 145
　　6.2.3　アルミの筐体より樹脂の筐体の方が冷える！？ ··············· 148
6.3　内部に空間がない密閉筐体の設計 ································· 150
　　6.3.1　密閉機器では「熱伝導のリレー」で熱を運ぶ ················· 150
　　6.3.2　骨太の放熱経路設計 ··· 152
　　6.3.3　接触熱抵抗低減　～TIMの活用～ ···························· 153
　　6.3.4　ヒートスプレッダ ··· 154

目　　　次

　　　6.3.5　高放射材料 ··· 154
6.4　屋外で使用する機器 ··· 156
　　　6.4.1　日射による受熱量の大きさ ······························· 156
　　　6.4.2　日射が機器に及ぼす影響 ·································· 156
　　　6.4.3　日射対策 ··· 159
　　　6.4.4　防寒と結露 ··· 161

第7章　強制空冷機器の熱設計
～空気を集めて熱を一掃せよ～ ······················· 163

7.1　冷却ファンの振る舞いを知っておこう ························· 163
　　　7.1.1　換気扇と扇風機　～冷却ファンの役割と特性の違い～ ····· 163
　　　7.1.2　ファンの基本特性と通風抵抗 ····························· 165
　　　7.1.3　知っておくと便利なファンの相似則 ···················· 166
　　　7.1.4　ファンの並列・直列運転・回転数増加 ················· 167
　　　7.1.5　ファン騒音の相似則 ·· 169
　　　7.1.6　ファンは最大出力点で使うと静かに動く ·············· 169
　　　7.1.7　素直な流れの吸気側、癖のある流れの排気側 ········· 171
　　　7.1.8　ファン近傍の障害物の影響 ································ 174
7.2　強制空冷機器の熱設計のポイント ····························· 176
　　　7.2.1　強制空冷と自然空冷の違い ································ 176
　　　7.2.2　強制空冷機器ではバイパスの防止が重要 ··········· 176
　　　7.2.3　強制空冷では通風口を開けすぎない ·················· 177
　　　7.2.4　ファンの開口面積よりも狭い場所を作らない ········ 179
　　　7.2.5　ファンの取り付けはPULL型かPUSH型か？ ········ 180
　　　7.2.6　PULL型は通風口が狭いと予想外の場所から吸い込んでしまう！ ··· 182
　　　7.2.7　PUSH型の乱流効果を活用する ························· 182
　　　7.2.8　ファンを使った部品冷却の常套手段 ··················· 184
　　　7.2.9　流路パターンとその注意点 ································· 185
7.3　強制空冷機器の設計手順 ·· 188
　　　7.3.1　換気風量を決めてファンを選ぶ（換気量設計）······ 188
　　　7.3.2　ファン動作風量を推定する ································ 189
　　　7.3.3　発熱体周囲の風速を確認する ··························· 190
7.4　吹付ファンによる冷却（モータ冷却の例）···················· 191
　　　7.4.1　吹付ファンで得られる風速 ································ 191
　　　7.4.2　ファンで強制空冷された発熱体の温度上昇計算 ···· 192
　　　7.4.3　ファンの大きさや発熱体との距離の影響 ············· 193
7.5　防塵対策 ··· 194

vii

目　　次

7.5.1　フィルターの負荷は大きい！　取り込み口を大きく ……………………… 195
7.5.2　フィルターは吸気口に密着させてはいけない ………………………………… 195
7.5.3　フィンやスリットの間口を広くする ……………………………………………… 196

第8章　部品と基板の熱設計　熱源分散と熱拡散に努めよ
～全体を骨太に設計し部品ごとに対策を仕分ける～ ……………… 197

8.1　半導体デバイスやモジュールの熱対策 …………………………………………… 197
8.1.1　部品の熱対策は「均熱化」と「外部接続強化」…………………………… 197
8.1.2　高発熱デバイスは内部熱抵抗の低減が課題 ……………………………… 199

8.2　基板の熱設計に必要な2つのアプローチ①　～基板を俯瞰した熱設計～ ……… 201
8.2.1　平均熱流束を計算する ………………………………………………………… 201
8.2.2　局所熱流束を計算する ………………………………………………………… 202
8.2.3　「熱源集中」が不可避であれば「熱拡散」を図る ……………………… 202
8.2.4　高熱伝導基板は「熱流束」の管理が大切 ………………………………… 205
8.2.5　低熱伝導基板は部品レイアウト（風上・風下）が大切 ………………… 207

8.3　基板の熱設計に必要な2つのアプローチ②　～部品視点の熱設計～ ………… 207
8.3.1　目標熱抵抗と単体熱抵抗　～自己冷却可能か不能か～ ………………… 208
8.3.2　「基板で冷やせる部品」と「基板では冷やせない部品」………………… 210

8.4　高放熱基板 ……………………………………………………………………………… 212
8.4.1　基板の放熱能力の測定と評価（JPCA規格）……………………………… 212
8.4.2　放熱能力の高い基板 …………………………………………………………… 215

8.5　筐体への放熱 …………………………………………………………………………… 216
8.5.1　基板放熱限界を超えたら熱は筐体に逃がす ……………………………… 217
8.5.2　筐体放熱効果の計算（熱回路網法）………………………………………… 218

8.6　配線パターンやケーブルのジュール発熱 ………………………………………… 222
8.6.1　ジュール発熱による温度上昇の予測 ……………………………………… 223
8.6.2　表皮効果 ………………………………………………………………………… 224

8.7　通風を考慮した基板のレイアウトを行う ………………………………………… 225
8.7.1　基板を水平に重ねて置かないようにする ………………………………… 225
8.7.2　複数の基板を垂直に配列する際には最適ピッチで配置する ………… 226
8.7.3　高発熱基板どうしはできるだけ隣接させない …………………………… 228
8.7.4　基板を上下に配置する場合には遮蔽板を設ける ………………………… 228
8.7.5　強制空冷ではバイパスをカットする ……………………………………… 228

viii

目　　次

第9章　放熱材料の使い方
～放熱経路構築の具を利用せよ～ ······················ 230

9.1　TIM（Thermal Interface Material）···················· 230
　　9.1.1　サーマルグリースの種類と選定法 ···················· 231
　　9.1.2　熱伝導シートの種類と選定法 ······················ 235
　　9.1.3　PCM（Phase Change Material）···················· 240
　　9.1.4　ゲル（熱伝導性液状充填材）······················· 241
　　9.1.5　その他の放熱材料 ···························· 241

9.2　ヒートスプレッダ ································ 242
　　9.2.1　シールド材やフレーム板金を使ったヒートスプレッダ ········· 242
　　9.2.2　グラファイトシート（黒鉛シート）·················· 244
　　9.2.3　金属箔を使ったヒートスプレッダ、高放射シート ·········· 244
　　9.2.4　ヒートスプレッダの性能概算 ····················· 245

9.3　断熱材と蓄熱材 ································· 245
　　9.3.1　断熱材 ································· 245
　　9.3.2　真空断熱材とシリカエアロゲル ···················· 246
　　9.3.3　蓄熱材 ································· 246

第10章　ヒートシンク活用術
～吸収拡散の具を駆使せよ～ ························ 248

10.1　ヒートシンクの種類 ······························ 248

10.2　ヒートシンクには3つの熱抵抗がある ···················· 249

10.3　ヒートシンクベース面の「拡がり熱抵抗」の計算 ··············· 250

10.4　自然空冷ヒートシンクの選定・設計の手順 ·················· 252

10.5　知っておくべきヒートシンクの常識 ····················· 257
　　10.5.1　自然空冷ヒートシンクの熱抵抗は温度で変わる ··········· 257
　　10.5.2　包絡体積が同じでも熱抵抗は異なる ················· 258
　　10.5.3　熱源の大きさや配置で熱抵抗は変わる ················ 259
　　10.5.4　ヒートシンクベースの「厚み」はホットスポットを解消し温度変動を抑える ···· 259
　　10.5.5　ヒートシンクの性能評価は「ヒートシンク温度」を基準にしてはいけない ··· 260
　　10.5.6　ヒートシンクメーカの熱抵抗測定方法は製品で異なる ········· 260
　　10.5.7　プレート型ヒートシンクは指向性が大きい ············· 260
　　10.5.8　フィン高さが増すほど熱放射の割合が減る ············· 261
　　10.5.9　アルマイトや塗装色に大きな差はない ················ 261
　　10.5.10　フィン表面の微細加工は自然空冷では効果がない ········· 263
　　10.5.11　かしめヒートシンクは製造ばらつきがある ············· 263
　　10.5.12　自然空冷ヒートシンクでは近くに流れを妨げるものを置かない ······ 263

ix

目　　次

10.6　強制空冷ヒートシンクの選定・設計の手順 …………………………………… 264
10.7　強制空冷ヒートシンク設計における留意点 …………………………………… 269
10.8　ヒートシンクの過渡熱応答 ……………………………………………………… 271

第11章　ヒートパイプ・電子冷却・液冷
〜飛び道具を活用せよ！〜 ……………………………………………… 274

11.1　ヒートパイプ ……………………………………………………………………… 274
　　11.1.1　動作メカニズムと性能 ……………………………………………………… 275
　　11.1.2　ヒートパイプの種類 ………………………………………………………… 275
　　11.1.3　ヒートパイプの用途 ………………………………………………………… 277
　　11.1.4　注意点①　最大熱輸送量 …………………………………………………… 278
　　11.1.5　注意点②　トップヒートモード …………………………………………… 278
　　11.1.6　注意点③　取り付け（接触熱抵抗） ……………………………………… 279
　　11.1.7　注意点④　曲げ加工 ………………………………………………………… 279
　　11.1.8　プレイステーション3での活用例 ………………………………………… 280
11.2　液冷システムの設計 ……………………………………………………………… 281
　　11.2.1　液冷システムの構成 ………………………………………………………… 281
　　11.2.2　液冷システムの計算の流れ ………………………………………………… 283
　　11.2.3　液冷システムの計算例 ……………………………………………………… 284
　　11.2.4　冷媒の選定 …………………………………………………………………… 291
11.3　ペルチェモジュール（熱電素子：TEC） ……………………………………… 291
　　11.3.1　動作メカニズムと予測式 …………………………………………………… 291
　　11.3.2　ペルチェモジュールを使った計算例 ……………………………………… 293
　　11.3.3　ペルチェモジュール使用上の注意点 ……………………………………… 295

第12章　製品設計に見る熱設計のプロセス
〜熱設計は手順を踏んで効率的に進めましょう〜 ………………… 297

12.1　基本的な熱設計手順 ……………………………………………………………… 297
12.2　【事例1】密閉機器の熱設計 ……………………………………………………… 299
12.3　【事例2】自然空冷通風機器の熱設計 …………………………………………… 307
12.4　【事例3】強制空冷機器の熱設計 ………………………………………………… 318
12.5　まとめ ……………………………………………………………………………… 330

文献・使用ソフト ……………………………………………………………………… 332

索引 ……………………………………………………………………………………… 335

第1章 製品開発のキー技術となった「熱設計」
～部品の小型化と製品の多様化が熱設計を変えた～

1.1 熱対策から熱解析、そして熱設計へ

　1946年に最初のコンピュータ「ENIAC」が作られたときにも熱問題が発生し、真空管の冷却に合計18 kWの換気装置が設けられていたそうです。

　以来、電子機器の熱問題は絶えることなく続いてきました。「熱問題は重要」といわれつつ、長きにわたって「事後処理」でした。試作して温度を測ってから対策を考えるという「熱対策型プロセス」がとられてきました。

　時代が変わり、マーケットが求める高性能化、小型軽量化を低価格で迅速に実現させることが至上命題になりました。そこで「フロントローディング」の掛け声の下、熱流体シミュレーションを行って温度を予測し、図面にフィード

ENIAC コンピュータ

1

第1章　製品開発のキー技術となった「熱設計」

バックする「熱解析主導プロセス」が浸透してきました。

　しかし、最初の設計が不適切だと熱流体シミュレーションは、極めて非効率な反復を伴うことになります。熱設計とは温度を予測することではなく、所定の発熱条件下で温度条件を満足できる冷却機能を創り出すことです。これを効果的に行うのが「熱設計型プロセス」です。

　熱は部品から基板、筐体、すべての実装階層を経て外気に放散されます。放熱経路のどこかにボトルネックがあると、たちまち熱源は高温になります。最初にトータルで放熱経路を考え、各設計者が熱設計方針に従って対策を盛り込むという体制づくりが欠かせません。

　熱は今や製品差別化要因のひとつとなっています。本書では最も重要な「初期段階の熱設計」をより実製品に近い立場で解説していきます。

1.2　実装技術の進展と冷却技術の変遷

1.2.1　「発熱集中」が少ない時代の冷却方式

　電子機器の実装方式は時代とともに変わってきました。変化を進める原動力となったのは、半導体の高集積化（高機能化）と部品の小型化です。
40年前の電子機器を振り返ると、大きめの筐体に外形寸法の大きい半導体部品をたくさん実装していました。1980年初頭の8ビットCPU（8080）はDIP型パッケージ（Dual Inline Package：リード付の挿入型部品）に収められ、集積度も低く、消費電力は1.2 W以下でヒートシンクも付けませんでした。出始めた頃のパソコンは「自然空冷」が当たり前でした。16ビットのCPU（8086）では消費電力が1.7 Wになり、「熱い部品」とされましたが、それでも自然空冷で問題ありませんでした。後に出たCMOS版では0.05 Wと劇的な省電力化が図られています。

　この時代の熱設計は「空気温度管理」で充分でした。特定部品への発熱集中度が低いので、機器内部の空気温度（部品周囲温度）を押さえておけば信頼性は保証できたのです。熱設計ターゲットは空気温度だったので、電力密度（W

1.2 実装技術の進展と冷却技術の変遷

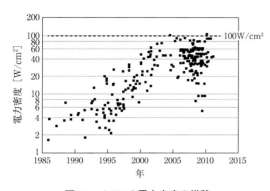

図1.1 CPUの電力密度の推移
（出典：引用文献1）

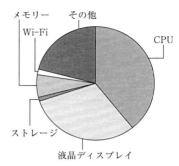

図1.2 ノートパソコンのCPUが占める消費電力の割合
CPUの消費電力はPCの全消費電力の40％を超える

（ワット）/L（リットル））を目安に冷却方法を変えました。例えば5 W/Lまでは密閉自然空冷、それを超えたら通風口をあける、さらに10 W/Lを超えたらファンを付けるといった具合でした。自然空冷機器、強制空冷機器、密閉機器といったおおまかな冷却方式しかなかったわけです（図1.3 ①〜③）。

しかし、半導体の急激な進歩に支えられ、処理がCPUやGPUに集中するようになりました。半導体の微細化・高集積化は、そのまま高速化、小型化、省電力化、低コスト化につながるため、「ムーアの法則」に導かれて発展してきました。図1.1に示すように、チップあたりの電力密度は急激に増大し、すでに空冷限界に達しています。

機器全体の消費電力の半分近くが1つの部品に集中する状態（図1.2）が生じると、CPUという「ホットスポット」をいかに冷却するかが喫緊の課題になりました。

1.2.2 発熱集中が冷却方式を多様化した

CPUやパワーデバイスなど、特定の部品に発熱が集中するようになると、個別の熱対策が必要になります。まずは熱い部品にはヒートシンクを付けて冷やします（図1.3 ⑤）。通風型機器であれば、ヒートシンクを設けて内部空気に放熱しても問題ありませんが、密閉機器では内部空気の温度が上がってしまい

第1章　製品開発のキー技術となった「熱設計」

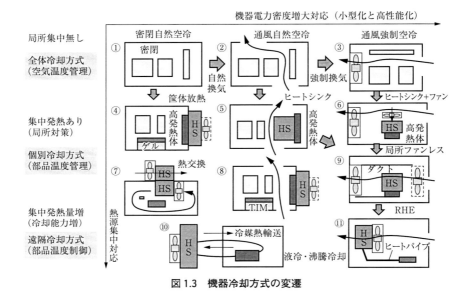

図 1.3　機器冷却方式の変遷

ます。そこで、図1.3④のように、発熱体を筐体に接触させ筐体表面にヒートシンクを設けることで、直接外気に放熱させます。

発熱量が大きい部品はヒートシンクが大型化するので、ファン（扇風機）を併用します（図1.3⑥）。換気用ファン（換気扇）とCPU冷却用ファン（扇風機）の2つを使用する方式が、パソコンを中心に普及しました。この方法では2つのファンを使用するので、騒音の増加やコストアップを招きます。またCPUを冷やして熱くなった空気が一度機器内にまき散らされるため、CPU周辺の部品が高温にさらされて故障するなどの不具合もありました。そこでダクトを使って風速を上げることで扇風機を削除する方式（図1.3⑨）が普及しました。この空気を吸い出す（PULL型と呼ばれる）方式では、CPUが最下流になり、温まった空気をまき散らす問題も解決されます。

しかし、この方式ではファンが最下流となり、高温空気にさらされて寿命が短くなる、機器内部が負圧となり埃の侵入が多くなるという欠点があります。これを避けるため、ファンを吸気側に設けて（PUSH型と呼ばれる）押し込む方式も採用されるようになりました。

ノートパソコンで小型化、薄型化が進むと、CPU にヒートシンクを付ける
スペースがなくなってきます。そこで、発熱部と放熱部を分けてその間をヒー
トパイプで熱輸送することにより配置の自由度を高めたのが、RHE（Remote
Heat Exchanger）と呼ばれる冷却方式です（図 1.3 ⑪）。この方式では熱源の
物理的な位置はファンより風上側ですが、熱はファンの下流に運ばれて冷却さ
れるので、高温空気がまき散らされることもファンが高温にさらされることも
なくなります。

　一方、モバイル機器や通信・電力設備など屋外で使用される機器が増え、防
水・保護構造が求められるようになりました。発熱量が大きい密閉機器を冷却
するには、図 1.3 ④で筐体外側に防水ファンを設置する方法や、図 1.3 ⑦のよう
に熱交換器を設けて内気循環ファンと外部冷却ファンで冷やす方法などがとら
れます。さらに発熱量が大きい場合には、液冷方式により外部に設置した冷却
器（または冷凍機）まで液体で熱を輸送します。冷媒を相変化（蒸発・沸騰）
させることで熱輸送能力はさらに向上します。

　このように、機器の大きさと性能に関わる「電力密度」とデバイスの高集積
化に関わる「熱源集中」の 2 つの軸で冷却方式が開発され、多様化が進んでき
ました。

1.3　部品の小型化がもたらしたインパクト

　ここ数十年であらゆる部品が小型化し、表面実装化が進むとともにプリント
基板の微細化、多層化も進みました。部品が小型化すると部品の表面積が減少
し、表面からの放熱は減ります。一方、多ピン化やリードレス化で部品から基
板への伝熱パスが増強され、さらに基板の残銅率が増えることにより基板への
放熱が増加します。この結果、部品の熱の大半（80 ％以上）が基板を経由して
逃げるようになってきました。

　こうしたトレンドは、熱設計に下記のインパクトを与えました。

1)「基板の熱設計」が重要になった

　部品の熱は、上から逃げるルート（表面から空気へ）と下から逃げるルート

第1章 製品開発のキー技術となった「熱設計」

（底面から基板へ）があります。上からの放熱はヒートシンクやファンで空気流動を活用するので、機械屋の仕事になります。下からの放熱はまず配線で拡散しなければならないので、回路・基板屋の仕事になります。基板に逃げる割合が増えると、後者の役割が重要になります。

2）「周囲空気温度」による部品温度管理が困難になった

　基板からの放熱が増えると、「周囲温度による部品の管理」が困難になります。空気に熱が逃げないので、空気温度は低く基板温度は高くなります。周囲温度が低くても、基板からの受熱で部品がダメージを受けます。

3）「部品の温度測定」が難しくなった

　部品が小型化すると、熱電対を付けただけで温度が下がります。サーモグラフィーで見ても、解像度が低いと真の温度が捉えられません。許容温度を超えた状態を把握できず出荷してしまっている危険すらあります。

4）「内部熱抵抗」を使った半導体部品の温度予測が難しくなった

　半導体チップの温度は直接測れないため、表面温度から内部熱抵抗データを使って推定しています。しかし、半導体の熱抵抗（θ_{jc}）は熱が表面（ヒートシンク側）から逃げることを前提にしており、基板放熱が増えると誤差が大きくなります。

5）「熱流体解析」が実測と合わなくなってきた

　小型部品では90％以上の熱が基板から逃げるようになりました。基板への放熱量の正確さが解析精度を左右します。基板放熱の把握には基板形状の詳細化（配線パターンの表現）が不可欠です。従来の等価熱伝導モデルでは、高めの予測になることが多くなります。

　こうした課題に対しては、各企業や業界団体で取り組みを進めています。

1.4　「発熱量の見積」が熱設計の要

1.4.1　そもそもなぜ熱がでるのでしょう

　電子機器・電気製品にはさまざまな発熱源があります。そもそも、すべての

エネルギーは変換を重ねて最後は熱になるので、エネルギーを使うものはすべて熱源といってもいいでしょう。

機器で利用するエネルギーには、主に下記のものがあります。

1）電気エネルギー

電気製品は電気エネルギーを入力して何らかの仕事をしますが、途中でロスがあるので発熱します。電線を電気が流れただけでジュール発熱（銅損）が起こります。モータやトランス、コイルでは交流磁界が発生して渦電流が流れ、鉄損が発生します。電気屋さんは、なくなった電気エネルギーを「消費電力」と呼びますが、熱屋は「発熱量」と呼びます。電気屋さんから見てなくなったものは、熱屋から見ると湧き出してくるからです。

2）光・電磁波のエネルギー

LEDなど電気エネルギーを光に換えるデバイスでは、光に100％変換できるわけではありません。変換効率は年々向上しているものの、LEDでも半分は熱になります。光に変換できても、機器内で光が吸収されればそれも熱になります。

3）機械エネルギー

メカトロ製品などで動くものがあると発熱が起こります。ベアリングやギヤ、ベルトなど摺動による摩擦発熱や応力による内部発熱が起こります。これらは機械損と呼ばれます。

4）流体エネルギー

高速回転体などで圧力が高まって流体が圧縮されると内部発熱が起こります。流体と固体の摩擦によっても発熱が起こります。これらは風損と呼ばれることもあります。

5）化学エネルギー

バッテリーなども化学エネルギーと電気エネルギーの変換の際に反応による発熱が起こります。

1.4.2　どれくらいが熱になるのか？

入力されたエネルギーは最後にはすべて熱になってしまうのですが、どこで

第1章　製品開発のキー技術となった「熱設計」

表1.1　主な機器の変換効率

機器分類	機器	条件		熱損失比率の目安	
コンピュータ類	パソコン本体	1台当たり：100〜300 W 程度		100 %	
	モニター	1台当たり：30〜130 W 程度		100 %	
	ハードディスク	1台当たり：10〜30 W		100 %	
電源・変圧器類	小型変圧器	定格容量	〜100 VA	15 %程度	
			〜300 VA	10 %程度	
			〜1 kVA	7 %程度	
			〜3 kVA	5 %程度	
			〜5 kVA	4 %程度	
			〜10 kVA	3 %程度	
	電圧調整器	定格容量	〜500 VA	10 %程度	
			〜1 kVA	7 %程度	
			〜10 kVA	5 %程度	
	定電圧電源	定格容量	〜2 kVA	15 %程度	
			〜10 kVA	10 %程度	
	無停電電源装置 (UPS)	定格容量	〜1 kVA	20 %程度	
			〜20 kVA	15 %程度	
	直流安定化電源 （スイッチング レギュレータ）	定格容量		20〜30 %程度	
	低圧コンデンサ	定格容量		0.2〜0.3 %程度	
増幅器類	AC サーボアンプ	定格出力	〜0.1 kVA	50 %程度	
			〜0.5 kVA	15 %程度	
			〜1 kVA	8 %程度	
			〜3 kVA	5 %程度	
			〜5 kVA	4 %程度	
			〜11 kVA	3.5 %程度	
			〜22 kVA	3 %程度	
	インバータ	定格出力	〜0.4 kW	12.5 %程度	
			〜0.75 kW	11 %程度	
			〜1.5 kW	8 %程度	
			〜2.2 kW	7 %程度	
			〜3.7 kW	6 %程度	
			〜7.5 kW	6 %程度	
			〜11 kW	5 %程度	
			〜22 kW	4.5 %程度	
			〜30 kW	4 %程度	
	サイリスタ	定格電流		単相	三相
			〜25 A	50 W 程度	90 W 程度
			〜35 A	55 W 程度	115 W 程度
			〜50 A	75 W 程度	175 W 程度
			〜75 A	90 W 程度	250 W 程度
			〜100 A	120 W 程度	320 W 程度
			〜150 A	200 W 程度	520 W 程度
			〜250 A	350 W 程度	930 W 程度
			〜350 A	400 W 程度	1150 W 程度
			〜450 A	560 W 程度	1600 W 程度
			〜600 A	700 W 程度	2000 W 程度

熱に変わるかが問題です。機器の中で熱に変わった部分が熱設計の対象になります。外に出てから熱になるのであれば機器の温度上昇に影響しないので、発熱量に含みません。つまり、

　　　　機器の発熱量＝(入力エネルギー)−(出力エネルギー)

と考えます。電源やアンプなど、エネルギーを出力するものはその「変換効率」によって変わります。

　　　　変換効率＝出力エネルギー/入力エネルギー

2つの式を合せると

　　　　機器の発熱量＝(入力エネルギー)−(変換効率×入力エネルギー)

　　　　　　　　　　＝(入力エネルギー)×(1−変換効率)

となります。

　技術の進歩によって変換効率はアップしているので、発熱は抑えられるはずなのですが、効率が上がるとより大きな出力を求められるので発熱量は減りません。

　エネルギーの出力がない機器は、入力したすべてのエネルギーが機器内で熱になってしまいます。パソコン、スマホ、サーバーなど、情報処理を行う機器は、すべてこの範疇に入ります。主な機器の熱損失比率 (1−変換効率) 例を**表1.1**に示します。

1.4.3　出力100Wのアンプは発熱量100Wか？

　具体的に考えてみましょう。例えば、**図1.4**のような出力100Wのオーディオアンプを考えてみましょう。出力が100Wなので損失を考えると入力はもっと大きくなります

　オーディオアンプには主な熱源として電源とアンプがあります。それぞれ入出力があるので入力−出力が発熱です。アンプの変換効率を80％と考えると、アンプから100W出力するには入力は100/0.8＝125W必要で、損失（発熱）は入力−出力＝125−100＝25Wになります。

　電源効率を90％とすれば、電源から125W出力するには、125/0.9≒139Wの入力が必要になり、ここでの損失は139−125＝14Wとなります。オーディ

第1章　製品開発のキー技術となった「熱設計」

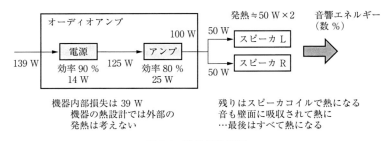

図 1.4　熱の発生場所

オアンプ機器の熱設計で考える発熱量は、25＋14＝39 W です。

　では残ったエネルギーはどうなるかというと、100 W の出力は 50 W ずつ左右のスピーカに供給され音響エネルギーとして出力されます。スピーカの電気から音への変換効率はあまり高くなく数％です。多くがボイスコイルで熱になってしまうのです。音になって出力されたエネルギーも、壁の振動に変わり摩擦で減衰して熱になります。最後はすべて熱なのです。

1.4.4　発熱量の予測と計測

　発熱量の正確な予測や測定は難しく、経験的な要素を多く含みます。

　単純な抵抗に直流が流れるだけであれば電流×電圧で求められますが、通常は電流・電圧が時間とともに変動するので、波形データをとって計算しなければなりません。

　電気・電子部品は温度依存性があります。温度が変わると発熱量も変わるため、さらに予測が難しくなります。

　モータやコイル、トランスなど巻線を使った部品は、ジュール発熱だけでなく鉄損と呼ばれる電磁効果による発熱が起こります。どこでどの程度の発熱が起こるか予測するには、電磁場解析が必要です。動作周波数が変わると発熱量も変わります（図 1.5）。モータは運転条件（回転数や負荷）によって発熱する場所が異なります（図 1.6）。

　このように、温度予測の重要な入力である発熱量の把握が難しく、熱流体シミュレーションでも「発熱量の見込み違いによる誤差」が発生します。

1.4 「発熱量の見積」が熱設計の要

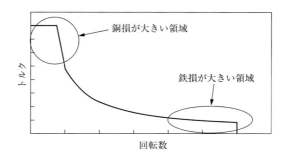

図 1.5 モータの発熱要因は回転数で変動する

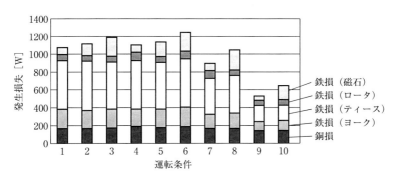

図 1.6 電磁場解析による小型 PM モータの損失解析例
(出典:安達昭夫「PM モータの熱設計」、熱設計・対策シンポジウム 2010 予稿集)
回転数、負荷などの運転条件で変動する

発熱量の予測や計測方法については、さまざまな検討が進められています（図 1.7）。

1) 電気的な計測
● 電流波形を測定して計算する方法
部品を入手し回路を組んで動作させなければならないため、時間を要します。端子の多い微細構造のデバイスなどでは、ほとんど困難といってもよいでしょう。

2) 熱的な計測
● 周囲への放熱量から推定する方法
断熱された容器に流体を入れ内部で発熱体を発熱させると、流体の温度が上

11

第1章 製品開発のキー技術となった「熱設計」

■電気的な測定
電流・電圧を測定して波形から消費電力を計算する

■熱的な測定
発熱を液体で捕捉し、その温度上昇から単位時間あたりの発生熱量を推定する（あらゆる発熱に対応）

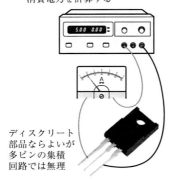
ディスクリート部品ならよいが多ピンの集積回路では無理

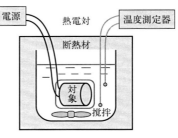
$W = (\Delta T / \Delta \tau) \times c_p \times \rho \times V$

図1.7　発熱量の測定方法

昇します。この温度上昇カーブと流体物性（密度、比熱）から発熱量を推定することができます。通電状態で測定するには絶縁性の流体を使う必要があります。

● 熱流センサーを使って推定する方法

密閉筐体のように、すべての熱が表面から逃げるような構造であれば、熱流センサーを使って総消費電力を押さえることができます（第5章で解説）。基板に実装された部品では、基板側への放熱と隣接部品からの受熱により正確な見積もりが難しいですが、複数データから統計的手法によって予測する方法も開発されています（引用文献5）。

3）シミュレーションを使った予測

さまざまな回路シミュレータで消費電力計算機能が提供されています。例えば、LSIチップに対してはRTL（Register Transfer Level）レベルで論理回路の消費電力を予測するシミュレーションツールが提供されています。また、アナログ回路シミュレータでも消費電力解析機能が提供されています。さらに、電磁場と熱流体の連成解析による発熱量予測も普及してきました。

1.5 熱による不具合も様変わり

あらゆるモノにコンピュータが組み込まれるようになり、熱によって起こる不具合も多様化してきました。

1.5.1 熱で機器が動かない！ 熱暴走の危険

CPUの消費電力は下式で表されます。

たくさんの素子を並べて速く動かす（on-off周波数を上げる）ことで性能は向上しますが、消費電力が増えてしまいます。そのため、低電圧化やマルチコア化でしのいできました。

しかし、半導体の微細化が進むと第2項の「漏れ（リーク）電流」が増えま

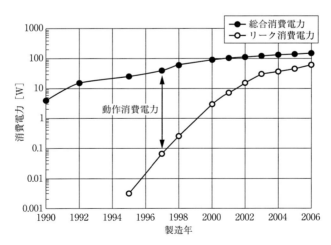

図1.8 リーク電力の増加
（出典：Stefan Rusu, "Power and Leakage Reduction in the Nanoscale Era", Intel Corp., 2008.）

第1章　製品開発のキー技術となった「熱設計」

す。素子が小さくなると素子の動作に関係なくトンネル効果などで電気が流れ
てしまうのです。この漏れ電流は、素子の温度に敏感で温度が高いほど増加し
ます。漏れ電流が増えると発熱量が増えてさらに温度が上がります。このスパ
イラルに入ると際限なく温度が上昇し、やがて動作しなくなってしまいます。
この状態が「熱暴走」です（多くの機器ではその前に電力制限やサーマルシャ
ットダウンに入ります）。

　図1.8はサーバー用プロセッサの総合消費電力とリーク消費電力の推移で
す。年代とともにリーク消費電力の割合が急激に増えていることがわかりま
す。もちろん、リーク電流対策も講じられていますが、それでも15〜20％程度
のリーク電力が発生します。

1.5.2　熱で機能が制限される　〜長く動かせれば商品の差別化に〜

　スマートフォンやデジカメなど最近の機器では、温度検知による保護機能が
実装されています。これは温度を優先して機能を抑えることを意味します。つ
まり、冷却が不十分だと、速く高温になる⇒保護が働く⇒長時間使えない、と
いうことになります。例えば、動画撮影やゲームなど発熱の大きい動作を連続
して行ったときに、サーマルアラームに至るまでの時間は放熱性能によって決
まります。バッテリーも温度の影響を受けやすく、適切な温度に保つことで容
量や寿命を伸ばせます。

　このように、熱設計が製品の機能・性能に影響を及ぼすようになり、その良
し悪しが製品差別化要因のひとつとなっています。温度を低くできれば消費電
力を減らすことができ、省エネにつながります。携帯機器ではバッテリーの持
ちがよくなります。これらは、機器の使用を満足する「品質」を保つために、
熱設計が不可欠になっていることを示しています。

1.5.3　低温やけどでクレーム！

　スマホが急激に普及し、手に持って使うIT機器が増えました。これらの機
器は密閉構造のため、熱はケース表面から逃がすしかありません。しかし表面
温度が高くなると利用者に不快感や苦痛を与えることになります。また、表面

14

1.5 熱による不具合も様変わり

温度が低くても長時間使用することで「低温やけど」を起こすことがあります。

図1.9は皮膚の温度とやけどに至る時間との関係を示したグラフです。皮膚温度が70℃にさらされると、平均1秒でやけどに至ります（実線）。個体によっては65℃でも1秒でやけどします（破線）。皮膚の温度が44℃でも数時間触

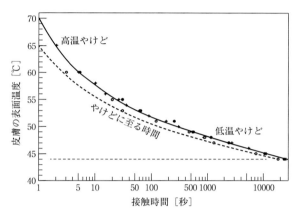

図1.9　やけどに至る皮膚の温度と接触時間との関係
（出典：A. R. Moritz and F. C. Henriques, Jr., "Studies of Thermal Injury"）

表1.2　表面温度の安全基準例

JIS C6950　情報技術機器-安全性				
	金属	ガラス、磁器及びガラス質材料	プラスチック及びゴム
短時間だけ保持又は接触するハンドル、ノブ、グリップなど	60℃	70℃	85℃
通常使用時に連続的に保持するハンドル、ノブ、グリップなど	55℃	65℃	75℃
接触することができる機器の外部表面	70℃	80℃	95℃
接触することができる機器の内部部品	70℃	80℃	95℃

JIS T0601 医療用機器-安全に関する一般的要求事項	
正常な使用時に患者に短時間接触する可能性のある機器の部分	50℃
患者に熱を加えることを意図しない機器の装着部の表面温度は、41℃を超えてはならない	

第1章　製品開発のキー技術となった「熱設計」

れているとやけどに至ります。

皮膚の温度は機器の表面温度より数℃下がりますが、それでも機器表面温度上昇は 10 ℃程度に抑えておくことが望ましいです。

やけどに対する安全基準は IEC や JIS、UL などの規格にも定められており、こちらは規格認証取得のためには決して超えてはいけない目標温度になります。

表 1.2 に JIS 規格の例を示します。

1.5.4　さまざまな原因で部品は壊れる

熱設計の大きな狙いは「信頼性」を確保することであり、下記の故障要因を排除する設計が必要です。

1）化学変化

温度が高くなると化学反応が促進されます。一般に樹脂は熱分解しやすく金属に比べると低い耐熱温度しかありません。

アルミ電解コンデンサは、10℃温度が高くなるごとに寿命が半分になるといわれます。これは温度が高くなることにより、内部に封入された電解液が封口ゴムを通して拡散してしまうことが原因です。温度が高くなるほど拡散スピードが速くなり、最後はドライアップによりオープンになってしまいます。

2）機械疲労

温度変化が繰り返されると機械的な熱疲労が進みます。パワーデバイスはモータの回転制御などに使われるので頻繁に電流が変動します。これによって温度の上下を繰り返し、接続面が熱疲労する現象が起こります（図 1.10a）。

パワーモジュールは、熱膨張係数の大きい金属導体と熱膨張係数の小さい無機材料（チップやセラミック）から構成されます（図 1.10b）。これらが直接接合されるはんだ付け部や、ボンディングワイヤ接続部などには熱応力が発生しやすく、繰り返しにより疲労破壊が発生します。これら温度変動によるダメージは、パワーサイクル試験などの加速試験を通じて評価します。

3）その他

モータにも温度の影響を受けやすい場所がいくつかあります（図 1.11）。まず、コイルはその表面の絶縁材が樹脂のため、樹脂の耐熱温度によってグレー

1.5 熱による不具合も様変わり

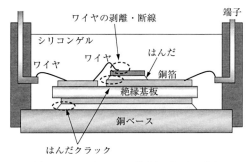

(a) パワーモジュールの構成と不具合の発生

(b) 構成素材の線膨張係数

図1.10 パワーモジュールの熱疲労

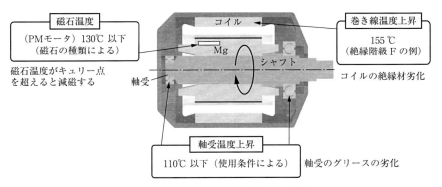

図1.11 モータの温度を制限する要因

ドが決められています（絶縁階級）。ベアリングもグリース（油）の劣化が起こるため温度が制限されます。PMモータ（永久磁石、Permanent Magnet）では温度が高くなると内蔵したマグネットの減磁が起こります。

このように、電子機器で使用する部品には許容温度が定められており、熱設計にあたっては必ず確認しなければなりません。

第2章　伝熱のメカニズムと放熱促進
～熱をミクロに捉えてその振る舞いを知っておこう～

　熱は日常生活に密着した現象なので、感覚で理解していることが多く、全く逆効果の対策を施してしまっているケースもみかけます。ここでは、物理現象としての「放熱」を少しミクロな視点で解説します。まず熱移動のメカニズムを理解していただいた後、第3章で現象を定量的に表す方法（数式）について説明します。

▌2.1　熱はどのように発生し伝わっていくのか？

　温度の予測はとても難しい技術です。それは「熱がさまざまな形態で伝わる」ためです。もし熱が1つのメカニズムでしか逃げないとしたら、もっと簡単に温度を予測できたでしょう。

　図2.1に示すような発熱モジュール（すべて固体でできた発熱体）の内部で発生した熱がどのように逃げるか、微視的な視点で眺めてみましょう。

　熱源に電流（自由電子）が流れると、原子と自由電子との衝突によって原子の振動が大きくなります。これが発熱です。

　熱は、物質を構成する原子や分子、自由電子のバラバラな運動です。エネルギーの形態としては究極のバラバラ状態ですから、最後はどんなエネルギーもこのばらけた（劣化した）状態である「熱」になります。疾走するトラックの運動エネルギーはブレーキパッドで熱になります。音も壁の振動になり、減衰して熱になります。電磁波も吸収されれば熱になります。

　一度熱に変わってしまったら最後、熱エネルギーは自然に元のエネルギーに戻ることはありません。ブレーキパッドの熱を集めて再び車を走らせることはできません。できるだけ、熱になる前に別のエネルギー（電気や回転運動）にしておきます。熱エネルギーにならないようにしておけば、元の運動エネルギ

18

2.1 熱はどのように発生し伝わっていくのか？

ーに戻すことができるからです（損失が発生するため 100 ％元に戻すことはできませんが）。

熱源で発生した熱エネルギーは保存則が成り立つので消えません。移動しかできないのです。自由電子の通過によって次々と電気エネルギーが熱エネルギーに変換されて湧き出してくるので、速く移動させないと分子や原子、自由電子の運動が増大して材料の劣化や分解が進みます。運動を抑えるには運動の少ない他の部分に伝えていくしかありません。うまく周囲に運動を伝えて最終的には大気まで運びます。大気はたくさんのエネルギーを溜めこむことができるので、熱を逃がしても温度はほとんど上がりません。

では、熱をどのようにして大気まで伝えていけばいいのでしょうか？

ここに、熱伝導・対流・熱放射という複数の熱移動形態が関与してきます。少しメカニズムを細かく追ってみましょう。

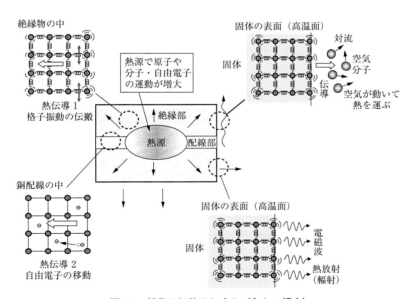

図 2.1　部品の伝熱のしくみ（ミクロ視点）

第2章　伝熱のメカニズムと放熱促進

2.2　部品の中は熱伝導で伝わる

　熱伝導は、固体や静止流体などの「動かない物質」の中を熱が伝わる現象です。図 2.1（熱伝導 1、熱伝導 2）に示すように、熱源近くでは原子や自由電子が活発に運動しています。この運動はより運動の小さい側に伝わっていきます。絶縁物には自由電子が存在しないため、原子間の結合を介して振動が伝わっていきます。これは、格子振動の伝搬やフォノン伝導と呼ばれます。

2.2.1　電気を伝えやすい材料は熱も伝えやすい

　金属は熱エネルギーの多くを自由電子の運動エネルギーとして持っており、自由電子の移動によって熱が運ばれます（電子伝導）。このため、自由電子の移動が起こりやすい金属では熱も電気も移動しやすくなります。これはウィーデマン・フランツの法則（一定温度の金属の電気伝導度と熱伝導率は比例する）と呼ばれます。電子機器の配線には電気伝導度の高い金属が使われるので、電子機器では「配線伝いに熱が逃げる」という現象が起こります。

　この物質ごとに異なる熱の伝わりやすさを「熱伝導率」と呼びます。通過する熱流量が同じなら、熱伝導率が 2 倍になれば両端の温度差は半分になります。熱伝導率は物性値なので、材料によってその特性が決まります。主な材料の熱伝導率を図 2.2 に示します。この図に示すように、配線に使われる銅やアルミ、金や銀のような金属は熱伝導率が大きくなります。

　自由電子が熱を運ぶ金属に比べて、格子振動によって熱が順番に伝わる無機材料は熱伝導率が悪いかというと、そうではありません。結晶構造を構成する原子間の結合が強いと格子振動は伝わりやすくなります。単結晶に近い（結晶が大きい）ほど熱伝導率は大きくなります。炭素原子の共有結合（原子間で電子を共有する化学結合）で立体的な結晶構造を作っているダイヤモンドには自由電子が存在しないため、銅の数倍の熱伝導率を持ちながら絶縁性を有しています。しかし、原子間の結合が強いということは「硬い」ことを意味しており、加工性は悪くなります。

20

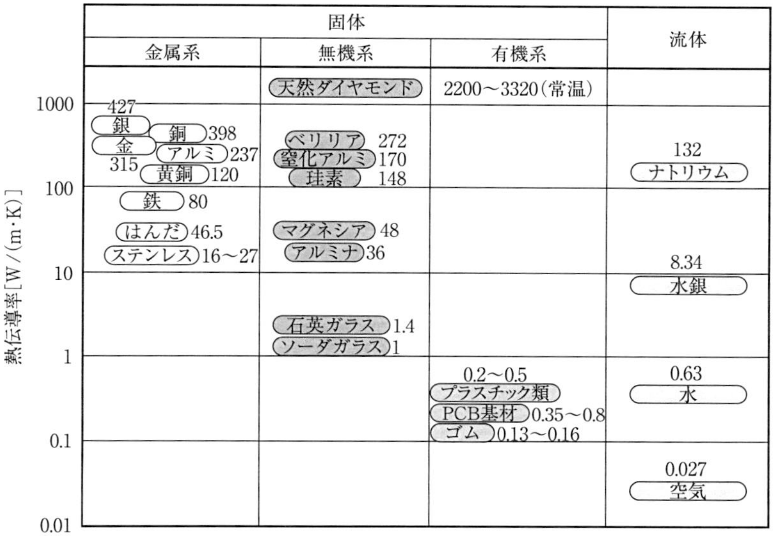

2.2 部品の中は熱伝導で伝わる

	固体			流体
	金属系	無機系	有機系	
1000	427 銀／金 315／銅 398／アルミ 237／黄銅 120	天然ダイヤモンド 2200～3320（常温）／ベリリア 272／窒化アルミ 170／珪素 148		132 ナトリウム
100	鉄 80／はんだ 46.5／ステンレス 16～27	マグネシア 48／アルミナ 36		
10		石英ガラス 1.4／ソーダガラス 1		8.34 水銀
1			0.2～0.5 プラスチック類／PCB基材 0.35～0.8／ゴム 0.13～0.16	0.63 水
0.1				0.027 空気
0.01				

熱伝導率 [W/(m·K)]

図2.2　各種材料の熱伝導率
数字は純物質の常温での値を示す

　炭素原子が平面状に結合したグラファイトをシート状に形成したものがスマホなどで使われる「グラファイトシート」です。グラファイトは平面的な結晶のため、自由電子を持ち電気伝導性を有します。

　同じ材料でも製造条件や加工によって熱伝導率が異なります。アルミダイキャストなどは成形時にゆっくり冷却すると結晶が成長して熱伝導率が大きく（ただし脆く）なります。一方、急激に冷却すると結晶が細かくなって熱伝導率は小さく（ただし強靭に）なります。

　樹脂などの有機材料は弱い力で高分子が凝集した構造を持ち、格子振動が散乱されてしまうため、熱伝導率は小さくなります。樹脂を高熱伝導化するには、熱伝導率の大きい無機材料や金属材料を充填します。

2.2.2　熱伝導率は測定方法で異なる

　表2.1に示すとおり、熱伝導率にはさまざまな測定方法がありますが、大きく分けると定常法と非定常法に分かれます。定常法はフーリエの法則（第3章）

第2章　伝熱のメカニズムと放熱促進

表 2.1　さまざまな熱伝導率の測定方法（出典：北川工業株式会社　技術資料）
熱伝導率測定には大きく分けて「定常法」と「非定常法」がある

項目	定常法		非定常法		
測定方法	熱流計法	熱流量法	ホットディスク法	熱線法	レーザフラッシュ法
規格	ASTM D5470	ASTM E1530	ISO22007-2	JIS R2616	JIS R1611
測定項目	熱伝導率	熱伝導率	熱伝導率	熱伝導率	熱拡散率、比熱
測定形態					
サンプル状態	サイズ：測定機による厚み：0.02〜10 mm	サイズ：直径50 mm 厚さ：2〜20 mm	サイズ：直径28 mm 以上 厚さ：7 mm　2 ケ	サイズ：50×100 mm 厚さ：0.1〜20 mm	サイズ：直径5〜10 mm 厚さ：1〜3 mm
特徴	一定荷重を加えた状態にて試料上下の温度差 ΔT を測定して、2種類の厚みの熱抵抗を算出し、そこから熱伝導率を算出。	試験片の上下がおよそ30 Kの温度差で定常状態になるようにヒータと、基準熱量計を密着し、試験片両端の温度差と、基準熱量計の出力から、熱伝導率を算出。	2個の試料でセンサを挟み込み、電流加熱した場合の試料の温度上昇曲線から熱伝導率を測定。	試験体内に張った金属細線をステップ状に通電加熱し、細線の発熱量とその温度応答から熱伝導率を測定。	平板状試料の表面をパルスレーザ光で瞬間的に均一に加熱し、熱拡散率と比熱を算出して、計算にて熱伝導率を算出。

に則り定常状態の温度差と通過熱流量から熱伝導率を算出します。非定常法は温度の時間変化から間接的に熱伝導率を求めます。比熱や密度などの物性値は既知でなければなりません。こうした測定法の違いから測定方法によって熱伝導率測定結果には差が出る場合があります。

　導体に使われる銅と絶縁体のエポキシではその値に 1000 倍の違いがあります。しかし、何といっても熱伝導率が小さい物質は空気です。空気は樹脂の1/10 しかありません。5 mm 幅の動かない空気層は 50 mm 厚のプラスチックに相当することになります。空気は流動させない限り、とても性能のよい「断熱

材」となってしまうのです。

2.3　表面からは空気の熱伝導と移動の複合現象「対流」で放熱

　しかし、電子機器はこの困った「空気」に取り囲まれています。

　機器や発熱体の表面が温まると、その面に接している空気に熱が伝わります。空気が温められると熱膨張して軽くなり浮力を受けますが、固体表面では粘性が強く働いており、空気は流動できません。流動が起こらないため表面近くは熱伝導で移動します。少し壁面から離れると粘性力が弱まり流動が起こります。

　空気の流動により、空気に伝わった熱も一緒に移動するので、熱はこの流れに乗って周囲空気に拡散していきます。これが「自然対流」と呼ばれる現象です（図2.1 固体の表面）。

　ファンを用いて表面の空気を強制的に流動させると、熱をもらった空気が大量に移動してたくさんの熱を運ぶことができるようになります。これが「強制対流」です。

　熱伝導だけで空気に熱が伝わっていく状態に比べると、空気流動（対流）が加わることで大量に熱が運ばれるようになります。対流は熱伝導のような単一の現象ではなく、熱伝導に「物質の移動による熱輸送」が加わったものです。空気流動がなければ対流ではなく熱伝導になります。対流と熱伝導は「物質が熱を運ぶ」という意味では同じ仲間で、異なるのは物質が動くかどうかです。

2.3.1　対流促進には「温度境界層」を薄くする

　では、対流によってより多くの熱を運ぶにはどのようにしたらいいでしょうか？

　図2.3a は空気中に置かれた平板です。この板が発熱すると、接している空気にも熱が伝わります。平板表面の空気分子は平板に固着しており、流動がないので空気へは熱伝導で伝わります。無重力下に置かれた平板では空気に浮力が働かず流動が起こらないため、高温になります。

第2章　伝熱のメカニズムと放熱促進

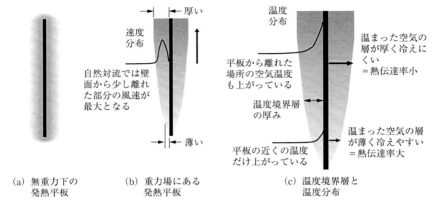

図 2.3　空気中に置かれた鉛直置き平板周囲の温度・速度分布

　重力が働くと平板の周りの温められた空気に浮力が発生し、流れが起こります（図 2.3b）。流れが発生すると、平板下側（流れの上流）の温まった空気は上昇し、代わりに下から冷たい空気が流れ込みます。そのため下側では温まった空気の量が少なくなり、温まった空気の層（温度境界層と呼ぶ）は薄くなります。一方、平板の上側では下から流れてきた温まった空気が合流して温度境界層が厚くなります。

　空気温度は壁面近傍で急激に変化します。壁面から「空気の温度が上がり始める点」までの距離が「温度境界層の厚み」になります。

　平板表面の熱は一番近くにある冷たい空気（境界層の外側の空気）に逃げようとします。平板の下側は温まった空気の層が薄く熱は逃げやすいですが、上側では温まった空気の層が厚くなっており、熱は逃げにくくなります。つまり、熱が逃げやすいかどうかは、発熱体の表面に形成される「温度境界層」の厚みによって決まることになります（図 2.3c）。

　伝熱工学では対流における熱の逃げやすさを「熱伝達率」で表現します。

　熱伝達率は熱伝導率と言葉が似ていますが、熱伝導率が物質によって決まる「物性値」であるのに対し、熱伝達率は状態によって変わる「状態値」です。対流は空気の熱伝導と流動の両方の作用によって値が決まるので、ファンで風を流せば熱伝達率は大きくなります。

2.3 表面からは空気の熱伝導と移動の複合現象「対流」で放熱

　熱伝導率は文献を調べれば値が見つかりますが、熱伝達率は目的に合った計算式を探して自分で計算しなければなりません。ここが厄介なところです。熱設計で使用する主な式を第3章で説明します。

　では、熱伝達率を大きくする、つまり温度境界層を薄くするために何をすればいいでしょうか？　主に2つの方法があります。

　まず「平板を流れ方向に長くしないこと」です。長ければ温度境界層は厚くなってしまい、熱は逃げにくくなります。図2.4bのように細長い板を縦長に置くと温度境界層は厚くなりますが、横長に置くことで境界層は薄くなります。

　大型キャビネットの表面では温度境界層が厚くなり、熱の伝わりは悪くなりますが、小型部品の表面では熱の伝わりはよくなります。

　板が長くなってしまう場合は、板を分割して短くします。カットした部分で温度境界層は一度混合・解消され、上部の板には新たに境界層ができるため、境界層が厚くなりにくくできます（図2.4c）。分断してしまうと表面積が減るので、短い板を千鳥に配置して表面積をかせぎながら、境界層が干渉しないようにします（図2.4d）。

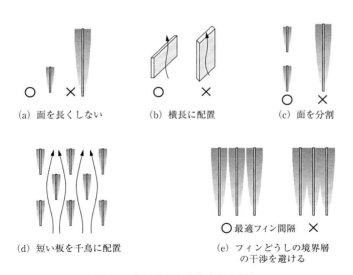

(a) 面を長くしない　　(b) 横長に配置　　(c) 面を分割

(d) 短い板を千鳥に配置　　(e) フィンどうしの境界層の干渉を避ける

図2.4　熱伝達率を大きくする方法

第2章 伝熱のメカニズムと放熱促進

　また、図 2.4e に示すようにヒートシンクではフィン間の間隔が狭いと両側のフィン面にできる温度境界層が干渉してしまいます。こうなってしまうと平板の熱が逃げる先の冷たい空気がなくなってしまい、熱伝達率は急激に低下します。フィン間の最適な隙間は温度境界層が出口で重なる距離（最大境界層厚みの2倍）となります（10.4節）。

2.3.2　流速を上げると温度境界層は薄くなり、やがて乱れる

　温度境界層を薄くするもう1つの方法は「風を流す」ことです。

　ファンを使って空気を強制的に流せば、平板表面の温まった空気は吹き飛ばされて薄くなります。境界層が薄くなると境界面が壁に近づいて粘性が強くなるので、さらに薄くするのが難しくなってきます。このため風速に比例して境界層が薄くはなりません。風速を上げても熱伝達率は頭打ちになります。自然空冷から風速1 m/sの強制空冷に切り替えると、温度は大きく下がりますが、その後2 m/s、3 m/sと風速を上げても温度の下がり方は小さくなってきます（図 2.5）。

　強制空冷ではこれに加えて「温度境界層を乱す」方法があります。強制対流では平板の表面に強制的に空気を流すので、図 2.6a のような流速分布になります。壁面は風速0 m/sで、壁面から離れるに従って風速が上がるので壁面近くに速度勾配を生じます。速度の違う平行流があると回転力を発生します。流

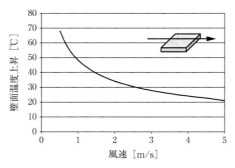

図 2.5　風速と温度上昇との関係例
風速を上げても温度は下がらなくなる

26

2.3 表面からは空気の熱伝導と移動の複合現象「対流」で放熱

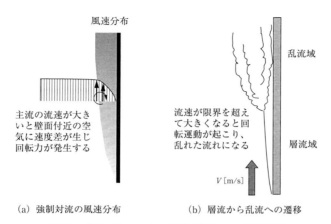

(a) 強制対流の風速分布　　(b) 層流から乱流への遷移

図 2.6　強制空冷フィンの周りの温度分布と乱流化

速が小さければ回転運動は粘性力で抑えられますが、風速が大きくなったり、速度境界層が厚くなって壁から離れたりすると、回転力がそれを抑える粘性力を上回り、回転運動が起こります。これをきっかけに、流れは一挙に乱れを生じます（図2.6b）。これを乱流と呼びます。乱流は複雑な非定常流れで、把握が難しい現象です。乱流になると壁面から離れた冷たい空気と壁面近くの温かい空気が混合されるため、熱はよく伝わるようになります。ただし、乱流では流体抵抗が増大し、ファンの負荷が増えます。

自然空冷でも温度が高いと乱流が発生しますが、電子機器では一般には層流と考えます。

2.3.3　内部に空間のある密閉筐体　～対流と熱伝導は紙一重！～

外気に面した筐体外表面の対流は分かりやすいですが、図2.7のように内部に密閉空間（空気）のある筐体ではどうでしょうか？　この場合、内部空間が広ければ対流が起こります。しかし、空間が数mm以下と狭くなると壁に挟まれた空気は壁面で働く粘性力の影響を強く受け、動かなくなります。つまり、狭ければ熱伝導、広ければ対流で熱が伝わります。流動が起こるかどうかは、動かそうとする力（浮力）と止めようとする力（粘性力）の大小関係で決まり

第2章 伝熱のメカニズムと放熱促進

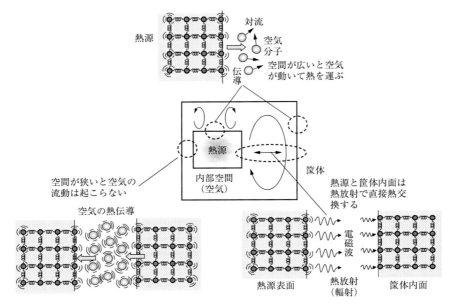

図 2.7 内部に空間がある密閉筐体

ます。壁面の温度上昇が大きければ浮力が強く、空間の幅が狭ければ粘性力が強く働きます。最近のスマホやデジカメなどは内部にほとんど空間がないため、対流は起こらず空気の熱伝導が支配的になります。

このように、対流と熱伝導は流動が発生するか否かの微妙な差によって決まります。伝熱工学ではこのような遷移域も含めて予測式を示していますが、対流の条件には無限の組み合わせがあり、すべてについて予測式を準備することは困難です。そこで最近は数値流体力学（CFD：Computational Fluid Dynamics）が使われるようになりました。

2.3.4 伝熱工学と CFD の違いは「熱伝達率」

対流は熱伝導と流体移動による熱輸送の複合現象なので、熱伝導方程式と物質移動による熱輸送方程式を解けば、結果として熱伝達率を算出できます。しかし、流体移動による熱輸送を把握するには流体の運動（速度や方向）を予測

2.4 熱放射によって物体間で直接熱交換する

しなければなりません。このためには流体の運動方程式（ナビエ–ストークスの式と呼ばれます）を解く必要があります。この方程式は理論解が求められていないため、数値計算で近似解を求めます。必然的にコンピュータを使った大規模な演算を伴います。これが数値流体力学のアプローチです。

熱流体解析を行うと、熱伝達率は計算結果として出力されます。CFD を使うことにより、「熱伝達率を求める」という厄介な作業から解放されます。

しかし設計段階では設計変数と結果（温度）との因果関係を手早く知り、設計パラメータを決めていく必要があります。こうした作業には熱伝達率を用いた計算が適しています。

2.4　熱放射によって物体間で直接熱交換する

対流は固体壁面とそこに接する空気との間で熱伝導と流体の移動によって熱が伝わる現象です。これに一見似た現象に「熱放射」があります。メカニズムは全く異なりますが、設計者から見ると区別しにくい現象でもあります。

熱放射は電磁波による熱エネルギーの放出であり、熱伝導や対流といった「物質を介した熱の移動」とは全く異なります。対流は真空中では起こりませんが、熱放射は空気がない真空中でも起こります。電磁波は主に格子振動から放出されます。熱放射が対流と異なるのは、熱が空気に伝わるわけではなく、熱源から見えているすべての壁面に電磁波を介して直接伝わるという点です（図 2.7 熱放射）。室内に置かれた機器であれば部屋の壁との熱交換です。部屋の壁の温度は室温に近いので筐体の外側からは空気に逃げていると考えても大差ありませんが、電子機器内に実装された部品からの放射熱は内部空気にではなく、筐体の内壁面や他の実装部品に伝わります。

放射面 A から出た熱放射が吸収面 B にどれだけ到達するか、その割合を示す係数が「形態係数」と呼ばれるパラメータです。全部が相手に達すれば 1、全く達しなければ 0 です。熱源から見たときに「相手がどれだけ視界を塞いでいるか」が形態係数と考えればいいでしょう。熱伝導では高温部と低温部の距離が離れると熱が伝わりにくくなりますが、熱放射では、距離が離れると相手

29

第 2 章　伝熱のメカニズムと放熱促進

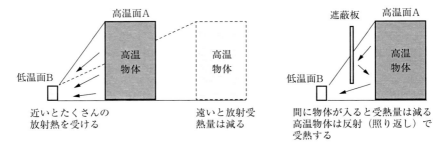

図 2.8　放射熱の伝わり方

がだんだん小さくなるため、熱のやりとりが少なくなります（図 2.8）。

　実際には電子機器や部品は何かに囲まれていることが多いです。例えば部屋に置かれた機器は部屋の壁に、機器に実装された部品は筐体に囲まれることがほとんどでしょう。その場合、機器や部品から放出された熱放射エネルギーは最終的にはすべて「囲んでいる相手」に到達します。つまり形態係数は 1 と考えます。

　放射は 2 つの面間での熱交換なので、自分自身から放出する能力（放射率）と相手が受け取る能力（吸収率）によって伝熱量が変わります。放射面 A（温度が高いほうの面）の放射率が高く、たくさんの放射エネルギーを出したとしても、吸収面 B（温度が低いほうの面）の吸収率が小さいと反射されてエネルギーは戻されてしまいます。熱放射を行う面 A は反射（照り返し）によって温度が上がります。対向する面の吸収率を高めることによって熱源側の温度も下がるのです。

　面に入射した電磁波エネルギーは反射・吸収・透過のいずれかに分かれます。エネルギー保存から 3 つを合計すると入射エネルギーと同じになります。

　吸収されたエネルギーだけが熱に変わります（図 2.9）。

　金属には自由電子が存在するため、電磁波はほとんど内部に侵入できません（図 2.10）。筐体の内面が金属面だと部品の放射熱はほとんど反射され部品に戻ってしまいます。表面を樹脂にすると電磁波は深い部分まで侵入して吸収されます。これによって反射が減り部品温度は下がります。薄い樹脂であれば透過

2.4 熱放射によって物体間で直接熱交換する

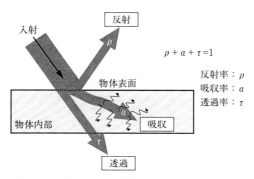

図 2.9　物体が受けた電磁波エネルギーのゆくえ

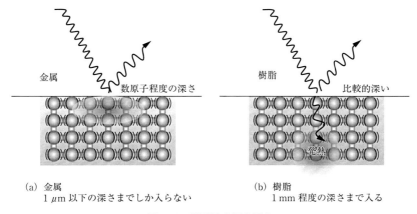

図 2.10　電磁波の侵入深さ

も起こります。ガラスや液晶パネルに強い光を当てるとその吸収率に応じた発熱が起こります。

　表面の凹凸も吸収率に関わります。表面粗さ r [μm] にくらべ非常に長い波長の電磁波は一定の方向に鏡面反射します。r よりもきわめて短い波長の電磁波は凹凸で多重反射を起こして拡散します。（図 2.11）

　このように熱放射は、面間の距離や位置関係、面の大きさ、表面の放射・吸収のしやすさ（放射率、吸収率）によって伝わる熱流量が変わってきます。

31

第 2 章　伝熱のメカニズムと放熱促進

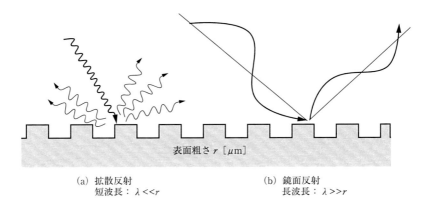

(a) 拡散反射　　　　　　　　　(b) 鏡面反射
　短波長：λ≪r　　　　　　　　　長波長：λ≫r

図 2.11　表面の反射

2.4.1　温度が高くなると放射される電磁波は強く、波長が短くなる

　熱放射は格子振動から発生するので、振動の状態によって電磁波のようすも変わります。物体の温度が高くなると格子振動の振幅、周波数とも大きくなります。このため電磁波は強くなり、短波長になります。これをグラフにしたのが図 2.12 です。

　図の横軸は電磁波の波長で、人間が見える波長はおおよそ 0.4〜0.8 μm です。それより右側 100 μm までは赤外線、左側は紫外線です。赤外線は幅が広いので可視に近い 0.7〜2.5 μm あたりを近赤外、2.5〜4 μm を中赤外、4 μm 以上を遠赤外と呼びます。

　図 2.12 は熱放射の基本法則である「プランクの法則」を元に作成しています。プランクの法則は「黒体（あらゆる波長の電磁波をすべて吸収・放射できる仮想的な物体）の単色放射強度（波長ごとの放射エネルギーの強さ）は周波数と絶対温度の関数として表される」というものです。

　例えば 300 K（27 ℃）の黒体はピーク波長が約 10 μm で短い波長成分も可視光の波長までは届きません。しかし、温度が 800 K になるとピーク波長が中赤外になり、一部の波長が可視領域に入ってきます。こうなると人間の目には「赤熱」して見えます。

2.4 熱放射によって物体間で直接熱交換する

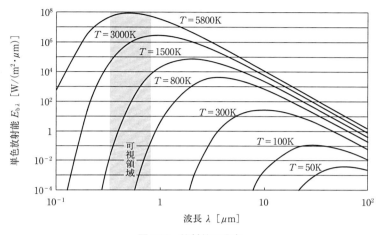

図 2.12　放射熱の分布

　さらに温度を上げて 1500 K にすると、大量に可視光を出すようになります。これが白熱球の原理です。電流を流してフィラメントを高温にすると、光の波長領域で熱放射を行うので明るくなります。
　もっと温度を上げて 5800 K にすると、熱放射エネルギーのピーク波長が可視光になります。これが太陽の表面に相当します。太陽からの熱は可視光の波長に乗って移動します。

2.4.2　色と放射率は直接関係しない

　太陽光は熱エネルギーの多くを可視光の波長で放射するので、色（光の吸収）と熱の吸収が一致します。黒い紙と白い紙に太陽光を当てると、太陽光を吸収する黒い紙は同時に熱も吸収し熱くなり、白い紙は光を反射するので熱も反射し熱くなりません。
　しかし、白と黒の紙を赤外線ストーブで加熱してもほぼ同じように温度上昇します。「色」は可視領域の波長の電磁波の吸収率で決まりますが、もっと波長の長い赤外領域の電磁波に対する物体の電磁波吸収率は異なるためです。
　同様にガラスやビニールは光を通しますが、赤外線はほとんど通しません。

第 2 章　伝熱のメカニズムと放熱促進

太陽光はガラス越しでも温かく感じますが、赤外線ストーブではガラス越しには暖まることができません。

熱放射についても同じで、表面温度が 30～40 ℃程度の筐体から放射される電磁波（赤外線）は塗装色にはほぼ無関係と考えていいでしょう。

2.4.3　単色放射率と単色吸収率は同じ

図 2.12 は黒体について描かれた理論上のカーブで、実在する面の熱放射はこのカーブを下回ります（図 2.13）。

これまで放射率、吸収率という言葉が出てきましたが、黒体のカーブの面積に対する実在面の面積の比率が放射率（輻射率ともいう）です。放射率には電磁波の波長ごとに黒体に対する放射強度の比率を示した「単色放射率（分光放射率）」もあります。熱平衡状態では物体から放射されるエネルギーと物体が吸収するエネルギーは同じである（エネルギー保存）ことから単色放射率＝単色吸収率（キルヒホッフの法則）が成り立ちます。

放射率は材料ごとに決まる物性値ではありません。表面の状態で変化する「状態値」です。物質が同じでも、塗装や汚れ、酸化、凹凸などによって放射率は変わります。

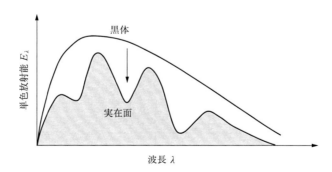

図 2.13　放射熱の分布
黒体の山の面積に対する実在面の山の面積の比率が放射率

2.5 通風口による換気

図 2.7 に示した密閉筐体では熱源から対流で逃げた熱は内部空間に広がりますが、直接外に出ることはできません。筐体内表面の対流で熱が筐体に移動し筐体の表面まで伝わってようやく外に出られます。これだと熱が逃げにくいので、通風口を設けて換気を行います。

2.5.1 ファンや通風口で筐体の換気風量を制御する

図 2.14 のように通風口を設けると空気が出入りすることによって大量に熱が持ち出されます。この現象は、物質が熱エネルギーを受け取り、内部エネルギーとして持ったまま移動することによって熱が運ばれるもので、「物質移動による熱輸送」と呼ばれます。

対流と区別しにくいですが、対流は表面の熱伝導と物質移動による熱輸送が組み合わされたものです。対流が発熱体表面から空気へと熱が伝わる現象なの

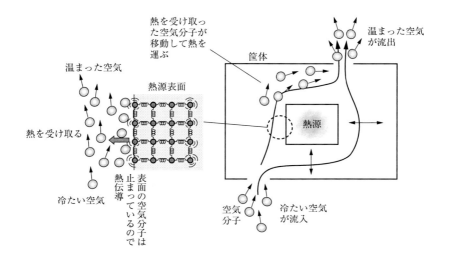

図 2.14　通風口が空いている筐体

に対し、物質移動による熱輸送は熱をもらった空気が熱を運び出す現象です。対流の計算を行うと周囲空気に対する発熱体の温度上昇を求められますが、物質移動による熱輸送の計算を行うと、外気に対する内部空気の温度上昇が予測できます。両方を加えると、外気に対する発熱体の温度上昇が予測できます。

　物質移動による熱輸送では熱移動量は物質の移動量（質量流量）に比例します。通風口の換気風量を2倍にすれば、空気は2倍の熱を運び出しますし、発熱量が同じであれば、風量を2倍にすることで空気の平均温度上昇は1/2になります。

2.5.2　風量が決まるメカニズム

　筐体にたくさんの空気を送り込むには押し込む力（あるいは引き出す力）＝圧力が必要です。一定の圧力を加えたときに筐体を流れる風量は、筐体の「風の通りにくさ」（筐体の通風抵抗）によって変わります。

　風の通りにくさの原因は、流れによって壁面で発生する摩擦や乱れによる内部の摩擦（粘性抵抗）と、管路面積の変化などで流体が加速することで発生する抵抗（慣性抵抗）です。フィンのように壁面が狭い間隔で並んでいたり、吸排気口面積が小さかったりするとロスが大きくなり、所定の風量を得るためにたくさんの圧力が必要になります（図2.15）。

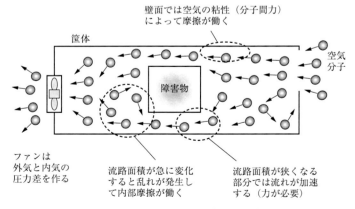

図2.15　流れに抵抗が発生する理由

この圧力を生む駆動源が、自然対流では空気の温度上昇（膨張によって軽くなる）によって生じる浮力、強制対流ではファンの圧力（元は電気エネルギー）です。自然空冷では、内部空気の温度が全体に高いほど浮力は大きくなり、換気風量が増大します。強制空冷では、ファンの回転が速く羽根の直径が大きいほど、換気風量が増大します。

2.6　熱源を筐体に接触させて熱を逃がす

　通風口がないと熱源から内部空気に逃げた熱は行き場がありません。内部空気から自然対流で筐体に逃げ、筐体を通り抜けて外表面から対流や熱放射で逃げます。この経路は熱抵抗がたくさん介在し、熱が逃げにくいため、内部空気の温度が高くなります。

　そこで、熱源を直接筐体に接触させて熱を逃がす対策が使われます。こうすることにより熱は筐体を通じて直接外気に逃げるため、一度内部空気に放熱するのに比べると放熱能力は飛躍的に向上します。

　しかし、ここで問題になるのが「接触部分の熱の伝わりにくさ」です（図2.16）。熱源と筐体は一体化されているわけではないので接触面で温度差ができます。2つの面がしっかりくっついていれば熱はよく伝わりますが、隙間が

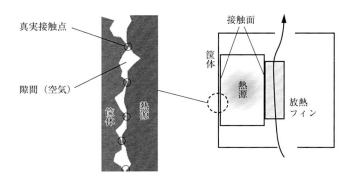

図2.16　接触部分がある筐体
面の密着が悪いと挟まれた空気の熱伝導で熱が伝わることになるため、
熱源と筐体の間に温度差ができてしまう

第2章　伝熱のメカニズムと放熱促進

できていると、間に挟まった空気が断熱層になって熱はよく伝わりません。主に熱が伝わるのは「真実接触点」と呼ばれる微小な接触点になります。

　ここをしっかり密着させるには、面の反りや凹凸（面粗さ）を小さくする、接触圧力を大きくして真実接触点の面積を増やす、軟らかい材料を間に挟んで空気を追い出すなどの対策を講じます。

　最近ではサーマルグリースや熱伝導シートと呼ばれる TIM（Thermal Interface Material）を活用して接触熱抵抗を下げる方法が一般化しています。これらについては第9章に詳しく解説してあります。

▌2.7　温まりにくいものを使って温度上昇を抑える

　物質には「温まりやすいもの」と「温まりにくいもの」があります。

　物質によって分子運動の自由度が異なり単位質量あたりで蓄積できるエネルギーに差があるためです。

　電子機器の発熱量は多かれ少なかれ動作中に増減し、その都度温度の上下を繰り返します。急に部品の発熱が増大しても、許容温度を超えてはいけません。温まりにくいものを使えば許容温度に達するまでの時間を引き延ばすことができます。

　物質の温まりやすさ冷めやすさは「比熱 [J/(kg・K)]」で表されます。比熱は1kgあたりの熱容量（1℃温度を上昇させるために必要な熱エネルギー [J]）なので物体の熱容量 [J/K] は、体積×密度×比熱で表されます。熱容量100 J/K の物体に 100 W [J/s] の発熱を与えると、1秒間に1℃上昇することになります（温度が均一で放熱がない場合）。

　発熱量が変化しない照明機器などではヒートシンクの熱容量は気にしませんが、電流が頻繁に変動するパワーデバイスではヒートシンクの熱容量を大きめにして温度変動を抑えないと、デバイスの熱疲労が進みやすくなります。

　熱容量を大きくすると温まりにくくなりますが、その分冷めにくくもなるので注意しましょう。熱容量を増やすには重さ（体積×密度）を増やす必要があります。機器の重量に制限がある場合には、相変化や相転移などの潜熱を利用

した蓄熱材（PCM：Phase Change Material）を使用します。

2.8 熱対策における伝導・対流・放射の役割とは

本章では熱移動のメカニズムを電子機器放熱の視点から解説してきました。熱移動は自然現象ですが「熱対策」の立場から見るとそれぞれに役割があります。

2.8.1 熱伝導では温度の均一化しかできない

図 2.17 のように部品を実装した基板を考えます。銅箔が少なく基板の熱伝導が悪いと部品の周囲だけが高温になり、部品から離れた場所の温度は上がりません。そこで銅箔を厚くしたり、面積を増やしたりすると銅の熱拡散効果で端まで熱が届くようになります。これにより熱源の温度は下がり基板全体の温度が均一になります。しかし、ある程度銅箔が増えると、さらに銅箔を増やしても熱源の温度は下がらなくなります。基板全体の温度が均一になったためです。

熱伝導の役割は温度の高いところと低いところをつないで同じ温度にすることです。温度が均一になってしまうといくら熱伝導率を上げても温度は低減できません。

電子機器の熱対策に熱伝導シートを使いますが、熱いところ（ホットスポット）の温度を下げるには冷たいところ（コールドスポット）が近くになければなりません。コールドスポットさえ見つければうまくつなぐだけです。均一な

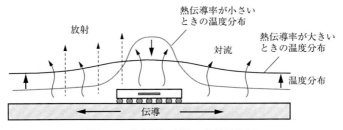

図 2.17　熱伝導・対流・放射の役割

第2章　伝熱のメカニズムと放熱促進

温度になっていたら熱伝導対策は使えません。

2.8.2　平均温度を下げるのは対流か熱放射

　機器全体の温度が均一でコールドスポットがないときには周囲空気との温度差を縮めるしかありません。その場合には「対流」が重要です。

　しかし、対流の対策は表面積の増大（ヒートシンク）や熱伝達率の増加（ファン）など設計の根幹に関わる変更が必要になります。出荷間際になってからのつじつま合わせは難しいでしょう。

　時々思わぬ効果を生むのが熱放射です。熱放射による対策は熱源の放射率や受熱側の吸収率を高めることしかないので、表面の塗装や酸化処理を施すのが効果的です。部品の表面はほとんど絶縁性の樹脂等で覆われており、もともと放射率は高いです。しかし対向する面（筐体内面）が金属面の場合には吸収率が低いため、対向面の塗装処理などで温度を下げられる可能性があります。

40

第3章　熱設計に使用する計算式
～熱をマクロに捉えて放熱に効くパラメータを押さえよう～

　第2章では機器の放熱について現象面から定性的な解説を行いましたが、熱設計では定量化が必要です。ここでは、前章で説明した熱移動を数値化して把握するための「熱計算式」について解説します。

3.1　伝熱を支配する基礎方程式

　電子機器の熱は、熱伝導、対流、熱放射で移動します。それぞれについて以下の基礎方程式がベースになります。

1) 熱伝導（フーリエの法則・熱伝導方程式）

　熱伝導は熱伝導方程式と呼ばれる偏微分方程式で表すことができます。

$$\frac{\partial T}{\partial t} = \frac{\lambda}{c\gamma}\left(\frac{\partial^2 T}{\partial x^2} + \frac{\partial^2 T}{\partial y^2} + \frac{\partial^2 T}{\partial z^2}\right) \tag{3.1}$$

この式は偏微分方程式なので、数値解析によって解を求めなければなりません。一次元定常熱伝導に限定した常微分方程式（フーリエの法則）であれば、境界条件を設定して解くことができます。

$$q = -\lambda\left(\frac{dT}{dx}\right) \tag{3.2}$$

ここからさまざまな理論解を導くことができます。

2) 対流（流体の質量保存、運動量保存、熱エネルギー保存）

　対流は熱伝導に流体の移動による熱輸送が加わった複合現象で、熱と流体の挙動を同時に解かなければなりません。ここには3つの保存式が関わります。（式は省略します）

①質量保存の式：流れ場全体で物質の質量は保存される。

②運動量保存の式（ナビエ–ストークスの方程式）：流れ場全体として流体の運

41

第3章　熱設計に使用する計算式

動量は保存される。

③熱エネルギーの保存：温度場全体で熱エネルギーが保存される。

　ナビエ–ストークスの式は流体の運動を完全に記述した式ですが、理論解が求められていないため、数値計算を行って近似解を求めるしかありません。コンピュータのない時代にはこれらの偏微分方程式を解くことはできなかったので「熱伝達率」という概念を使って、実験的な法則から導かれた式（ニュートンの冷却法則）を導入しました。

$$W = S \cdot h \cdot (T_s - T_a) \tag{3.3}$$

　　W：対流伝熱量 [W]、S：表面積 [m^2]、h：熱伝達率 [W/(m$^2 \cdot$K)]

　　T_s：壁面温度 [℃]、T_a：周囲の流体温度 [℃]

　コンピュータを使って①〜③の保存式を解けば、結果として熱伝達率が求められるので、熱流体解析では熱伝達率はアウトプットになります。伝熱工学では熱伝達率を計算して温度を求めます。

3）熱放射（ステファン–ボルツマンの法則）

　熱放射はプランクの法則から導くことのできるステファン–ボルツマンの式が基礎式になります。

$$W = S \cdot \sigma \cdot \varepsilon \cdot T^4 \tag{3.4}$$

　　W：放射伝熱量 [W]、S：表面積 [m^2]、ε：放射率

　　σ：ステファン–ボルツマン定数 [W/(m$^2 \cdot$K^4)]、T：壁面温度 [K]

伝導や対流ではすぐ近くにしか熱は伝わりませんが、熱放射では相互に見える面間すべてで熱交換が行われます。放射エネルギーの到達先を計算するには光学解析が必要になり、計算時間がかかります。熱設計では簡略化して扱います。

▌3.2　熱移動を1つの式で表現する　〜熱のオームの法則〜

　基礎方程式を元にシミュレーションを行って現象を把握することも重要ですが、熱対策を考えるにはもう少しマクロな視点で大づかみにする必要があります。そこで熱設計では、熱伝導、対流、放射を1つの式にまとめます。

　熱移動には、その形態によらず、共通する3つの基本法則があります。

42

3.2 熱移動を1つの式で表現する 〜熱のオームの法則〜

①発生した熱は消せません。移動しかできません。（熱力学第1法則）

②熱は温度が高いところから低いところに向かって流れます。自然に逆流はしません。（熱力学第2法則、エントロピー増大の法則）

③2点の温度差が大きいほどその間をたくさんの熱が流れます。

　熱伝導、対流、放射とも以下の共通式でまとめられます。

$$W_{A-B} = C_{A-B} \cdot (T_A - T_B) \tag{3.5}$$

　　W_{A-B}：A–B 間の熱流量 [W]、C_{A-B}：A–B 間の熱の伝わりやすさ [W/K]

　　T_A：A 部の温度（K または℃）、T_B：B 部の温度（K または℃）

表現を変えると

$$T_A - T_B = R_{A-B} \cdot W_{A-B} \tag{3.6}$$

　　R_{A-B}：A–B 間の熱の伝わりにくさ [K/W]＝$1/C_{A-B}$

　これらは「熱のオームの法則」と呼ばれます。「熱の流れやすさ（熱コンダクタンス）C_{A-B}」や「熱の流れにくさ（熱抵抗）R_{A-B}」は熱の移動形態によって異なりますが、いずれもこの式で表すことができます。

　オームの法則はご存知のとおり電気回路の基本法則です。熱や流体は電気と相似性があります。いずれも何かの「圧力」（ポテンシャル）を加えると何かの「流れ」が発生します。水は水圧をかければ水流が発生します。電気は電圧をかけると電流が発生します。熱は温度差を与えると熱流が発生します（**表3.1**）。

表 3.1　電気、熱、流れの相似性

	ポテンシャル P	流量 Q	抵抗 R
電気	電圧 [V]	電流 [A]	電気抵抗 [Ω]
熱	温度 [℃]	熱流量 [W]	熱抵抗 [℃/W]
流れ	圧力 [Pa]	流量 [m³/s]	流体抵抗 [Pa·s²/m⁸]

第 3 章 熱設計に使用する計算式

3.3　放熱のイメージと言葉を理解しましょう

熱や電気は目に見えませんが、水との相似性を使って考えると理解しやすくなります。ここではまず、熱移動と熱の用語について水のイメージで説明します（図 3.1）。

3.3.1　温度（水位）、熱量（水量）、熱流量（流量）

熱（熱量、J：ジュール）を水で考えると、容器に溜まっている水量（L：リットル）に相当します。温度［℃］は水位［m］です。熱と温度の違いは、水量と水位の違いに相当します。容器の形が変わっても水量は変化しませんが水位は変わります。水量や熱量は保存則が成り立つので「保存量」と呼ばれ、水位や温度は状態で変わるため「状態量」と呼ばれます。

熱設計では電源を入れて発熱が起こっている状態を扱います。これは蛇口をひねって水が出っ放しになっている状態です。水を止めればいずれ水位は 0 になるので、出っ放しの状態で考えます。このとき重要なのはタンクに溜まっている水ではなく、注水量（リットル/秒）です。熱も同じで発熱量（ジュール/

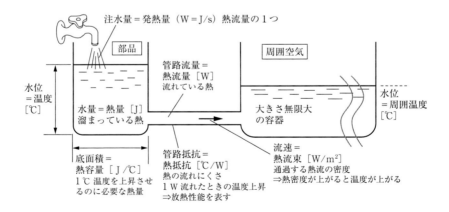

図 3.1　熱を水との相似で考える
温度は SI 単位系では K（ケルビン）が推奨されているが、ここではわかりやすく℃（摂氏）を使った

44

秒 ＝W：ワット）が温度に関係するため、計算にはワット（W）を使います。ワットの単位で表される熱は熱量ではなく「熱流量」と呼びます。

熱流量は1秒間に湧出、移動する熱量で、よく使う「発熱量」や「放熱量」は熱流量の1つです。

温度はSI（国際）単位系ではK（ケルビン）が推奨されています。℃（摂氏）が水が凍る温度を0℃としているのに対し、ケルビンは原子や分子の運動が止まる温度（－273.15℃）を0Kとしています。原点を移動しただけなので、絶対温度［K］＝摂氏温度［℃］＋273.15となります。

3.3.2 熱抵抗（管路抵抗）、熱容量（底面積）

容器に水が注がれると徐々に水位が上がってきます。水位が上がると排水口の圧力が上がり排水量が増えます。やがて注水量と排水量がバランスして水位が変わらなくなります。これが「定常状態」と呼ばれる平衡状態です。放っておいても水は排水口から漏れますが、水位を一定値に抑えるにはパイプを太くして「水はけをよくすること」が大切です。

水はけの悪さは管路の流体抵抗に相当します。同様に熱の流れにくさは「熱抵抗」と呼ばれ、熱が流れにくいと温度は上がります。熱抵抗は熱設計を行う上で重要なパラメータです。

注水量（発熱量）が変動する場合を考えてみましょう。容器の底面積が小さいと水位の変動が激しくなります。少し注水量が変化しただけで、水位は大きく変わります。この容器の底面積に相当するのが「熱容量」です。熱容量が大きければ発熱量の変動に対する温度変化は遅くなります。

ただし熱容量は温度上昇時間に影響するだけで、時間が経てば定常温度になります。定常温度は熱抵抗だけで決まります。

3.3.3 放熱は表面からしかできない ～熱流束が温度を決める～

部品内部で発生した熱は、最後は無限大の熱容量を持つ大気に放散されて放熱完了となります。大気に接しているのは表面のみなので、熱は表面からしか逃げられません。部品内部に水管を張り巡らせると内部から直接熱を奪ってい

第3章　熱設計に使用する計算式

るように見えますが、熱が伝わっているのは水管の壁面（表面）です。
　次の問題を考えてみて下さい。

〈問題〉
　図 3.2a に示す 50×50×50 mm のモジュールが 10 W 発熱しています。このときの表面の温度上昇を測定したら 45 ℃でした。次に図 3.2b のように一辺長が 2 倍の 100×100×100 mm のモジュールを作成しました。容積が 8 倍になったので発熱量を 80 W としました。このモジュールの温度は何℃になるでしょうか。

〈解説〉
　100×100×100 mm のモジュールは、50×50×50 mm のモジュールを 8 個積み上げた状態になっていることに気づけばこの問題は簡単です。
　100×100×100 mm のモジュールは、発熱量が 8 倍の 80 W になっていますが、8 個を重ねることによって表面積がなくなり、表面積は元の 4 倍にしかなっていないことがわかります。
　ここで重要なことは「熱は表面からしか逃がせない」ということです。
　放熱能力は表面積に比例するので「放熱能力は 4 倍」ですが発熱量は 8 倍になっています。熱的な厳しさを予想するのに「熱流束 [W/m²]」を使用します。

　　　　熱流束 [W/m²] ＝ 発熱量 [W]/表面積 [m²]　　　　　　　　　(3.7)

図 3.2a は 667 W/m²、図 3.2b は 1333 W/m² と 2 倍になります。熱の逃げやす

容積：125 mL
発熱量：10 W

(a) 50×50×50 mm の発熱体に 10 W を印加

容積：1000 mL
発熱量：80 W

(b) 100×100×100 mm の発熱体に 80 W を印加

図 3.2　同じ体積発熱量の物体

3.3 放熱のイメージと言葉を理解しましょう

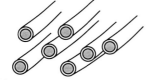
(a) ケーブルはばらばらだと冷えるが

(b) まとめると温度が上がる

(c) フラットな配置なら表面の熱流束の上昇は比較的少ない

図 3.3　ケーブルをまとめると温度が上がる
体積あたりの発熱量が同じなら温度上昇は体積/表面積に比例する

さ（熱伝達率）が同じであれば、温度上昇は熱流束に比例するので、$100 \times 100 \times 100$ mm の製品の温度上昇は 90 ℃ となります。

バッテリーセルのような小さい発熱体はバラバラにして実装すると熱流束が小さく有利です。しかし、重ねて積み上げて大きなユニットにまとめると放熱能力が低下します。半導体チップも平面に並べると表面積を確保しやすいですが、3 次元的に積み上げると厳しくなります。表面積を確保できるよう放熱構造をしっかり考えておかないと熱対策で苦労します。

熱流束はあらゆる発熱体の熱的な厳しさの評価に使えます。例えば基板の熱的厳しさは、総発熱量/基板の表面積で算定できます。電流が流れているケーブルをばらばらにしておくとそれほど温度は上がりませんが、たくさんまとめて束ねてしまうと温度が上昇します（図 3.3）。

「**発熱は体積、放熱は表面積**」は熱設計では忘れてはいけない重要事項です。

ここからは熱設計で使われる熱伝導、対流、放射の基礎式を紹介します。

第 3 章　熱設計に使用する計算式

3.4　熱伝導の計算で使用する代表的な式

3.4.1　熱伝導形状係数

「フーリエの法則」の式に境界条件を与えて解くとさまざまな理論解を導くことができます。直交座標系で解くと次の式が得られます（図 3.4a 参照）。

$$W = \frac{A \cdot \lambda}{L} \cdot (T_1 - T_2) \tag{3.8}$$

λ：熱伝導率 [W/(m・K)]、A：伝熱面積 [m²]、L：伝熱距離 [m]

熱伝導で伝わる熱流量 W は、熱伝導率 λ と伝熱面積 A に比例し、伝熱距離 L に反比例します。これは経験的にもわかりやすい式でしょう。第 2 章で紹介した「熱伝導率」はこの式で定義されます。つまりこの式を成立させるために決めた値です。

フーリエの式を円筒座標系で解くと円筒内側から外側に向かった熱伝導の式が導かれます（図 3.4b）。

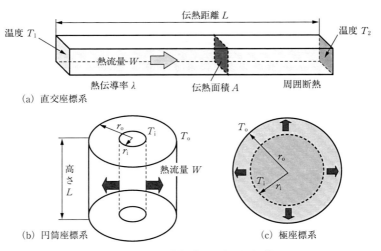

図 3.4　3 つの座標系の一次元熱伝導

3.4 熱伝導の計算で使用する代表的な式

$$W = \frac{2\pi L \cdot \lambda}{ln(r_o / r_i)} \cdot (T_i - T_o) \tag{3.9}$$

L：円筒長さ［m］、r：円筒半径（添え字 i は内側の面、o は外側の面）

また極座標系で解くと、球体の内側の面から外側の面に向かった熱伝導の式が導かれます（図3.4c）。

$$W = \frac{4\pi \cdot \lambda}{(1/r_o - 1/r_i)} \cdot (T_i - T_o) \tag{3.10}$$

これらの式を一般化して伝導形状係数 S とすると、以下の一般式にまとめられます。

$$W = S \cdot \lambda \cdot (T_1 - T_2) \tag{3.11}$$

S は条件によって異なる係数で、境界条件を変えてフーリエの式を解くことで求められます。代表例を表3.2 に示します。

これらの式はすべて「熱を伝える面積」が分子に「熱を伝える距離」が分母

表3.2　さまざまな伝導形状係数

項目	形状と条件		形態係数
平板		断面積 A 厚み L	$S = \dfrac{A}{L}$
同心円筒		内側半径 r_i 外側半径 r_o 厚み L	$S = \dfrac{2\pi L}{\ln(r_o/r_i)}$
同心球		内球半径 r_i 外球半径 r_o	$S = \dfrac{4\pi r_o r_i}{(r_o - r_i)}$
無限媒質中の球		球半径 r	$S = 4\pi r$
半無限媒質中の球		球半径 r （境界面温度一定）	$S = \dfrac{4\pi r}{(1 - r/2D)}$
半無限媒質中の円筒		円筒半径 r （境界面温度一定）	$S = \dfrac{2\pi L}{\cosh^{-1}(D/r)}$
半無限媒質中に直角に埋めた円筒		円筒半径 r （境界面温度一定）	$S = \dfrac{2\pi L}{\ln(2L/r)}$
無限媒質中の平行2円筒		円筒半径 r_1 円筒半径 r_2	$S = \dfrac{2\pi L}{\cosh^{-1}[(D^2 - r_1^2 - r_2^2)/2r_1 r_2]}$

49

第 3 章　熱設計に使用する計算式

に来ます。このことから熱伝導による伝熱を促進する方法は、

● 伝熱面積を増やす　　● 伝熱距離を短くする　　● 熱伝導率を大きくする

この 3 つに集約されることがわかります。

3.4.2　等価熱伝導率

　電子機器は熱伝導率の大きい導体と小さい絶縁材が微細構造を構成しています。構造を細かく見たらきりがないので、熱伝導率が異なる物質で構成される微細構造物は「等価熱伝導率」で表現します。等価熱伝導率は「熱抵抗が同じになるように逆算した熱伝導率」です

　プリント基板を考えると、配線を構成する銅の熱伝導率が約 400 W/(m·K) なのに対し、絶縁樹脂は 0.3 W/(m·K) でその値は千倍以上違います。この 2 つを複合材として構成すると、全体としては平均的な振る舞いをします。

1）等価熱伝導率の計算

　図 3.5 のように厚み t や熱伝導率 λ の異なった材料が層状に組み合わされた複合部材を考えます。この部材の左側から右側に向かって熱が移動する場合、各層を通過する熱流量は等しいので、複合部材の等価熱伝導率を λ_{eq} とすると、次の式が成り立ちます。

$$\frac{t}{A \cdot \lambda_{\mathrm{eq}}} = \sum \frac{t_i}{A \cdot \lambda_i} \tag{3.12}$$

ここから以下の式が導かれます。

$$\lambda_{\mathrm{eq}} = \frac{t}{\sum (t_i / \lambda_i)} \tag{3.13}$$

　一方、図 3.6 のように熱伝導率や厚みが異なった部材が、それぞれ熱が伝わる方向に平行に配置された状態では、各層の左右の温度差は同じで通過する熱流量が異なります。各層の熱流量を合計したものが全体の熱流量になるので、複合部材の等価熱伝導率を λ_{eq} とすると、次の式が成り立ちます。

$$\frac{A \cdot \lambda_{\mathrm{eq}}}{t} = \sum \frac{A_{yi} \cdot \lambda_i}{t} \tag{3.14}$$

ここから以下の式が導かれます。

50

3.4 熱伝導の計算で使用する代表的な式

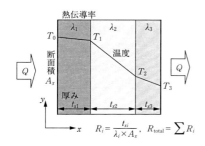
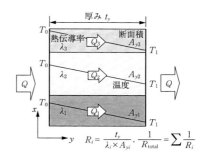

図 3.5 直列に構成された熱抵抗の合成原理
各層の通過熱流量は等しく、温度勾配が異なる

図 3.6 並列に構成された熱抵抗の合成原理
各層の温度勾配は等しく、通過熱流量が異なる

$$\lambda_{\mathrm{eq}} = \frac{\sum A_{yi} \cdot \lambda_i}{A} \tag{3.15}$$

等価熱伝導率はあくまでも、熱流量と温度差との関係を近似的に表現するものなので、実物とは異なります。

熱伝導率の異なる物質が直列に構成された等価熱伝導体では、熱流量と両端の温度差との関係は一致しますが、物体内部の温度分布は実物とは異なります。

また、熱伝導率の異なる物質が並列に構成された物体では、熱伝導率の大きい物質と、熱伝導率の小さい物質で両端の温度は異なったものになります。等価熱伝導体で表現された物体では、この温度差は考慮されず、均一な温度になります。実物の両端面の平均温度のみが等価熱伝導体の温度と一致します。

電子機器には、導体によって電気を伝えたい方向と、絶縁体によって電気を遮断したい方向があります。このため電気を伝える方向には必ず異方性があります。熱の移動も電気と同じで、等価熱伝導率は異方性を持ちます。熱は電気が伝わる方向に伝わりやすいのです。これが顕著に表れるのがプリント基板です。

2) プリント基板の等価熱伝導率の計算

プリント基板の面方向は銅配線がつながって接続されているため、熱も伝わりやすいのですが、厚み方向は層間で絶縁されており、熱は伝わりにくくなります。

第3章　熱設計に使用する計算式

〈面方向の等価熱伝導率〉

　面方向の熱伝導率は各層の熱伝導率をその層の体積比率（厚み比率）で重みづけして平均化することで求められます。

$$\lambda_{\mathrm{eq(面)}} = \frac{\sum(\lambda_i \times t_i)}{\sum t_i} \tag{3.16}$$

λ_i：各層の熱伝導率 [W/(m·K)]、t_i：各層の厚み [m]

　熱伝導率 λ_i [W/(m·K)] は、樹脂層の場合は「樹脂の熱伝導率」、配線層の場合には、層内に銅箔と樹脂が混在するため、層の熱伝導率 λ_i を等価熱伝導率で表現した値になります。

$$\lambda_i = \lambda_{\mathrm{cu}} \times \phi + \lambda_{\mathrm{p}} \times (1-\phi) \tag{3.17}$$

λ_{cu}：銅箔の熱伝導率 [W/(m·K)]、λ_{p}：樹脂の熱伝導率 [W/(m·K)]

ϕ：i 層の銅箔の残存率（0〜1の値）

樹脂の熱伝導率は銅箔の熱伝導率の 1/1000 なので、以下のように簡略化して使います。

$$\lambda_i = \lambda_{\mathrm{cu}} \times \phi \tag{3.18}$$

従って、プリント基板の面内方向の等価熱伝導率 $\lambda_{\mathrm{eq(面)}}$ は次式のように簡略化できます。

$$\lambda_{\mathrm{eq(面)}} = \frac{\sum(\lambda_{\mathrm{cu}} \times \phi \times t_i)}{\sum t_i} \tag{3.19}$$

λ_{cu}：銅の熱伝導率 [W/(m·K)]、t_i：i 層の厚み

ϕ：i 層の材料の残存率、Σt_i：プリント基板のトータルの厚み [m]

〈厚み方向の等価熱伝導率〉

　厚み方向には銅箔層と樹脂層が直列に並んでいるため、厚み方向の等価熱伝導率 $\lambda_{\mathrm{eq(厚)}}$ は、以下の式になります。

$$\lambda_{\mathrm{eq(厚)}} = \frac{\sum t_i}{\sum \dfrac{t_i}{\lambda_i}} \tag{3.20}$$

配線層に残存率 ϕ を適用すると、次式となります。

3.4 熱伝導の計算で使用する代表的な式

$$\lambda_i = \begin{cases} \lambda_{\mathrm{cu}} \times \phi & (銅層) \\ \lambda_{\mathrm{p}} & (樹脂層) \end{cases} \quad (3.21)$$

銅箔層の厚みは小さいので無視すると、下式のように簡素化できます。

$$\lambda_{\mathrm{eq}(厚)} = \lambda_{\mathrm{p}} \cdot \frac{\sum t_i}{\sum t_{\mathrm{p}}} \quad (3.22)$$

Σt_i：プリント基板の厚み［m］、Σt_{p}：樹脂層の合計厚み［m］
λ_{p}：樹脂層の熱伝導率［W/(m・K)］

銅箔層の厚みは小さく、プリント基板の厚みΣt_iは樹脂層の合計厚みΣt_{p}に近いので、$\lambda_{\mathrm{eq}(厚)}$は、ほぼ樹脂の熱伝導率λ_{p}になります。

3）等価熱伝導率を使用するときの注意点

等価熱伝導率を使うと、微細構造を表現せずに熱特性を表すことができて便利ですが、材料の体積比だけで等価特性を表現しているため、不十分な場合があります。

例えば、図3.7のように片面に銅箔ベタパターンが存在するようなケースです。どちらの面に銅箔があっても等価熱伝導率は同じですが、部品と銅箔がつながっている図3.7aの方が温度は下がります。計算で求めた等価熱伝導率を使って温度を計算すると、図3.7aに近い値になり、図3.7bでは予測より高い温度になります。この違いは等価熱伝導率では表現できません。

また、面方向に均一な等価熱伝導率を与えると、熱は放射状に均等に拡散していきます。このとき、部品が小さいと解析モデルでは拡がりの熱抵抗が発生してしまいます。実際は配線部分だけを直線的に熱伝導するため、拡がりの熱抵抗はありません（図3.8）。

(a) 銅箔が部品面にある場合

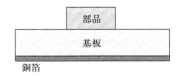
(b) 銅箔がはんだ面にある場合

図3.7　等価熱伝導率使用上の注意点
等価熱伝導率は（a）・（b）とも同じであるが、（a）は部品と銅箔がつながっているため熱拡散がよい

第 3 章　熱設計に使用する計算式

(a) 微小領域から均等に周囲に拡散する際に拡がりによる熱抵抗が発生する

(b) 実際には熱は配線方向に直線的に伝わっていくため拡がり熱抵抗は発生しない

図 3.8　等価熱伝導率使用上の注意点

3.4.3　接触熱抵抗の計算

電子機器では熱源をヒートシンクや筐体に接触させて熱を逃がす方法をとります。このとき、接触面を熱が通過することにより、温度差を生じます。界面で生じる温度差 ΔT と通過熱流量 W との比率を「接触熱抵抗」とよびます。

　　　　接触熱抵抗 $R = \Delta T / W$ 　　　　　　　　　　　　　　　　(3.23)

接触熱抵抗は、理論式の導出が難しいため、実験式や経験式によって値を推定します。

　固体の表面には微小な凹凸（面粗さ）があり、2 つの面を接触させても全面が接触するわけではありません。部分的な「真実接触点」が点在するだけです。真実接触点は見かけの接触面積に対して非常に小さく、隙間を介しての熱移動が大きな割合を占めます（図 3.9a）。面を仕上げたり、接触圧力を高めたりすることで真実接触点の面積が増え、接触熱抵抗は減少します。

　そこで図 3.9b のような伝熱モデル（真実接触点と隙間面に分けて熱コンダクタンスを求める）を想定して接触熱抵抗の予測式を立てます。代表的な実験

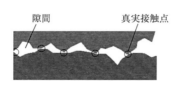
(a) 実際の接触面

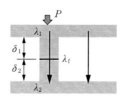
(b) 接触面の伝熱モデル

図 3.9　接触熱抵抗のモデル

3.4　熱伝導の計算で使用する代表的な式

表 3.3　接触熱抵抗測定例

材料	仕上 （表面粗さ）［μm］	接触圧力 ［MPa］	接触熱抵抗 ［K・cm²/W］
ステンレス鋼	研磨仕上（2.5）	3	2.64
アルミニウム	研磨仕上（2.5）	1	0.88
銅	研磨面（4.0）	1	0.18

式に下記があります（橘・佐野川の式）。

$$K = \frac{1.7 \times 10^5}{\dfrac{\delta_1 + \delta_0}{\lambda_1} + \dfrac{\delta_2 + \delta_0}{\lambda_2}} \cdot \frac{0.6P}{H} + \frac{10^6 \lambda_f}{\delta_1 + \delta_2} \tag{3.24}$$

K：接触熱コンダクタンス［W/(m²・K)］、δ：面粗さの最大高さ［μm］

δ_0：接触相当長さ［$= 23\mu$m］（接触面の縮流効果を考慮した補正係数）

λ_1, λ_2：各固体の熱伝導率［W/(m・K)］

λ_f：流体の熱伝導率［W/(m・K)］、P：接触圧力［MPa］

H：軟らかい方のビッカース硬度［kg/mm²］

この式は接触圧力 0.5～10 MPa、面粗さ 1～30 μm の範囲で適用できますが、影響の大きい面のうねりや反りを考慮していないので、接触熱抵抗を小さめに予測する傾向があります。δにうねり成分を加味するなどの工夫が必要です。

　仕上げのよい面の接触熱抵抗の代表値を表 3.3 に示します。

3.4.4　拡がり・狭まりの熱抵抗

　式(3.8) は熱が等断面の棒状の物体の内部を伝わっていく式ですが、実際には途中で断面積が変化することがあります。伝熱面が徐々に変化するのであれば、伝熱面をいくつかに分割し、それぞれの範囲は等断面と考えて熱抵抗を求め、合計すれば近似計算ができます。

　しかし、図 3.10 のように小さな熱源（例えばチップ）から広い面に熱が伝わる場合、逆に大きな熱源から狭い伝熱領域に熱が伝わる場合には伝熱面が急激に変化します。このようなケースでは「熱が 45° に拡がる（狭まる）」と考えた以下の経験式を使います。

55

第3章 熱設計に使用する計算式

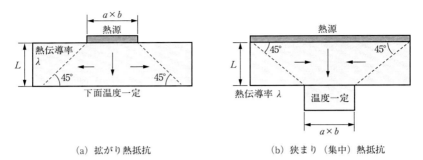

(a) 拡がり熱抵抗　　　　　　　(b) 狭まり（集中）熱抵抗

図 3.10　拡がり・狭まり熱抵抗

$$\text{拡がり熱抵抗 } R(熱源長方形) = \frac{1}{2\lambda(a-b)} \times \ln\frac{a(2L+b)}{b(2L+a)} \tag{3.25}$$

$$\text{拡がり熱抵抗 } R(熱源正方形) = \frac{1}{\lambda} \times \frac{L}{a(2L+a)} \tag{3.26}$$

λ：熱伝導率［W/(m・K)］、a, b：熱源の寸法［m］、L：熱伝導体の厚み［m］

3.5　対流の計算で使用する式

　伝熱工学では熱の伝わりやすさを「熱伝達率」で表します。熱伝達率は単純な条件下での計算式が多数提案されていますが、ここでは電子機器の温度予測に有効な式を紹介します。対流の基本式はニュートンの冷却法則で表されます。

$$W = S \cdot h \cdot (T_s - T_a) \tag{3.27}$$

S：表面積［m²］、h：熱伝達率［W/(m²・K)］、T_s：表面温度［℃］
T_a：周囲空気温度［℃］

　熱伝達率は温度境界層の厚みから導出できます。温度境界層の厚みは場所によって変わるので、本来熱伝達率は場所によって異なります。これを「局所熱伝達率」と呼びます。しかし、部品の熱計算を行うのに面を分割して局所熱伝達率を求めるのは手間がかかります。実務計算では局所熱伝達率から面全体の平均値を求めた「平均熱伝達率」を使います。自然対流・強制対流の一般的な平均熱伝達率式（h に添え字 m を付けて表現します）を知っておけば、対流の

3.5 対流の計算で使用する式

計算が可能になります。

熱伝達率計算式に必ず登場するのが「代表長さ」です。第2章で説明したように熱伝達率は温度境界層の厚みに依存します。境界層は面が流れ方向に長いほど厚くなるので、寸法が関連してくるのです。温度境界層が発達する（厚くなる）方向の面の長さや前縁からの距離を「代表長さ」と呼びます。

代表長さは熱伝達率計算式ごとに定義されます。

3.5.1 伝熱工学で登場する無次元数

伝熱関連の書籍で熱伝達率の計算方法を調べると、無次元数を使った式が出てきます。無次元の熱伝達率 Nu（ヌッセルト数）を Gr（グラスホフ数）や Re（レイノルズ数）、Pr（プラントル数）の関数として表す下記の形式をよく見かけるでしょう。C は係数、n は指数です。

$$\mathrm{Nu} = C\,(\mathrm{Gr} \cdot \mathrm{Pr})^n \tag{3.28}$$
$$\mathrm{Nu} = C\,(\mathrm{Re} \cdot \mathrm{Pr})^n \tag{3.29}$$

無次元数を使う理由は、変数を減らせることと単位系に依存しない式が導けるからです。ここでよく登場する無次元数について説明しておきます。

①ヌッセルト数

$\mathrm{Nu}(= h \cdot L/\lambda = $ 熱伝達率×代表長さ/流体の熱伝導率)

熱伝達の大きさを表す無次元数です。静止流体の熱伝導と比較した対流熱伝達率の大きさを表します。静止流体に対し、流体移動が加わることによって、熱伝達率がどれだけ大きくなったかを示しています。静止流体は $\mathrm{Nu} = 1$ です。

Nu が求められれば、流体の熱伝導率 λ をかけて代表長さ L で割れば熱伝達率 h を計算できます。

$$h = \mathrm{Nu} \times \lambda/L$$

②レイノルズ数

$\mathrm{Re}(= V \cdot L/\nu = $ 流速×代表長さ/流体の動粘性係数)

流体の流れの状態（慣性力と粘性力の比率）を特徴づける無次元量です。

レイノルズ数が大きいほど、乱れようとする力が強く、小さいほど乱れを抑える力が強くなります。例えば、管路内の流れでは、代表長として管路直径を

57

第3章　熱設計に使用する計算式

用いたレイノルズ数が、2100〜3000 を境（臨界レイノルズ数）として乱れの少ない流れ（層流）から、乱れの激しい流れ（乱流）へと遷移します。

③グラスホフ数

$\text{Gr}(=\beta \cdot g \cdot \Delta T \cdot L^3 / \nu^2 =$ 流体の体膨張係数×重力加速度

×固体面の温度上昇×代表長さ^3/流体の動粘性係数^2)

Re 数の慣性力を浮力に置換えたもので、Re 数と同じ意味合いを持ちます。自然対流に適用します。値が大きいほど浮力が大きく自然対流が活発なことを表しています。

④プラントル数

$\text{Pr}(=C_\text{p} \cdot \mu / \lambda =$ 流体の比熱×流体の粘性係数/流体の熱伝導率)

流体中の「運動量の伝わりやすさ」と「熱の伝わりやすさ」の比を表す物性値で流体固有の値を持ちます。熱伝導率が大きな液体金属ではプラントル数は小さく（水銀では 0.02）、粘度の高い油類ではプラントル数は大きくなります（50 以上）。空気は 0.7 程度です。

⑤レイリー数　$\text{Ra}=\text{Gr}\cdot\text{Pr}$

グラスホフ数とプラントル数をかけあわせた無次元数です。

⑥ビオ数

$\text{Bi}(=h \cdot L / \lambda =$ 熱伝達率×代表長さ/固体の熱伝導率)

ヌッセルト数と式の形が同じですが、分母は固体の熱伝導率です。固体内部の熱伝導と表面からの熱伝達の比率を表します。値が大きいほど固体内部の熱伝導よりも表面の熱伝達が大きいことを表し、固体内部の温度勾配が出やすいことを示しています。

これらの無次元数を使った代表的な式として下記の式があります。

鉛直面の自然対流（層流）：

$$\text{Nu}=0.56 \cdot (\text{Gr}\cdot\text{Pr})^{0.25} \tag{3.30}$$

流れに平行な面の強制対流（層流）：

$$\text{Nu}=0.664 \cdot \text{Re}^{0.5} \cdot \text{Pr}^{0.33} \tag{3.31}$$

次項以降で紹介する空気用の熱伝達率計算式は、これらの式に空気の物性値を代入して求めたものです。

3.5 対流の計算で使用する式

3.5.2 空気中の物体の自然対流平均熱伝達率

〈平板や円筒面の自然対流熱伝達率〉

均一な温度の平板の自然対流熱伝達率は下記の式に代表されます。

$$h_{\mathrm{m}} = 2.51 \cdot C \cdot \left(\frac{\Delta T}{L}\right)^{0.25} \tag{3.32}$$

C：形状と設置条件で変わる係数、L：代表長さ［m］（**表3.4**）

ΔT：周囲空気に対する物体表面の温度上昇［℃］

2.51 は 50℃の空気の物性値から計算した値です。熱伝導率や粘性係数、密度、体膨張係数、プラントル数などが関係します。この値は温度によって変化します（図3.11）。空気の物性値計算に使う温度とは、壁面温度と周囲空気温度との平均値です。このグラフから、空気は温度が上がると熱が伝わりにくくなる方向に物性値が変化することがわかります。空気は温度が上がると膨張して密度が下がり、熱輸送能力が減るためです。水の物性値で計算した係数を図3.12に示します。水は温度が高くなっても膨張せず、粘性係数が小さくなることから値が大きくなります。温度の高い水の方が熱は伝わりやすくなります。低い温度の水は粘性が上がるので管路に流した際の流体抵抗も増えます。

表3.4　熱伝達率の計算に用いる係数 C と代表長さ L

形状と設置条件		C	L	形状と設置条件		C	L
	鉛直平板または傾斜平板上面の**平均熱伝達率**	0.56 0.59 ※	高さ		鉛直に置いた平板の**局所熱伝達率**	0.45	下端からの距離
	水平に置いた平板（熱い面上）の**平均熱伝達率**	0.52 0.54 ※	短辺		傾斜平板の下面の平均熱伝達率 鉛直平板の $h \times (\cos\theta)^{0.25}$ 上面は鉛直平板の式が適用可能		
	水平に置いた平板（熱い面下）の**平均熱伝達率**	0.26 0.27 ※	短辺		水平に置いた円柱の平均熱伝達率	0.52	直径
	鉛直に置いた円柱の**平均熱伝達率**	0.55	高さ		球の平均熱伝達率	0.63	半径

※係数や代表長さの異なる式が複数提案されています

59

第 3 章　熱設計に使用する計算式

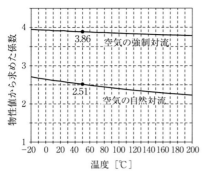

図 3.11　物性値から求めた係数の温度変化（空気）

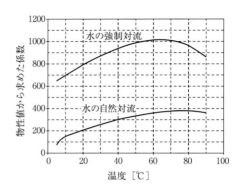

図 3.12　物性値から求めた係数の温度変化（水）

　C は形状や姿勢によって異なる実験係数、L は代表長さです。表 3.4 に示す条件に応じて C と L を決定します。この表から自然対流熱伝達率は条件が変わってもあまり変わらないことがわかります。水平下向き面を除くと、平均熱伝達率の C はほとんど 0.5〜0.6 程度です。

　平板を傾斜しても熱伝達率は大きくは変わりません。平板を傾斜させた場合、上面と下面で熱伝達率が変わります。上面の熱伝達率は鉛直平面の熱伝達率がそのまま使用できます。斜めにすることで壁面に沿った風速は低下しますが、流れが傾斜面から剥離して冷たい空気が流入するため相殺されてほとんど変わりません。傾斜平板の下面は**表 3.4**「傾斜平面下面の平均熱伝達率」に示すとおりで、鉛直面の平均熱伝達率に $(\cos\theta)^{0.25}$ を乗じた値になります。傾斜角度 45° では鉛直面の熱伝達率の約 0.92 倍で、熱伝達率の低下はわずかであることがわかります。

〈細いワイヤの自然対流熱伝達率〉

　物体が極めて小さく、細くなると寸法が小さくなっても温度境界層の厚みはそれほど薄くならなくなります。細いワイヤやケーブル、配線の温度計算には下記の式（坪内の式）が有効です。こちらは空気以外の流体にも適用できます。

$$h_\mathrm{m} = \frac{\lambda}{d} 0.74 (\mathrm{Gr}_d \cdot \mathrm{Pr})^{\frac{1}{15}} \tag{3.33}$$

3.5 対流の計算で使用する式

λ：流体の熱伝導率 [W/(m·K)]、物性値は周囲温度と壁面温度の平均を使う
d：線径 [m]、Gr_d：代表長さを d としたグラスホフ数、Pr：プラントル数

ヒートシンクのフィン面の熱伝達率には以下の式が使用できます。

フィン間隔が広いときは1枚の鉛直平板の熱伝達率に近づき、フィン間隔が狭いときは発達した管内流の熱伝達率に近づきます。この両者の式を統合して求められた近似式が下記の式です（図3.13）。

$$h_\mathrm{m} = \frac{\lambda}{L}\left[576\left(\mathrm{Ra}_s \frac{S}{L}\right)^{-2} + 2.87\left(\mathrm{Ra}_s \frac{S}{L}\right)^{-0.5}\right]^{-0.5} \quad (3.34)$$

λ：流体の熱伝導率 [W/(m·K)]、S：フィンの間隔 [m]
L：フィンの高さ [m]
Ra_s：フィン間隔 S を代表長としたレイリー数（$=\mathrm{Gr}_s \times \mathrm{Pr}$）
Gr_s：代表長さを S としたグラスホフ数、Pr：プラントル数
基準温度はフィン流入部の空気温度 [℃]

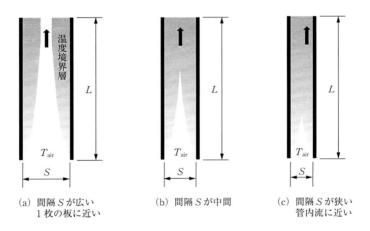

(a) 間隔 S が広い　　(b) 間隔 S が中間　　(c) 間隔 S が狭い
　　1枚の板に近い　　　　　　　　　　　　　　　管内流に近い

図3.13　平行平板間（フィン間）の自然対流

3.5.3　空気中の物体の強制対流平均熱伝達率

均一な温度の平板に平行に空気が流れたときの強制対流平均熱伝達率（層流）は下記の理論式で計算できます（図3.14）。

第 3 章　熱設計に使用する計算式

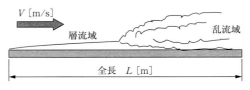

図 3.14　平板に平行な強制対流

$$h_\mathrm{m} = 3.86 \cdot \left(\frac{V}{L}\right)^{0.5} \tag{3.35}$$

　　　V：流速 [m/s]、L：代表長＝平板の流れ方向の長さ [m]

3.86 も約 50 ℃ の空気の物性値から計算した値で、こちらも自然空冷と同様に温度が高くなると係数は小さくなります（図 3.11）。

〈空気の強制対流平均熱伝達率（平板に平行な流れ、乱流）〉

　流速が大きくなると流れに乱れが生じて熱の伝わりがよくなることを説明しました（2.3.2 項）。流れの状態が変わることで熱伝達率も大きく変わります。流速 V が大きくなると下記の式に移行します。

$$h_\mathrm{m} = 5.2 \left(\frac{V^{0.8}}{L^{0.2}}\right) \tag{3.36}$$

実務計算では、層流・乱流の式の両方で計算して大きい方を使用します。

　平板以外にも様々な物体の周りの流れについて求められた実験式（ヒルパートの式）が使用できます。

　　　熱伝達率 $h_\mathrm{m} = \dfrac{\mathrm{Nu} \cdot \lambda}{d}$

　　　ただし　$\mathrm{Nu} = C \cdot (\mathrm{Re})^n$,　$\mathrm{Re} = \dfrac{u \cdot d}{\nu}$,　$d = \dfrac{P(物体の周長)}{\pi}$

　　　　Nu：ヌッセルト数、Re：レイノルズ数、C, n：実験係数（表 3.5）
　　　　λ：流体の熱伝導率 [W/(m·K)]、u：流速 [m/s]、
　　　　ν：動粘性係数 [m^2/s]、空気は 300 K で 15.8×10^{-6} m^2/s

　自然空冷では熱伝達率が温度上昇の関数になるので、温度を算出する際には反復計算が必要です。Excel を使用した計算方法について第 4 章で説明します。

3.5 対流の計算で使用する式

表3.5 ヒルパートの式における C と n

形状と条件	Re の範囲	C	n
流れ ⇒ （円）	1〜4 4〜40 40〜4000 4000〜40000 40000〜400000	0.891 0.821 0.615 0.174 0.024	0.330 0.385 0.466 0.618 0.805
⇒ （ひし形）	$2.5\times10^3\sim7.5\times10^3$ $7.5\times10^3\sim10^5$	0.261 0.222	0.624 0.588
⇒ （正方形）	$2.5\times10^3\sim8\times10^3$ $5\times10^3\sim10^5$	0.160 0.092	0.699 0.675
⇒ （六角形）	$5\times10^3\sim1.95\times10^4$ $1.95\times10^4\sim10^5$	0.144 0.035	0.638 0.782
⇒ （六角形）	$5\times10^3\sim10^5$	0.138	0.638
⇒ （平板）	$4\times10^3\sim1.5\times10^4$	0.205	0.731

流れに対して円管の管軸が 45° 傾いて置かれた場合は直交の場合の平均熱伝達率の 3/4 倍、流れに平行に近い傾きを持つ場合は 1/2 倍とする

3.5.4 管内の熱伝達率

　ここまで物体の周りの熱伝達率の計算について紹介してきましたが、液冷などでパイプの中に冷媒を通す場合、管の壁面と冷媒との間に熱伝達率の計算が必要になります。乱流ではディッタスベルター（Dittus–Boelter）の式が広範囲な条件で使用できます。

$$\mathrm{Nu}=0.023\cdot\mathrm{Re}^{0.8}\cdot\mathrm{Pr}^{n} \tag{3.37}$$

壁面から流体への熱移動では、$n=0.4$、流体から壁面への熱移動では $n=0.3$ とします。式の適用範囲は $0.7<\mathrm{Pr}<160$、$\mathrm{Re}>10000$、$L/d>10$ で（L：管路長 [m]、d：直径 [m]）、冷媒の物性値は平均温度を使います。Re の計算に使用する代表長さは円管では直径ですが、矩形管では水力等価直径 $d_{eq}=4\times$流路断面積/流路周長 を使用します。

3.5.5　高高度や低圧下での熱伝達率

　ここで説明した熱伝達率の式では、いずれも地上（海抜 0 m）で 1 気圧、50 ℃の物性値を使用してきました。温度が変化したときの物性値は図 3.11、図 3.12 のグラフで補正可能ですが、高度が高くなったときはどうでしょう。これも高高度での物性値がわかれば計算できます。

　図 3.15 は物性値の変化から熱伝達率の低下を計算したものです。高度 2000 m で 10 %、3000 m で 15 %、10000 m で 50 % の低下が予想されます。このグラフから低下率を求め、熱伝達率計算式にかけることで、高高度での熱伝達率が推定できます。放射伝熱量は高度の影響を受けないので、高高度では放射による放熱量の割合が増えます。

　さまざまな熱伝達率計算式を紹介しましたが、熱伝達率の値はおおむね図 3.16 に示す範囲になります。計算値がこの範囲から大きく外れるようであれば見直しが必要です。

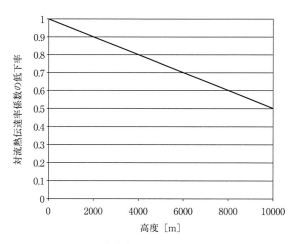

図 3.15　高高度の対流熱伝達率の低下

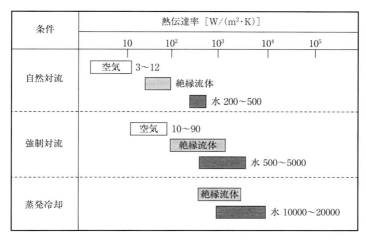

図3.16 主な熱伝達率の値

3.6 熱放射の基礎式と電子機器向けの式への変換

放射の計算では絶対温度（ケルビン：K）を使用します。熱放射は格子振動しているすべての物体から発生するので0Kの物体の熱放射は0です。ここを原点にすることで式が立てやすくなります。前述のとおり、絶対温度［K］＝摂氏温度［℃］＋273.15です。

3.6.1 単体の熱放射の基礎式

単一物体の熱放射量Wは、前出のステファン–ボルツマンの式で表されます。

$$W = S \cdot \sigma \cdot \varepsilon \cdot T^4 \tag{3.4}$$

　　S：表面積［m^2］、σ：ステファン–ボルツマン定数［W/(m$^2 \cdot$K^4)］
　　ε：放射率、T：物体の表面温度［K］

この式は、「すべての物体は絶対零度でない限り、絶対温度の4乗に比例する熱放射を行っている」という原理原則なので、これだけでは熱の計算に使用できません。熱設計で知りたいのは、例えば「パワートランジスタに煽られてコン

第3章　熱設計に使用する計算式

デンサの温度がどこまで上がるか？」ですから、複数面間の放射による熱の授受が重要です。

3.6.2　2面間の熱放射の式

高温面から低温面に熱放射で移動する熱流量は、それぞれの物体が放出するエネルギーの差分で表されるので、式(3.4)の引き算になります。つまり表面の絶対温度の4乗の差に比例する下記の式になります。

$$W = S_A \cdot \sigma \cdot F_{AB} \cdot f_S \cdot (T_A^4 - T_B^4) \tag{3.38}$$

S_A：高温面Aの表面積 [m²]、σ：ステファン-ボルツマン定数 [W/(m²·K⁴)]
F_{AB}：面Aから見た面Bの形態係数（無限平行平板や囲まれた面では1となる）
f_S：面Aと面Bの間の放射係数

面Aから放射された熱エネルギーは四方八方に飛びますが、その中で面Bに到達する放射エネルギーの割合を示すのが、形態係数 F_{AB} です。形態係数は幾何学的な計算が必要で、単純な平行平板や直交平板でも複雑な計算式となります。2次元形状の形態係数であれば手計算も可能です（図3.17）。

また、複数の面があると面間の多重反射が起こります。面Aから放射されたエネルギーが面Bに当たると一部は吸収されますが、残りは反射（または透

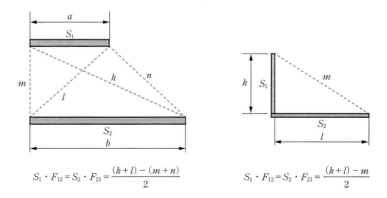

図3.17　2次元形状の形態係数（奥行無限大）

過）されて面Aに戻ることもあります。多重反射を考慮した受け渡しは放射係数 f_S で表されます。複雑な形状を伴う製品の形態係数や放射係数を手計算で求めるのは困難なので、単純化して考えます。

面Aが面Bに取り囲まれている場合の放射係数 f_S は、面A、面Bの表面積を S_A、S_B、放射率を ε_A、ε_B とし、以下の式で算出できます。

$$f_S = \frac{1}{\dfrac{1}{\varepsilon_A} + \dfrac{S_A}{S_B}\left(\dfrac{1}{\varepsilon_B} - 1\right)} \tag{3.39}$$

筐体は部屋の壁に、部品は筐体に囲まれています。

電子機器筐体の表面からの熱放射はすべて部屋の壁（環境温度）に到達します。その場合、形態係数 F_{AB} は1、機器表面積 S_A に比べて部屋の表面積 S_B が大きいと考えれば、$f_S \fallingdotseq \varepsilon_A$ と近似できます。

2平面間では、面A、面Bの表面積を S_A、S_B、放射率を ε_A、ε_B、形態係数を F_{AB} とし、以下の式となります。

$$f_S = \frac{F_{AB} \cdot \varepsilon_A \cdot \varepsilon_B}{1 - \dfrac{S_A}{S_B} F_{AB}^2 (1 - \varepsilon_A)(1 - \varepsilon_B)} \tag{3.40}$$

この場合も面Bが面Aに対して大きければ、$f_S = \varepsilon_A \cdot \varepsilon_B$ となります。

3.6.3　電子機器向けの放射計算式

式(3.38)は熱のオームの法則の形（熱流量と温度差が比例する）と異なるため、連立方程式を解く際の扱いが面倒になります。そこで、$(T_A{}^4 - T_B{}^4)$ の部分を因数分解し、得られた $(T_A - T_B)$ を外に出してオームの法則の形式に変形します。

$$W = S_A \cdot [\sigma \cdot F_{AB} \cdot f_S \cdot (T_A{}^2 + T_B{}^2)(T_A + T_B)] \times (T_A - T_B) \tag{3.41}$$

筐体は広い部屋に置かれ、周囲がすべての放射熱を吸収するものと考え、形態係数 $F_{AB} = 1$、放射係数 f_S＝筐体表面の放射率とします。機器内部に実装された部品は筐体内側壁面からの反射の影響を受けるので、式(3.39) または $f_S = \varepsilon_A \cdot \varepsilon_B$ で近似します。

第3章　熱設計に使用する計算式

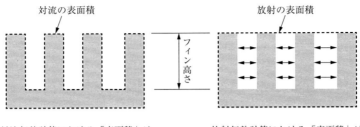

図3.18　対流の表面積と放射の表面積の違い

上式の[ ]内を「放射の熱伝達率 h_{rad}」と定義し、T_A を熱源温度 T_S、T_B を対向面温度 T_a に置き換えると、対流伝熱量を表す式と同じ形で表現することができます。

$$W = S_{rad} \cdot h_{rad} \cdot (T_S - T_a) \tag{3.42}$$
$$h_{rad} = \sigma \cdot F_S \cdot f_S \cdot (T_S^2 + T_a^2)(T_S + T_a)$$

ただし、ここで注意が必要なのは、放射の表面積 S_{rad} は対流の表面積と定義が異なる点です。対流の表面積は流体に接する部分の面積すべてです。しかし放射の場合、自分自身が見える面どうしは内部熱交換するだけなので、放射の表面積からは除きます。

例えば図3.18のようなヒートシンクの向かい合ったフィン面は相互に熱交換するだけで放射熱は外に出ません。結局、放射の表面積は包絡面の表面積になります。フィンを高くして平行面の面積を増やしても、放射の表面積はそれほど変わりません。そのため背の高いフィンでは放射伝熱量の割合が減ってきます。

3.6.4　COS4乗則

熱放射による面の受熱計算で知っておくと便利なのが「COS（コサイン）4乗則」です。図3.19 のように散乱性の微小光源から平面に向かって熱放射すると光源直下の照度が最も高くなります。直下から面方向に遠ざかると光源との距離が遠くなるとともに入射角が傾斜することで照度は急激に小さくなります。

光源直下の照度を E_0、直下から角度にして θ 離れた場所の照度を E_θ とする

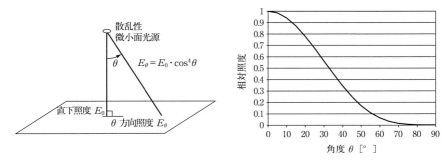

図 3.19　COS4 乗則

と、E_θ は下記の式で計算できます。

$$E_\theta = E_0 \cdot \cos^4\theta \qquad (3.43)$$

これをグラフ化すると図3.19のようなカーブになります。光源直下から離れると照度は急激に小さくなり、60°を超えるとほとんど受光しません。例えば、高温部品が筐体内面に面している場合、部品からの熱放射が散乱性であれば、熱源からの熱放射は60°くらいの範囲にしか広がらないことがわかります。筐体内面の吸収率を高めて放熱性能を増大させる場合も、この範囲の対策が重要になります。熱放射に指向性があれば広がる範囲はさらに狭くなります。

3.7　筐体熱設計に不可欠な「物質移動による熱輸送の式」

3.7.1　物が動けば熱も移動する

　ここまで伝熱の基礎式を紹介してきましたが、熱伝導、対流、熱放射のどの式を使っても熱設計で重要な「通風口面積やファンの風量」を決めることができそうにありません。熱設計を行う上で欠かせない「物質移動による熱輸送の式」が抜けているからです。

　空気に限らず、温度上昇した物体が動くと熱が運ばれます。例えば「足湯」。お湯に足を浸しておくと全身が温まります。人の体の熱伝導率が0.3〜0.7 W/(m・K) 程度であることを考えると足首くらいまでしか温まらないはず

第 3 章　熱設計に使用する計算式

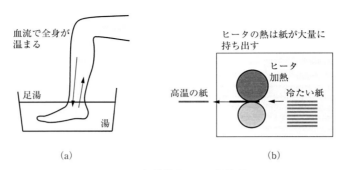

図 3.20　物質移動による熱輸送

です。これは血流によって全身に熱が運ばれるためです（図 3.20a）。

　プリンタやコピー機では高温の定着ローラでトナーを紙に融着させます。このとき加熱されて高温になった用紙が排出されることで大量に熱を持ち出します。紙による熱移動がなく、ヒータの熱がすべて機器内に放出されると内部は高温になってしまいます（図 3.20b）。

　換気もこれらと同様の現象です。吸気口から冷たい空気が取り込まれ、内部で熱をもらって高温になり、そのまま排気口から排出されることで大量に熱を持ち出します。対流との違いがわかりにくいですが、対流は固体面から流体への熱移動です。

　物質移動によって運ばれる熱流量 W は以下の式で計算できます。

$$W = \rho \cdot C_p \cdot Q \cdot (T_{out} - T_{in}) \tag{3.44}$$

　　　ρ：移動物体の密度 [kg/m^3]、C_p：移動物体の定圧比熱 [J/(kg·K)]
　　　Q：移動物体の移動量 [m^3/s]、$T_{out} - T_{in}$：流入時と流出時の物体の温度差 [K]

　移動物体が空気であれば、ρ は 1.14 kg/m^3、C_p は 1008 J/(kg·K)（いずれも 310 K における値）として、下記の簡易式になります。

$$W = 1150 \cdot Q \cdot (T_{out} - T_{in}) \tag{3.45}$$

この式は、さまざまな分野で汎用的に使うことができます。

　例に挙げた紙の加熱を考えてみましょう。200×300 mm で厚さが 0.1 mm の紙を 1 秒間に 1 枚ずつ 100 ℃温度上昇させるとします。紙の密度を 900 kg/m^3、比熱を 1300 J/(kg·K) とすると、加熱に必要な熱流量は、

3.7 筐体熱設計に不可欠な「物質移動による熱輸送の式」

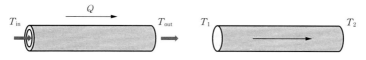

(a) 流量 Q の流体が流れる管路　　(b) 等価熱伝導率 λ の丸棒
　　　　　　　　　　　　　　　　　（ただし熱は片方向にのみ移動）

図 3.21　流体による熱移動を熱伝導に置き換えて考える

加熱量 [W] ＝紙の体積 [m³/s]×紙の密度 [kg/m³]
　　　　　　　　　　　×比熱 [J/(kg·K)]×温度上昇 [K]
　　　　＝0.2×0.3×0.0001×900×1300×100＝702 [W]

となります。

　この考え方を使って、流体による熱移動を「等価な熱伝導」に置き換えて簡易的に計算することができます。図 3.21a は流体による熱移動ですが、これを丸棒の熱伝導と等価とおくと（図 3.21b）、

$$W = \rho \cdot C_p \cdot Q \cdot (T_{out} - T_{in}) = \frac{A \cdot \lambda}{L}(T_1 - T_2)$$

　　L：管路長 [m]、A：管路断面積 [m²]

ここから等価熱伝導率 λ_{eq} が求められます。

$$\lambda_{eq} = \frac{L \cdot \rho \cdot C_p \cdot Q}{A} \tag{3.46}$$

ただし、流体移動による熱輸送では流れる方向にしか熱が移動しないので注意して下さい。

3.7.2　必要な換気風量や通風口面積を求める

　下記の問題を考えてみましょう。

〈問題〉
　図 3.22 のように 300 W の発熱体が実装された機器の、内部空気温度上昇 T_a を 10 ℃以下に抑えたいとします。このときどの程度の風量のファンが必要でしょうか？

第3章　熱設計に使用する計算式

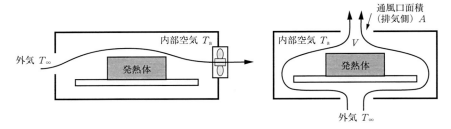

図 3.22　換気による放熱

この計算は式(3.45) を変形して求めます。

$$Q = \frac{W}{1150 \cdot (T_a - T_\infty)} \tag{3.47}$$

W は換気で移動する熱流量ですが、ここではすべての熱をファンが持ち出すと考え、$W=$発熱量とします。すると $W=300$ W、$T_a - T_\infty$ は 10 ℃以下なので 10 ℃を代入し $Q=0.0261$ m³/s $=1.57$ m³/min が必要なファンの風量であることがわかります。

自然空冷機器では必要な風量がわかっても、通風口の面積が決められません。そこで風量 $Q=$ 通風口面積 $A \times$ 通風口通過時の風速 V と置きます。風速 V は以下の式で計算します。

$$V = \sqrt{\frac{2g \cdot \beta \cdot h_T \cdot \Delta T}{\zeta}} \fallingdotseq 0.166\sqrt{h_T \cdot \Delta T} \tag{3.48}$$

　　　g：重力加速度 [m/s²]、β：空気の体膨張係数
　　　h_T：煙突長（温まった空気の高さで通常筐体の高さの 1/2 を使用する）[m]
　　　ΔT：機器内部空気の最高温度上昇 [℃]
　　　ζ：通風口の圧損係数（実験より 1.5～2.5、ここでは 2.25 とした）

例えば、$h_T = 0.1$ m、$\Delta T = 15$ ℃とすると、$V = 0.2$ m/s が得られます。

3.8　通風抵抗とファン動作点の計算式

物質移動による熱輸送の式には流量 Q が含まれます。しかしファンを付けた

3.8 通風抵抗とファン動作点の計算式

ときに得られる風量はわからないので、これは未知数です。熱伝達率を計算するのに必要な風速 V も同様に未知数になります。Q と V で温度が変わるので、熱計算の前にこの値を求めておかなければなりません。ここでは「流れのオームの法則」を使って風量を特定する方法について説明します。

3.8.1 流れのオームの法則

流れのオームの法則は以下の式になります。

$$P = R_f \times Q^2 \tag{3.49}$$

P：静圧［Pa］、R_f：流体抵抗［Pa·s²/m⁶］、Q：風量［m³/s］

R_f は流体抵抗（空気では通風抵抗）と呼ばれ、流体の流れにくさを表します。P と Q は変数なので、R_f がわかれば図 3.23 のような 2 次曲線を書くことができます。ここにファンのP–Qカーブを重ね書きすると交点が算出できます。この点が装置にファンを取り付けたときの実効風量、実効静圧になります。

流体抵抗 R_f は筐体内の流路形状や通風口面積によって異なり、以下に説明する「圧力損失係数」から求めます。

3.8.2 圧損係数と通風抵抗

流体が流路を流れると流体エネルギーの損失が発生します。機器に冷却ファ

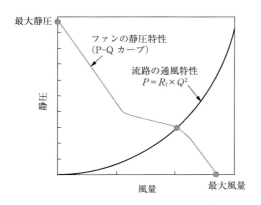

図 3.23　流路の通風特性とファンの静圧特性

ンを取り付け、圧力をかけて空気を送り込んでも空気が機器内を通過するうちに摩擦や乱れが発生して圧力が低下します。最初に持っていた圧力エネルギーが失われて熱になるため「圧力損失（圧損）」と呼びます。圧力損失には「摩擦圧損」と「局所圧損」があります。前者は流体と壁面との間で生じる粘性摩擦に起因するもので、後者は流体内部で発生する渦などに起因するものです。

圧力損失は流速に依存するので流速に依存しない係数 ζ（圧力損失係数）で表し、汎用性を持たせます。

$$\Delta P_{\mathrm{loss}} = \zeta \frac{\rho}{2} V^2 \tag{3.50}$$

ζ：圧力損失係数、ρ：流体の密度 [kg/m³]、V：流速 [m/s]

摩擦圧損は、低速では流速に比例しますが、流れが速くなると乱流化し、流速の2乗に比例するようになります。局所圧損は流速の2乗に比例します。

風洞実験を行って電子機器の通風抵抗を調べると、図 3.24 に示すように、圧力は風量のおよそ2乗に比例して増大しています。

圧力損失係数と流体抵抗は表現が異なりますが、現象は同じなので下記のように変換できます。

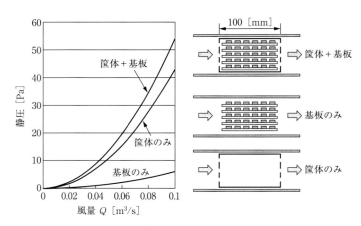

図 3.24　電子機器シェルフの通風抵抗測定例
実装ピッチ 12.5 mm で基板を 20 枚実装したシェルフを風洞に入れて測定したもの。基板にはダミーのモジュール抵抗 30 個/枚を実装、筐体の吸気口、排気口はともに開口率 50 %

$$R_{\mathrm{f}} = \zeta \frac{\rho}{2A^2} \tag{3.51}$$

A：流路の断面積 $[\mathrm{m}^2]$、ρ：流体の密度 $[\mathrm{kg/m}^3]$

この式を用いれば圧力損失係数から通風抵抗を求めることができます。

3.8.3　圧損係数の計算

以下に主な圧力損失係数の計算式を紹介します。

1）摩擦による圧損係数

流路壁面の摩擦による圧損係数は、管摩擦係数 f、管路長 L $[\mathrm{m}]$、管路直径 d $[\mathrm{m}]$ から以下の式で表されます。

$$\zeta = f \frac{L}{d} \tag{3.52}$$

管摩擦係数 f は、滑らかな管の層流（Re<2300 程度）では、以下の式（理論式）で計算できます。

$$f = \frac{64}{\mathrm{Re}} \quad (\mathrm{Re} < 3 \times 10^3) \tag{3.53}$$

Re：レイノルズ数 $= V \cdot d / \nu$、V：流速 $[\mathrm{m/s}]$、d：管路直径 $[\mathrm{m}]$

ν：動粘性係数 $[\mathrm{m}^2/\mathrm{s}]$

流速や管径が大きい場合は乱流の実験式（ブラジウスの式）を使います。

$$f = \frac{0.3164}{\mathrm{Re}^{0.25}} \quad (3 \times 10^3 < \mathrm{Re} < 10^5) \tag{3.54}$$

プリント基板は、壁面に部品が実装され凹凸が大きいため、$f=1$（層流）〜2（乱流）を使用します。流路が矩形断面の場合は、等価直径 d_{eq} に変換して使います。

$$d_{\mathrm{eq}} = 1.3 \left[\frac{(ab)^5}{(a+b)^2} \right]^{1/8} \tag{3.55}$$

a, b：矩形ダクト断面の辺の長さ $[\mathrm{m}]$

2）流路変化による局所圧損係数

通風口やスリットを空気が通過すると、その前後に圧力差を生じます。こう

第3章　熱設計に使用する計算式

した局所的な流路断面の変化や曲がりなどで発生する圧力損失は、局所圧損と呼ばれ、さまざまな実験式が求められています。ここでは電子機器で使う代表的なものを紹介します。

通風口のような流路の狭まりと拡大が同時に起こる場合、下式で近似計算できます。

$$\zeta = \frac{C \cdot (1-\beta)}{\beta^2} \tag{3.56}$$

β：開口率（＝穴の総断面積/近づき側の流路の断面積）

C：抗力係数（流体抵抗体固有の定数）

①パンチングメタルの圧損

強制空冷など流速が大きい場合（Re＞100）には、$C=2.5$ とします。自然空冷など、風速の小さい領域（Re＜100）では、板厚を t、穴の直径を d とし、$t/d=0.5$ 近辺で、下式が適用できます。

$$\zeta = 40 \left(\frac{\mathrm{Re} \cdot \beta^2}{1-\beta} \right)^{-0.65}, \quad \mathrm{Re} = \frac{u \cdot d}{\nu} \tag{3.57}$$

Re の計算に使用する流速は、流体抵抗体上流側の流速 u［m/s］です。

吸い込み口にパンチングメタルを設けた自然対流の実験によって得られた開口率と圧力損失係数 ζ の関係を**表 3.6** に示します。この結果から、抗力係数 C を下式で逆算すると**表 3.7** の値が算出できます。

$$C = \frac{\zeta \cdot \beta^2}{(1-\beta)} \tag{3.58}$$

表 3.6　自然対流での開口率と圧力損失係数（抵抗体を吸い込み口側に設置）

開口率 β	0.2	0.4	0.6	0.8
圧力損失係数 ζ	35	7.6	3.0	1.2

表 3.7　自然対流実験から求めた抗力係数
（出典：井上宇市「空気調和ハンドブック改訂第 5 版」、丸善出版）

開口率 β	0.2	0.4	0.6	0.8
抗力係数 C	1.75	2.03	2.70	3.84

②金網やメッシュの圧損

金網では、風速の小さい領域（Re<100）で以下の式が適用できます。
Re の代表長は金網の直径［m］、流速は近づき速度です。

$$\zeta = 28\left(\frac{\mathrm{Re}\cdot\beta^2}{1-\beta}\right)^{-0.95}$$ (3.59)

Re>100 の場合には、式 (3.56) で $C=0.85$ とします。

③開口率で表現できない開口部

筐体内部の流路は管路と異なり、開口率では表現しにくい開口部があります。その場合の概算式として圧損係数 $\zeta=1.5$（ただし流速は開口部通過時の流速を使用する）とします。

例えば、広い空間から 10×10 mm の開口部を通過して再び広い空間に抜ける際の開口部の通風抵抗は、次式で近似計算できます。

$$R_\mathrm{f} = \zeta\frac{\rho}{2A^2} = 1.5\times\frac{1.2}{2\times0.0001^2} = 9\times10^7\ \mathrm{Pa\cdot s^2/m^6}$$

④入口の圧損

広い空間から狭い通風口に空気が流れ込む場合などは $\zeta=0.5$ を使用します。流速は開口部通過時の値を使用します。

⑤曲がり圧損

管路の曲がりによる圧損計算は水冷機器の流路設計などで不可欠です。計算プロセスは複雑ですが、下記の式で算出できます。管路直径を d［m］、曲げ半径を R［m］、曲げ角度 θ［°］とし、

$\mathrm{Re}\cdot(d/R)^2<364$ の場合　$\zeta_\mathrm{b}=0.00515\cdot\alpha\cdot\theta\cdot\mathrm{Re}^{-0.2}\cdot(R/d)^{0.9}$ (3.60)

$\mathrm{Re}\cdot(d/R)^2>364$ の場合　$\zeta_\mathrm{b}=0.00431\cdot\alpha\cdot\theta\cdot\mathrm{Re}^{-0.17}\cdot(R/d)^{0.849}$ (3.61)

ただし、α は曲がり角度によって異なり、**表 3.8** から求めます。

3.8.4　流体抵抗の合成

流体抵抗も熱抵抗や電気抵抗と同じように直列則・並列則が成り立ちます。
流路の分岐や合流があっても、通風抵抗の合成によって風量や圧力の分布を計算できます。

第 3 章　熱設計に使用する計算式

表 3.8　曲がり圧損の係数 α を求める式
（出典：日本機会学会「機械工学便覧（流体工学）」第 8 章　管路内の流れおよび流体中の物体に働く力）

曲がり角度	α を求める式	適用条件
$\theta = 45°$	$\alpha = 1 + 5.13 \cdot (R/d)^{-1.47}$	
$\theta = 90°$	$\alpha = 0.95 + 4.42 \cdot (R/d)^{-1.96}$	$R/d < 9.85$
	$\alpha = 1$	$R/d > 9.85$
$\theta = 180°$	$\alpha = 1 + 5.06 \cdot (R/d)^{-4.52}$	

〈直列則〉

$$R = R_1 + R_2 + R_3 + \cdots + R_n \qquad (3.62)$$

〈並列則〉

$$\frac{1}{\sqrt{R}} = \frac{1}{\sqrt{R_1}} + \frac{1}{\sqrt{R_2}} + \frac{1}{\sqrt{R_3}} + \cdots + \frac{1}{\sqrt{R_n}} \qquad (3.63)$$

第4章　熱設計の手法とツール
～熱設計は徹頭徹尾「熱抵抗」で考える～

◇

　第2章、第3章では電子機器放熱のメカニズムと温度予測式について説明してきました。しかし、これらの式は単純化されすぎていて、複雑な機器の熱設計には適用が困難に思えます。伝熱工学の基礎式を熱設計に適用するには2つの工夫が必要です。

1）基礎式を組み合わせて製品の熱計算に適用できるようにすること

2）熱設計要件から冷却機構のパラメータを導出できるようにすること

本章では伝熱工学を熱設計に適用するための手法やツールについて説明します。

■4.1　伝熱基礎式を製品の熱計算に適用するには

　基礎式は伝熱形態ごとに現象を単純化して表現したものですが、実際には複合的な熱移動が起こります。式を組み合わせないと実務的な計算はできません。これまで電子機器用にさまざまな温度予測式が導かれ、活用されてきました。

4.1.1　電子機器用の簡易計算式の利用

　例えば代表的な例として下記の筐体温度上昇計算式があります。

$$W = (2.8 \cdot S_{top} + 2.2 \cdot S_{side} + 1.5 \cdot S_{bottom}) \cdot (\Delta T_a/2)^{1.25}$$
$$+ 4 \cdot \sigma \cdot \varepsilon \cdot S_{tot} \cdot T_m{}^3 \cdot (\Delta T_a/2) + 1150 \cdot Q_v \cdot \Delta T_a \tag{4.1}$$

　　S：筐体各面の表面積 [m²]

　　　top：上面、side：垂直面、bottom：底面、tot：全面

　　ΔT_a：内部空気温度上昇 [℃]

　　σ：ステファン-ボルツマン定数（$=5.67 \times 10^{-8}$）、ε：筐体表面の放射率

　　T_m：平均絶対温度 [K]（$=273+$周囲温度$+\Delta T_a/4$）

79

第4章　熱設計の手法とツール

Q_v：実効換気風量（自然空冷では＝通風口面積×$0.166(H \cdot \Delta T_\mathrm{a})^{0.5}$）［m³/s］
H：煙突長さ（＝筐体高さ/2）［m］

コンピュータが簡単に使えなかった時代には計算の手軽さが重視され、式の厳密性は犠牲にしてきました。この式の右辺第1項は対流放熱量を表しますが、熱伝達率計算に必要な「代表長」が省略されています。第2項は放射の基礎式を簡略化しており誤差を含みます。第1項、第2項で筐体表面温度上昇 ΔT_S を $\Delta T_\mathrm{a}/2$ としているのは、表面温度上昇 ΔT_S が内部空気温度上昇 ΔT_a の1/2という仮定に基づいています。

この式では内部空気の最高温度しか予測できませんが、冷却方式を決める上では十分な情報を得ることができます。

4.1.2　図表・グラフの活用

簡易計算式とはいってもこの式から未知数 ΔT_a を求めるのは大変です。そこで図表やグラフを用意して素早く見積もる方法が使われてきました。

1）基板の温度推定グラフ

例えば図4.1のような熱流束［W/m²］と温度上昇との関係グラフは伝熱基礎

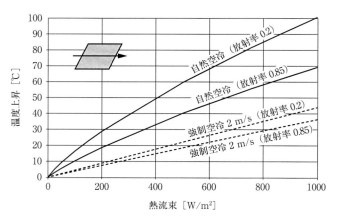

図4.1　平板の熱流束と温度上昇
100 mm×100 mm×1 mm の水平置き等温平板で試算。
強制空冷では面に平行な風速

式から描くことができます。プリント基板の設計段階で、基板外形と総消費電力がわかったら、熱流束を計算してこのグラフを参照すると、平均温度上昇を知ることができます。

2）筐体放熱能力予測グラフ

2つのグラフを用意しておきます。図 4.2a は筐体表面の温度上昇を固定して熱伝達率を求め、表面積と放熱量との関係をグラフ化したもの、図 4.2b は空気の温度上昇を固定して換気風量と換気による放熱量との関係を示したもので

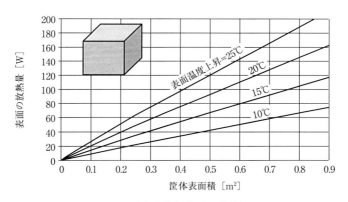

（a）筐体表面からの放熱量

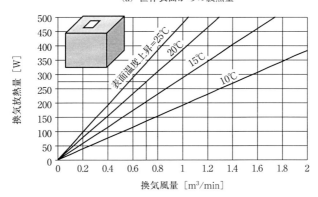

（b）換気による放熱量

図 4.2　筐体の表面および換気による放熱量
筐体は等温の立方体形状で計算（放射率 0.85）

第4章　熱設計の手法とツール

す。この2つのグラフから下記の推定ができます。

　例えばW300×D250×H150 mm（表面積0.315 m²）で300 Wの発熱量を有する電子機器で、表面温度上昇10℃以下、排気温度上昇20℃以下の条件を満足する風量を求めたいとします。まず図4.2aより、表面積0.315 m²の筐体表面が10℃アップしたときの表面の放熱量は約25 W、残った275 Wはファンによる換気で放熱させなければなりません。図4.2bより、空気の温度上昇を表面温度上昇の2倍の20℃としたときに275 W放熱するために必要な風量は、0.72 m³/minであることが推定できます。

　このように、グラフを用いると容易に設計パラメータの決定ができます。

3）自然空冷可否判断グラフ

　実務面で冷却方式判断の参考になるのが「容積‐消費電力トレンドグラフ」です。過去の機種について容積と消費電力の2軸でプロットし、採用した冷却方式ごとにマッピングしてみると一定の傾向が見えてきます。新製品開発の際にこのグラフ上にプロットしてみると、採るべき冷却方式や難易度を知ることができます（図7.1に例を示します）。

4.1.3　Excelによる伝熱計算

　パソコンが普及し、複雑な演算が手軽にできるようになった現在、伝熱基礎式を組み合わせた筐体の温度計算も容易になりました。4.1.1項では式を簡易化して1つにまとめましたが、簡易化せずに基礎式をそのまま使用して計算します。

　例えば図4.3に示すように、筐体表面からの放熱量を対流、放射、換気に分けて式で表します。これらの式はすべて第3章で紹介した式です。

　対流と放射の計算で使用する温度上昇 ΔT は「表面の温度上昇」であるのに対し、換気で使用する温度上昇は「空気の温度上昇」です。未知数が2つになると求められないので、筐体外表面から外気への熱伝達率と内部空気から筐体内表面への熱伝達率を同じと考え、筐体表面温度上昇＝内部空気温度上昇×1/2とみなします。これにより未知数が1つになり、解くことができます。

　エネルギー保存則を適用し、全放熱量の合計（$W_{top} + W_{side} + W_{bottom} + W_{rad}$

4.1 伝熱基礎式を製品の熱計算に適用するには

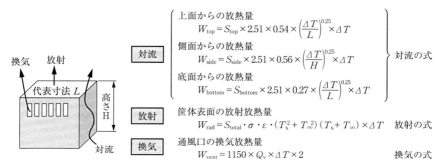

図 4.3　伝熱基礎式を用いて筐体の表面温度上昇 ΔT を計算する方法
第 3 章の対流・放射および物質移動による熱移動の式を組み合わせて放熱量を求める。
内部空気の温度上昇は表面温度上昇の 2 倍として式を立てている

$+ W_{\text{vent}}$）が発熱量 W に等しいと置けば、未知数 ΔT を求めることができます。Excel では、全放熱量＝発熱量と置いてゴールシークを適用すれば数値解を求められます。この計算例は Excel 計算シート「筐体温度計算」にあります。

4.1.4　Excel による熱回路網法計算

上記方法は対象物ごとにエネルギー保存式を自分で組み立てる必要があります。また求められる未知数（内部温度）は 1 つで非定常計算もできません。「熱回路網法」を使うと温度分布や時間変化を推定できるようになり、一挙に適用範囲が広がります。

熱回路網法は電気と熱の相似性を使った解法で、電気の RC 回路解析に相当します。節点 N_i に j 個の節点を接続した電気回路では N_i に対して「キルヒホッフの法則」が適用できます（図 4.4）。熱流に対しても同じ法則が使え、電圧⇒温度上昇、電流⇒熱流量、電気抵抗⇒熱抵抗と置き換えると、以下の式が得られます。

第 4 章　熱設計の手法とツール

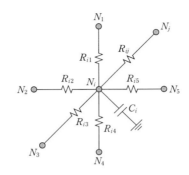

図 4.4　熱回路網
Nは節点番号、Rは熱抵抗、Cは熱容量を表す

$$\sum_{\substack{j=1 \\ j \neq i}}^{n} \frac{1}{R_{ij}}(T_i - T_j) = W_i \tag{4.2}$$

　　T_i, T_j：接続される節点の温度［℃］、R_{ij}：N_i と N_j を結合する熱抵抗［℃/W］
　　W_i：節点 N_i の発熱量［W］

この式は節点方程式と呼ばれ、節点の数（未知数の数）だけ式を導くことができます。これらを連立して解けばすべての未知数（温度）を求めることができます。

　熱回路網法で非定常問題を解く場合には、上記式に時間 $\Delta\tau$ の間の蓄熱量が加わります。

$$\sum_{\substack{j=1 \\ j \neq i}}^{n} \frac{1}{R_{ij}}(T_i - T_j) = W_i - \frac{C_i}{\Delta\tau}(T_i - T_j') \tag{4.3}$$

　　T_i, T_i'：現在の温度と 1 ステップ前の時間の温度、$\Delta\tau$：計算時間のステップ幅
　　C_i：節点 i の熱容量

有限要素法や有限体積法と似ていますが、これらの手法が基礎式となる偏微分方程式を離散化して近似解を求めるのに対し、熱回路網法は熱抵抗（単純なケースで求められた理論解や実験式）を組み合わせて解く手法です。解を組み合わせるので数値計算誤差が少なく安定して解けますが、精度は熱抵抗の妥当性

に依存します。利用者には伝熱工学知識が要求されます。

　熱回路網法はいわば熱の論理回路であり形状は必要ありません。座標情報が不要なので、形状が決定される前のパラメータスタディ、例えば表面積、風量・風速の値の決定などに適しています。

　図4.3で説明した筐体温度計算を熱回路網法で行うには「熱抵抗のネットワーク（熱回路網）」を作ります。

　熱回路網法では未知数（温度）を求めたい場所に節点を置きます。6面体の筐体で各面の温度や内部温度を求めるならば、6面＋内部空気＋外気の8節点が必要です。ここでは下記のように配置します。

　　節点1：上面、節点2：前面、節点3：左面、節点4：後面、節点5：右面、
　　節点6：底面、節点7：内部空気、節点8：外気

次に、伝導、対流、放射、換気の4つの「熱コンダクタンス（熱抵抗の逆数）」で各節点間を結合します。筐体面間は熱伝導、筐体内表面と内部空気、筐体外表面と外気は対流、熱放射の熱コンダクタンスで結ばれます（図4.5a）。例えば図4.5bの7行目は節点1（筐体上面）と節点8（外気）が対流＋放射の熱コンダクタンスでつながっていることを示しています。C7セルの熱コンダクタンスは計算式で記述します。

$$表面積×\{[0.54×2.51×(T_1-T_8)/代表長]^{0.25}+σ×放射率×[(T_1+273.15)^2$$
$$+(T_8+273.15)^2]×[(T_1+273.15)+(T_8+273.15)]\}$$

T_1、T_8は計算結果の温度を参照することにより、計算のたびに熱コンダクタンスが修正されます。反復計算を行うことで非線形性を考慮した解析が可能になります。図4.5bはExcel計算シートに入力した例です。熱回路網法に関する詳しい説明は参考文献5を参照下さい。

4.2　伝熱基礎式を冷却機構の設計に適用するには

　熱設計を行うにあたって「温度の予測」は必要ですが、予測ができても設計はできません。熱設計ではもう一歩踏み込んで「すべての部位が許容温度を超えないような冷却機能の設計」を行わなければなりません。ここでは、要求さ

第 4 章　熱設計の手法とツール

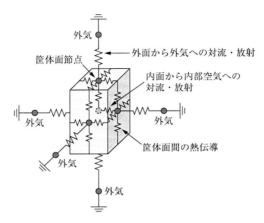

(a) 筐体の熱回路モデル例

(b) 筐体の熱回路網データ例

図 4.5　筐体の熱回路

れる熱的条件に対応した設計形状を生み出すための熱設計手法について説明します。

4.2.1 「熱抵抗」を中心に考える　～なぜ熱抵抗を使うか～

　熱設計ではプロセス全般にわたって「熱抵抗」を使います。熱抵抗を使う理由は以下のメリットがあるからです。

1）熱抵抗で放熱特性がわかる

　「熱抵抗」は機械屋さんにはなじみにくい概念かもしれません。「温度上昇」の方が理解しやすいと思いますが、温度上昇は単なる結果です。「部品の温度上昇が50℃だった」という情報には結果しか含まれません。しかし熱抵抗は「特性」を表しています。「この部品の熱抵抗は50℃/W」という情報があれば、部品の放熱特性が理解できます。熱抵抗はその単位のとおり、1Wの熱が流れたときの温度上昇なので「値が小さい方が冷える」ことになります。

2）熱抵抗は形状と結びつく

　熱抵抗を使う最大のメリットは「熱抵抗が形状（寸法）と直結する」ことです。例えばヒートシンクの性能は熱抵抗で表されますが、その値は包絡体積（外形輪郭で構成される立体の体積）と相関を持ちます（第10章参照）。平板の表面積と熱抵抗も関数になります。

　放熱板の表面積（両面）と熱抵抗との関係も、図4.6のようなグラフで表されます。5Wの部品の温度上昇を50℃以下に抑えたいのであれば、熱抵抗＝50℃/5W＝10℃/Wとしなければならないことから10000 mm²（71×71 mm）程度の大きさの放熱板が必要なことがわかります。温度条件から冷却機構を作るのに欠かせないのが熱抵抗です。

3）熱抵抗を合成すれば複雑な放熱経路も分析できる

　熱抵抗は電気抵抗と相似なので電気抵抗の直列則、並列則をそのまま適用できます。

> 直列則：直列に接続された抵抗のトータル抵抗は、接続された全抵抗の
> 　　　　総和になる

$$R_{\mathrm{total}}＝R_1＋R_2＋R_3\cdots＋R_n \tag{4.4}$$

第4章　熱設計の手法とツール

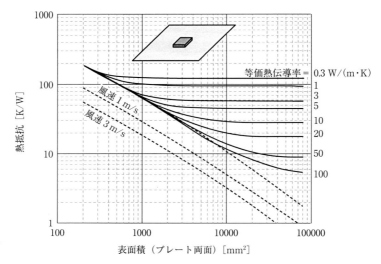

図4.6　放熱板の表面積（両面）と熱抵抗

水平に置かれた正方形の平板（厚み1.5 mm、放射率0.8）の中央に10×10 mmの熱源（1 W）を実装した条件で熱源の温度上昇から算出した

並列則：並列に接続された抵抗のトータル抵抗の逆数は、接続された抵抗の逆数の総和になる

$$\frac{1}{R_{\text{total}}} = \frac{1}{R_1} + \frac{1}{R_2} + \frac{1}{R_3} \cdots + \frac{1}{R_n} \tag{4.5}$$

例えば10℃/Wのヒートシンクを並列に2個並べれば5℃/Wにできます。

4）熱対策の組み合わせによる効果を予測できる

図4.7のように、10 W発熱する部品を基板の裏面側に設けた冷却器（20℃固定）で冷やしているとしましょう。初期状態では部品の温度は60℃（40℃上昇）になりました。そこで基板の樹脂層を薄くして熱の通りをよくしたら部品温度は5℃下がりました。次にサーマルビア（スルーホールに銅メッキを施し上面と下面を熱的につなぐ）を5本入れたら10℃下がりました。ではこの2つの対策を同時に行ったら5＋10＝15℃下がるでしょうか？

このように、別々の実験結果を元にして同時に実施した時の効果を推定することはよくあります。こうした場合に温度そのものを使って計算したくなりま

4.2 伝熱基礎式を冷却機構の設計に適用するには

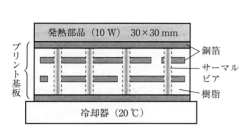

図 4.7　熱対策の相乗効果を見積もる

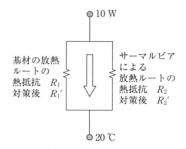

図 4.8　熱対策を熱抵抗で表現する

すが、その方法だと間違った結論を導く可能性があります。

このようなときは、熱抵抗で考えれば正しい推定ができます。熱源から冷却器までの放熱経路は、基材を経由するルートとサーマルビアを経由するルートの2つが並列に存在するので、熱抵抗は図 4.8 のような並列 2 抵抗モデルになります。

樹脂層（基材）の放熱ルートの熱抵抗を R_1、サーマルビアによる放熱ルートの熱抵抗を R_2 とします。現状の熱抵抗は R_1 と R_2 の並列合成回路で、そのトータル熱抵抗は 40 ℃/10 W＝4 ℃/W です。

これは並列則から下記の式で表現できます。

$$\frac{1}{R_1} + \frac{1}{R_2} = \frac{1}{4} \qquad ①$$

基材の樹脂を薄くしたら温度上昇は 35 ℃になったので、変化後の R_1 を R_1' とすると、

$$\frac{1}{R_1'} + \frac{1}{R_2} = \frac{10}{35} \qquad ②$$

となります。

次にサーマルビアを入れたところ、温度上昇は 30 ℃に減ったので熱抵抗は 3 ℃/W に変化したことになります。変化後の R_2 を R_2' とし

$$\frac{1}{R_1} + \frac{1}{R_2'} = \frac{10}{30} \qquad ③$$

第4章　熱設計の手法とツール

が得られます。②と③を足して①を代入すると、両方の対策を施したときの熱抵抗 $R_t{}'$ は

$$\frac{1}{R_t{}'} = \frac{1}{R_1{}'} + \frac{1}{R_2{}'} = \frac{1}{3.5} + \frac{1}{3} - \frac{1}{4} = 0.369$$

$$R_t{}' = 2.71 \, ℃/W$$

下がる温度は $40 - 2.71 \times 10 = 12.9℃$ となります。2つの対策で得られる温度低減効果を加え合わせた $15℃$ にはなりません。

4.2.2 「目標熱抵抗」と「対策熱抵抗」を対比して考える

熱設計を定義すれば「製品が要求される温度環境下において所定の負荷範囲で動作したときに、すべての部位がその使用温度範囲を超えないよう冷却機構を設計する」ということになります。この中に3つの熱設計要件が出てきます。

● 要求される温度環境 ⇒ 機器の使用温度（周囲温度）

● 所定の負荷範囲で動作 ⇒ 機器の消費電力（発熱量）

● すべての部位がその使用温度範囲を超えない ⇒ 部品の許容温度

あらためて 3.2 節の熱のオームの式を眺めると、この中の発熱量 W（A–B 間の熱流量）、許容温度 T_A、周囲温度 T_B は設計要件で決められてしまうことがわかります。

$$W = C_{A-B} \cdot (T_A - T_B) \tag{4.6}$$

決められてしまう変数を左辺に集めると、左辺、右辺とも熱抵抗を表す以下の式に変形できます。

$$\frac{T_A - T_B}{W} = \frac{1}{C_{A-B}} \tag{4.7}$$

左辺は熱設計要件として与えられる変数の集まりで、ここでは「目標熱抵抗」と呼びます。一方、右辺は温度を制御するパラメータから構成される「対策熱抵抗」と呼びます。このように分けると、以下のメリットがあります。

1)「目標熱抵抗」で熱設計要件を1つにまとめられる

熱設計の要件をまとめると目標熱抵抗に集約されます。

例えば、「10 W の発熱体を周囲温度 $40℃$ で使用したときに表面温度が $100℃$

90

4.2 伝熱基礎式を冷却機構の設計に適用するには

を超えないこと」という命題を与えられたらすぐに目標熱抵抗に直します。

　　　目標熱抵抗＝許容温度上昇/通過熱流量＝(100－40)/10＝6℃/W

与えられた命題は、この部品の熱抵抗を6℃/W以下にすることです。

　最近では温度が上昇したら機能（消費電力）を制限して許容温度を超えないようにする「動的な熱設計」も一般化しており、Wも設計変数になる場合があります。

2) 対策パラメータから具体策に展開できる

　式(4.7)の右辺（対策熱抵抗）は第3章で紹介した伝熱基礎式の係数に相当するのでAを半導体ジャンクションj、Bを外気∞と表記すると対策の熱抵抗は、下記のように置き換えることができます。

$$\frac{1}{C_{j-\infty}} = R_{jc} + R_{ca} + R_{a\infty} = R_{jc} + \frac{1}{S \cdot h} + \frac{1}{1150 \cdot Q} \tag{4.8}$$

この等号を成立させるのが熱設計です。この式は熱源が1つのときの熱抵抗モデル（図4.9）ですが、熱対策の基本を表す式です。

　チップ温度T_jを許容温度以下にするには、目標熱抵抗≧対策熱抵抗でなければなりません。つまり右辺の3つの熱抵抗の合計値が目標熱抵抗より小さくなければ、熱設計は成立しないことになります。

　R_{jc}、S、h、Qの4つのパラメータを調整してトータル熱抵抗を下げるのが熱

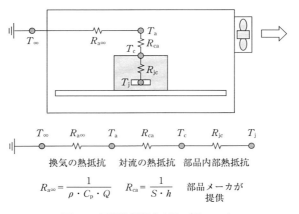

図4.9　目標熱抵抗と対策パラメータ

第4章　熱設計の手法とツール

対策です。まず目標となる対策パラメータを決めてから具体策に落とします。

　例えば下記のような手段が考えられます。

- ジャンクション−ケース間の熱抵抗 R_{jc} を下げる ⇒ 低熱抵抗部品を使う
- 表面積 S を増やす ⇒ ヒートシンクや基板銅箔への放熱、筐体への接触放熱
- 熱伝達率 h を大きくする ⇒ ファンによる風速増大
- 換気風量 Q を大きくする ⇒ 通風口を増やす、換気扇をつける

これをできるだけ簡単に低コストで実現するのが熱対策です。

　このように放熱経路を熱抵抗で表すことで、要件から対策に展開できるのです。

▎4.3　骨太の熱抵抗で放熱経路を構造化する　〜まず木を見ず森を見る〜

　熱抵抗を使うと放熱経路を大づかみすることができます。熱移動現象は細かく見れば複雑ですが、それでは対策方針が立てられないので思い切って粗く考えます。

　身近な例としてカップに注いだコーヒーについて考えてみましょう。入れたての熱いコーヒーが30分後にどのくらい冷えるか、想像はできますが、定量化するのは大変です。図4.10a に示すように、たくさんの熱移動を温度依存を考慮して解かなければなりません。もし「保温性のよいカップを設計する」という命題を与えられたらどうすればいいでしょうか？「骨太の熱抵抗」で放熱経路を構造化する必要が出てきます。放熱を大きく分ければ、上（水面）から逃げる熱、横（壁面）から逃げる熱、下（机）から逃げる熱になります。熱は表面積に比例して逃げるので、大体どこの放熱が大きいか想像はつくでしょう（図4.10b）。

　これだと対策に結びつかないので、それぞれのルートを熱伝導、対流、放射、物質移動による熱輸送に分けて表現します（図4.11）。こうすると熱の回り込みルートも表現でき、各熱抵抗を数式化できます。熱抵抗は合成できるので、どのパラメータがトータル熱抵抗にどれくらい寄与するか算定可能になります。熱抵抗を計算して熱回路網法で解けば、各部の温度が算定できます。

4.3 骨太の熱抵抗で放熱経路を構造化する　～まず木を見ず森を見る～

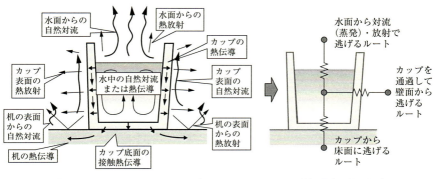

(a) ミクロに見たカップの伝熱現象　　　(b) 骨太の放熱経路

図 4.10　骨太の放熱構造を考える

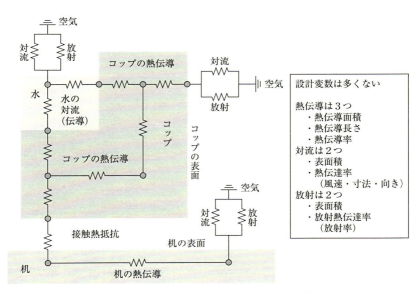

図 4.11　対策パラメータを導けるレベルまで分解する

第 4 章　熱設計の手法とツール

4.3.1　熱抵抗モデルで機器の放熱ルートを決める

　電子機器を同じ考え方で表現すると図 4.12 のようになります。筐体、基板、部品などの要素で構成される一般的な機器であれば、すべてこのパターンです。部品は複数ありますが、ここでは代表部品を 1 つだけ象徴的に表現しています。左端の熱源で発生した熱はすべて右端の外気に放熱します。半導体チップで発生した熱は部品の表面まで到達すると 3 つのルートに分かれて逃げます。

　1 つ目は部品表面からの対流で機器内部空気へ逃げるルート、2 つ目は部品表面から熱放射で筐体内面に逃げるルート、3 つ目はリードなどの接続部を伝わって基板に熱伝導で逃げるルートです。基板に熱伝導で伝わった熱は基板の表面からも対流や放射で逃げますが、筐体との接触部を介して筐体に移動します。内部空気に伝わった熱は、通風口があれば空気の移動（換気）に伴い外部に排出されます。また一部は対流で筐体に移動します。筐体に移動した熱は、表面まで熱伝導で伝わり、表面から対流と放射で外気に移動します。

　筐体設計では、まず筐体の熱を主にどのようなルートで外に出すかを決める必要があります。電子機器の放熱は長い間「換気」に頼ってきました。換気の熱輸送能力は表面からの放熱に比べると圧倒的に大きいのです。図 4.2 を見る

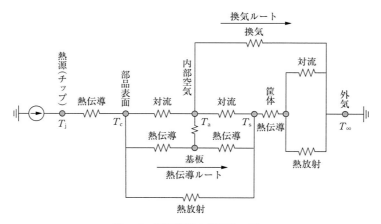

図 4.12　電子機器の熱回路モデル

と $1\,\mathrm{m^3/min}$ の小型ファンが $200\sim400\,\mathrm{W}$ の冷却能力があるのに対し（図4.2b）、$1\,\mathrm{m^2}$ の表面積から逃がせるのは $100\,\mathrm{W}$ 程度です（図4.2a）。

しかし最近は換気に頼ることができない「密閉・ファンレス」機器が増加しています。その代表であるスマホやデジカメは、自由空間比率（内部空間の容積/装置の容積）が小さく内部空気はほとんど流動しません。こうした機器では部品や基板を筐体に接触させて放熱する熱伝導放熱を行います。

このように放熱のメインルートを熱抵抗で検討するプロセスが初期段階では重要です。

4.3.2　熱抵抗に含まれるパラメータから熱対策をリストアップする

熱抵抗は放熱能力と設計パラメータを結びつける重要な指標です。熱対策には熱抵抗の式に出てくるパラメータしか使えません。熱抵抗に含まれるパラメータから熱対策を展開すると、図4.13のようなツリーを導くことができます。

対策を大分類すると、伝熱面積を大きくする、熱伝達率（対流と放射があ

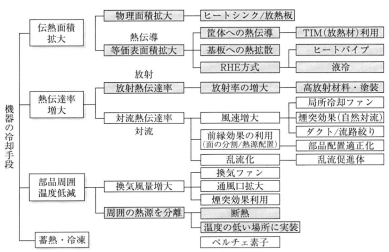

図4.13　熱対策ツリー

第4章　熱設計の手法とツール

る）を大きくする、冷媒（周囲空気）温度を下げる、の3つです（ここでは蓄熱・冷凍は除きました）。

「伝熱面積拡大」は古くから知られる熱対策の王道といっていいでしょう。物質移動による熱輸送以外のすべての伝熱式に面積が出てきます。伝熱面積拡大には物理的に表面積を大きくする方法（ヒートシンク）と等価表面積を大きくする方法（熱伝導による熱拡散）があります。ヒートシンクを実装するスペースがとれない機器では、基板や筐体を使った放熱が主流になっています。

冷却器を熱源から離れた場所に配置して効率的な冷却を行うのがRHE（Remote Heat Exchanger）です。熱源から冷却器まではヒートパイプや液体を使って熱を輸送します（第11章参照）。

「熱伝達率増大」には対流熱伝達率と放射熱伝達率があります。自然対流熱伝達率を劇的に増大させるのは難しいので、風速増大策（強制対流）が主になります。流路の絞りや吸気口を使って熱源周囲の風速を増大させることで温度低減が可能です。

「部品周囲温度低減」は、機器内部空気の温度が上昇しないよう換気や熱源の隔離で対策を行うものです。

機器でこれらすべての対策が使えるわけではありません。特に密閉・ファンレスが条件だと、使える対策は主に「伝熱面積拡大」になります。熱対策ツリーを元に実装階層ごとにより具体的な対策をまとめると、表4.1のような熱対策詳細マップ（例）を作ることができます。製品ごとに過去の対策事例を整理してまとめておくと技術継承もできます。

4.4　強力な助っ人、熱流体解析ソフトウエア(CFD)を活用しよう

数値流体力学ソフトウエア（Computational Fluid Dynamics、以下CFD）はここ十数年の間に急速に普及し、その機能やスピードも以前と比較にならないほど充実しました。より大規模なモデルを高速で解けるようになった結果、モデルの詳細度が飛躍的に向上しています。配線パターンも表現した緻密な形状により、あたかも試作実験を行っているようです。

4.4　強力な助っ人、熱流体解析ソフトウエア（CFD）を活用しよう

表4.1　熱対策詳細マップ（例）

分類		部品レベル	基板	筐体
伝熱面積拡大	物理表面積	◆放熱面積拡大 　ヒートシンク取付 　外形の大きい部品使用 　ケーブル/バスバーへの放熱	◆放熱面積拡大 　パッド寸法拡大 　銅箔パターンへの放熱器取付	◆放熱面積拡大 　外表面へのフィン設置
	等価表面積	◆温度均一化/基板接続 　ヒートスプレッダ 　パッケージ基板多層化 　銅コア基板 　サーマルボール/放熱パッド 　アンダーフィル 　部品から筐体への接触放熱	◆基板放熱 　配線の厚銅化/多層化 　サーマルビア（中層・裏面へ接続） 　ベタパターン 　基板から筐体への接触放熱 　部品の等熱流束配置	◆筐体放熱 　筐体の金属化 　高熱伝導樹脂筐体 　グラファイトシート貼り付け 　金属ヒートスプレッダの使用 　シールドプレートへの放熱
	相変化拡散 遠隔放熱	ヒートパイプ/ベーパチャンバー		
		リモートヒートエクスチェンジャ（ヒートパイプ）		
		液冷		
熱伝達率増大	強制対流	◆風速増大 　吹き付けファン取り付け 　ピエゾファン	◆風速増大 　ダクトによる風速増大	
			◆乱流化 　乱流促進体（強制）	外部吹き付けファン 走行風冷却
			◆前縁効果の利用 　熱に弱い部品を風上に配置	ピンフィン/千鳥配置フィン
	自然対流			煙突効果による風速増大
	液冷	液冷・沸騰冷却	浸漬冷却 液冷・沸騰冷却	間接水冷 ハイブリッド冷却
	放射熱伝達	金属表面に高放射材塗布 部品対向面（筐体）の吸収率増大	高放射レジスト	表面・裏面塗装・高放射塗料 表面・裏面アルマイト処理 放射シート 高放射鋼板
換気	強制換気			換気ファンの取り付け/風量増大
	自然換気			煙突効果による換気促進（通風口高低差）
断熱		部品・ユニット間断熱材	基板内の銅箔分離	高温部品-筐体間断熱材
蓄熱		蓄熱体取付	蓄熱体取付	壁面蓄熱材組込み
冷凍		ペルチェ素子		筐体電子冷却 空調（キュービクル等）
発熱低減		ボンディングワイヤ高熱伝導化・リボン化 リッツ線採用（高周波表皮効果対応）	配線の厚銅化やはんだメッキ バスバー採用	日射防止（日よけ・白塗り・断熱）

第 4 章　熱設計の手法とツール

　機能のインテリジェント化も進んでいます。パラメータの最適化や放熱経路のチェック機能なども備え、さまざまな視点から情報が提供されます。CFDをうまく活用すれば熱設計は大きく変わる可能性があります。

　ここでは、熱流体解析推進にあたって必要な考え方、取り組み方について解説します。電子機器の熱流体モデリングテクニックなどの利用技術に関しては参考文献 4 を参照下さい。

4.4.1　CFD 活用のメリットと注意点

　CFD が熱設計に広く活用されるようになったのは、下記のメリットが期待できるからです。
①試作せずに製品を評価でき、複数の設計案から適切なものを選択できる
②実施困難な仮想試験を行うことができる
③測定できない部品の温度や内部温度を把握できる
④流れなど目に見えない現象を可視化して対策を立案できる
⑤定量的、論理的な評価に基づいてトレードオフを図ることができる
⑥技術蓄積やプレゼンテーションに活用できる
　伝熱工学では「熱伝達率」を計算しない限り温度は求められませんが、CFDでは形状を入れ、メッシュを切ればなんらかの結果が出てきます。
　しかし、伝熱工学の知識を持たずに CFD を使うのは危険です。入力ミスで見当はずれな結果が出てきても「おかしい」ことに気づきません。モデル化（対象物を等価な数値モデルに置き換えること）もうまくできないので予測が外れても修正不能になります。解析結果が NG となったときの分析や熱対策方法もわからず、試行錯誤に陥ってしまうことにもなりかねません。
　CFD を利用するにあたっては一定の伝熱工学知識を持ち、手計算で予測できるレベルになっておく必要があります。

4.4.2　解析精度を追求する前に個人差をなくす努力を

　CFD の設計利用を推進する中で課題になるのが、同じ対象物の解析を行っても「人によって異なった答えを出す」ことです。これは解析プロセス全般に

98

4.4 強力な助っ人、熱流体解析ソフトウエア（CFD）を活用しよう

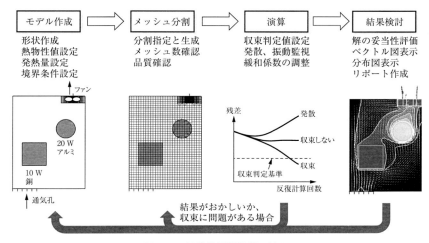

図 4.14 熱流体解析作業の流れ

わたって個人の判断にゆだねられる部分が多いためです。そのままだとAさんの結果は信じられるが、Bさんの結果は信じられないなど、人に依存する部分が大きくなってしまいます。

図 4.14 は、熱流体解析の流れを示したものです。モデル作成、メッシュ分割、演算、結果検討という4ステップでの流れになりますが、この中で人による違いが出ます。最も違いが生じやすいのが「モデル作成」のプロセスです。電子機器は複雑な微細な構造をしており、必ず「省略」が必要になります。小さい部品や基板の配線パターン形状を省略したり、部品のリードを削除したり、といった簡略化が行われます。簡略化すればなんらかの情報が失われます。「簡略化方法」の違いにより、結果に個人差が生じます。できるだけ同じ考え方でモデリングを進めること（モデル作成の標準化）が、人によるばらつきをなくす上で重要です。そこには伝熱工学知識が不可欠です。

メッシュ分割でも個人差が生まれます。分割が粗いと誤差が大きくなり、細かくすると演算時間が増えます。適切な分割を選定する勘所や経験が必要になります。

演算では大規模な反復計算が行われ、誤差が指定値以下になったら終了しま

第4章　熱設計の手法とツール

す。収束判定方法や、収束しなかった時の処理などによって結果が変わります。

このように、コンピュータを使ったシミュレーションにもたくさんの人的な要因が紛れ込みます。まずこのようなばらつきをなくすためのモデル化のルール作りが大切です。

4.4.3　解析精度の目標

「解析精度はどこまで上げられるのか？」よくある質問です。これに対してまず確認すべきことは2点です。
①入力データの精度はどれくらいに収まっているのか
②対象としている製品の温度にはどれくらいのばらつきがあるのか
例えば部品の消費電力は、動作状態や温度に依存することはもちろん、個体ごとのばらつきもあります。熱伝導率は製造条件で異なります。温度測定結果は正しいと思われがちですが、測り方で誤差を生じます（5.2.2項参照）。

このように入力データと製品のばらつきを把握することで、精度の目標ラインが見えてきます。

解析精度を高めるには、モデルの詳細度と精度との因果関係を知ることも大切です。部品の温度を実測と解析で比較すると、大型部品よりも小型部品の精

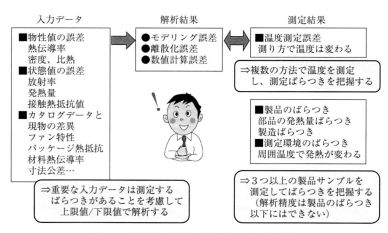

図4.15　解析と実測とが合わない理由と対策

4.4 強力な助っ人、熱流体解析ソフトウエア（CFD）を活用しよう

度が悪い傾向があります。この理由の1つとして基板モデルがラフであることが挙げられます。小型部品ほど基板への放熱割合が増えて基板のモデル化が重要になるにもかかわらず、基板を等価熱伝導モデルとしているケースなどです。部品の放熱タイプ（基板放熱型、大気放熱型など）に応じて作成すべきモデルの詳細度を決めるなどの組織的取り組みが必要になります。

4.4.4 温度予測ツールの使い分け

手計算、図表、熱回路網法、CFDと、温度予測手法・ツールについて説明してきましたが、それぞれにメリット・デメリットがあり、ケースバイケースで使い分けるのが効果的です。

機器の外形とおおよその電力しかわからない設計の初期段階では、その成立性について手計算や図表で当たりをつけます。機器実装ユニットの温度を概算するなど、ラフな概念設計では熱回路網法が有効です。また部分的なパラメータスタディ、例えば基板のサーマルビア本数やヒートシンク仕様の検討などでもパラメトリックな考察が容易な熱回路網法が適しています。

設計がある程度進み、各部の形状案が策定された段階で機器全体の温度を細かく把握するには熱流体解析（CFD）の利用が有効です。

101

第5章 温度管理と熱計測
～適切な温度管理と精度のよい測定で機器の信頼性を確保しよう～

　電子機器の温度測定は、製品の品質や信頼性、安全性を確認する上で欠かせない作業です。製品の出荷前にはさまざまな条件で動作試験や信頼性試験を行い、構成部品が許容温度以下になることを確認します。

　それ以外にも放熱経路の把握や流れの計測、熱物性の測定など、熱設計には熱計測技術は不可欠です。ここでは温度管理と熱計測の方法について解説します。

5.1　部品の温度測定と温度管理

5.1.1　「部品温度」の定義

　電子機器では最終的にすべての部品の温度が許容範囲に収まるよう対策を施します。しかし「部品の温度」といってもさまざまな温度規定の方法があり、温度を正確に把握することすら困難なケースがあります。部品温度は主に下記の方法で規定されます（図 5.1）。

1）半導体ジャンクション（チップ）温度

　半導体メーカにとってはチップ温度を一定以下の温度で使用してもらうことが重要ですが、温度センサを内蔵したチップ以外ではセットメーカで機器動作中のジャンクション温度を測ることはできません。そこでケース（表面）温度や端子部温度からジャンクション温度を間接的に推定して良否判断します。この推定に誤差が含まれることがあります。

2）ケース温度・端子部温度

　ケース温度や端子部温度など、セットメーカで測定できる部位の温度で規定される部品もあります。熱電対の取り付け方法などにより測定誤差が含まれることがあります。

102

5.1 部品の温度測定と温度管理

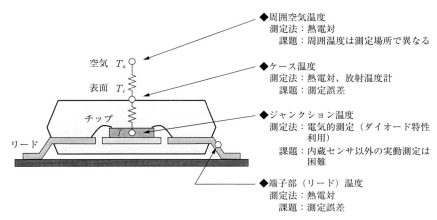

図 5.1　測定箇所と測定方法・課題

3）周囲（空気）温度

部品の周囲温度とは機器内部温度なので、機器の周囲温度（外気温度）とは異なります。機器に実装された部品の周囲温度（対象部品からの影響を受けない十分に離れた位置での空気温度と定義される）を測ることは困難です。もともと周囲温度とは「単体部品の温度規定のために設定された、現実には測定できない温度」なのです。そのため業界としては周囲温度規定を端子部温度やケース温度規定に移行する方向に進んでいます。

5.1.2　半導体部品で定義される熱抵抗・熱パラメータ

セットメーカがジャンクション温度（T_j）を推定するため、部品メーカからは「熱抵抗データ」が提供されます。熱抵抗の定義や測定方法に関しては3つの規格があるため、どの規格に準拠したものかを確認しておく必要があります。使用する記号も θ や R_{th} など規格で異なります。

- MIL 規格（Military standard）：アメリカ国防総省が制定した軍事物資調達規格
- SEMI 規格（Semiconductor Equipment and Materials International）：世界の主要半導体・材料メーカが所属する工業会が制定した規格

第5章 温度管理と熱計測

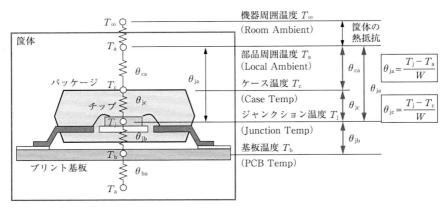

図 5.2　半導体パッケージに使われる熱抵抗（JEDEC 規格）

- JEDEC 規格（JEDEC Solid State Technology Association）：電子部品の標準化を推進するアメリカの業界団体が制定した規格

ここでは多くの半導体メーカが採用している JEDEC 規格を例に表面温度からジャンクション温度を推定する際の注意点について説明します（図 5.2）。

5.1.3　ジャンクション温度の推定

1）θ_{jc} と Ψ_{jt} の使い分け

測定した基準温度から、ジャンクション温度を推定するには「部品の熱抵抗」（熱パラメータ）情報を用いて以下の式で計算します。

$$T_j = T_{ref} + 部品の熱抵抗 \times W \tag{5.1}$$

　　T_j：ジャンクション温度［℃］
　　T_{ref}：測定した基準温度［℃］（ケース、端子、空気など）
　　部品の熱抵抗：ジャンクションと基準温度点との間の熱抵抗
　　W：部品の消費電力［W］

IC パッケージでは基準温度をケース温度 T_c（パッケージ上面中央）とし、部品の熱抵抗に θ_{jc}（$R_{th(j-c)}$ とも表記）、または Ψ_{jt} を用います。このときヒートシンクなどの冷却デバイスを実装した場合としない場合（オープントップ）とで、使用する熱抵抗が異なるので注意してください。

5.1 部品の温度測定と温度管理

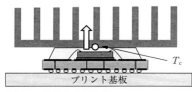
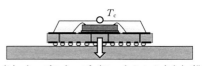

(a) ヒートシンク付部品
　　チップの熱の多くがヒートシンク側に
　　逃げるため、θ_{jc} を使用できる

(b) オープントップ（ヒートシンクなし）部
　　品チップの熱の多くが基板側に逃げるため、
　　Ψ_{jt} を使用する

図 5.3　実装条件と計算に使用する熱抵抗

図 5.3a のようなヒートシンク付の部品では、チップで発生した熱の多くがヒートシンクを通過して放熱します。この場合にはチップの熱がすべて上面を通過した場合の熱抵抗である θ_{jc} を使用します。

$$T_j = T_c + \theta_{jc} \times W \tag{5.2}$$

一方、図 5.3b のようなオープントップでは多くの熱が基板側に逃げます。この場合は、上面に冷却器を載せない状態で測定した熱パラメータ Ψ_{jt} を使用します。

$$T_j = T_c + \Psi_{jc} \times W \tag{5.3}$$

熱抵抗の定義は「2つの場所の温度差をその間を通過する熱流量で割ったもの」ですが、Ψ_{jt} はジャンクション-ケース間の温度差を発熱量（発熱は部品上面側のルートと基板側のルートとに分かれて放熱するので、発熱量＝通過熱流量ではない）で割っているため熱抵抗ではありません。区別するために「熱パラメータ」と呼ばれています。

図 5.4 に示すように、θ_{jc} と Ψ_{jt} は測定環境が異なります。オープントップの状態で測定した部品ケース温度 T_c（図 5.4b に近い条件）と θ_{jc}（図 5.4a の条件で測定）を使ってジャンクション温度を計算すると、実際よりも高めの温度を予測することになります。

2) θ_{ja}（$R_{th(j-a)}$）

データブックには θ_{ja}（$R_{th(j-a)}$ とも表記）も掲載されていますが、この熱抵抗を使用したジャンクション温度の測定は精度がよくないため、避けた方がいいでしょう。前述のように部品の周囲温度 T_a の規定があいまいな上、部品を実

105

第 5 章　温度管理と熱計測

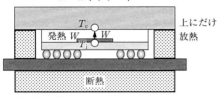
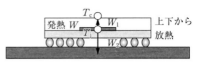

(a) θ_{jc} の測定
　チップの発熱はすべて上面側に通過するようにして T_j と T_c を測定する。熱発熱量＝通過熱量なので θ_{jc} は熱抵抗と定義される

(b) Ψ_{jt} の測定
　基板に実装して T_j と T_c を測定する。チップの発熱は上下に分かれて放熱する。発熱量≠通過熱量なので Ψ_{jt} は熱抵抗とは定義されない

図 5.4　θ_{jc}、Ψ_{jt} の測定方法

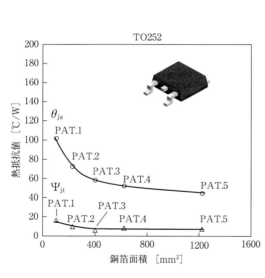

図 5.5　銅箔面積による θ_{ja}、Ψ_{jt} の変化（例）
（出典：新日本無線株式会社　技術資料 Ver. 2015-09-11）

装する基板の放熱性能によって θ_{ja} の値が異なるためです。

　図 5.5 に示すように、基板の銅箔面積が変化すると θ_{ja} は大きく変化します。Ψ_{jt} も変動しますが、Ψ_{jt} を測定する際の基板仕様については JEDEC 規格

5.1 部品の温度測定と温度管理

JEDEC 規格で定めるプリント基板の大きさ（QFP 実装時）

半導体パッケージの外形	プリント基板の外形
QFP の外形 <27 mm	76.2 mm×114.3 mm
27 mm≦QFP の外形≦48 mm	101.6 mm×114.3 mm

（※プリント基板厚みは 1.6 mm）

JEDEC 規格で定めるプリント基板の大きさ（BGA 実装時）

半導体パッケージの外形	プリント基板の外形
BGA の外形 ≦40 mm	101.5 mm×114.5 mm
40 mm<BGA の外形 ≦65 mm	127.0 mm×139.5 mm
65 mm<BGA の外形 ≦90 mm	152.5 mm×165.0 mm

（※プリント基板厚みは 1.6 mm）

 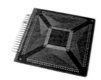

BGA 用 2 層基板　　QFP 用 4 層基板

図 5.6　JEDEC 規格に準拠した熱抵抗測定用プリント基板

（JESD51-3）で定義されています（図 5.6）。

このように、さまざまな熱抵抗・熱パラメータが定義されていますが、半導体パッケージの冷却方式によって、適用できる場合とできない場合があります。電子情報技術産業協会（JEITA）が発行している技術レポート（EDR-7336「半導体製品におけるパッケージ熱特性ガイドライン」）には、各熱抵抗・熱パラメータの推定誤差が掲載されており、適用の目安になります（表 5.1）。

3）$R_{th(J-L)}$（θ_{jl}）

トランジスタやダイオードなどの個別半導体については、端子部温度を測定してジャンクション温度を推定する方法がとられています。θ_{ja} は銅箔の面積や基板の層数に大きく影響されますが、$R_{th(J-L)}$ はリードからチップまでの熱伝導で構成されるため、ほとんど基板の影響を受けません。リードの温度とジャンクション温度が精度よく対応付けできます。

第 5 章　温度管理と熱計測

表 5.1　熱抵抗・熱パラメータによる T_j の温度推定誤差の例
値は 1 W あたりの温度誤差［℃］を示す

実装環境 冷却構造 T_j 推定方法		JEDEC 環境 （標準ボード） 自然空冷	実機環境					T_j 推定 の 基準 温度
			Open Top		ヒートシンク搭載		高放熱 機構	
			自然空冷	強制空冷	自然空冷	強制空冷	—	
熱抵抗・ 熱パラメータ	θ_{JA}※	0.0	-21 ~-16	—	—	—	—	T_A
	Ψ_{JT}	0.0	-0.03 ~-0.01	-0.25 ~-0.12				T_C
	θ_{JCTOP}	2.9〜8.7	2.9〜8.7	2.8〜8.4	1.1〜3.2	0.8〜2.5	0.2〜1.7	T_C
	θ_{JB}	-1.5 ~0.5	-4.3 ~-0.9	-3.7 ~-0.3				T_B
	Ψ_{JB}	0.0	-2.8 ~-1.2	-2.2 ~-0.6				T_B

出典：電子情報技術産業協会（JEITA）　技術レポート EDR-7336
　　　「半導体製品におけるパッケージ熱特性ガイドライン」より引用
　　　※本技術レポートでは JEDEC 規格に準拠し、θ の添字は大文字表記となっている

　リードの温度を測定する際には、リードの根元近くに細い（$\phi 0.1$ mm）K 型熱電対をはんだ付けします。K 型熱電対ははんだが付きにくいため、ステンレス用フラックスを使います。

　パワーデバイスでは端子によって温度が異なります。チップが特定のリードにつながったプレートにマウントされるためです。特殊な場合を除き、ダイオード（LED 含む）ではカソード端子、トランジスタではドレイン端子の温度を測定します。

　熱電対は、2 つの素線に同じ電圧が印加されても測定に影響はありませんが、ロガーによっては 60 V 程度でショートする場合があります。絶縁処理された熱電対を使うか、高電圧が加わる場合には光伝送装置（光ファイバーによって信号を光伝送する装置）を使うことで絶縁を確保します。

5.1.4　端子部温度規定

　チップ抵抗に代表される小型発熱部品では「端子部温度規定」が浸透しつつ

表 5.2 チップ抵抗の放熱割合（出典：KOA 株式会社 技術資料より引用）

		部品サイズ						
		6332	5025	3225	3216	2012	1608	1005
消費電力［W］		1	0.75	0.5	0.25	0.125	0.1	0.063
表面放熱	放射［%］	2.75	1.55	1.04	0.87	0.35	0.32	0.15
	対流［%］	5.32	3.42	2.41	2.38	1.10	1.08	0.59
基板放熱［%］		91.9	95.0	96.6	96.8	98.5	98.6	99.3

あります。チップ部品では発熱量の 90％以上がプリント基板から放熱し、表面から直接空気に逃げる熱は 10％以下です（**表5.2**）。逆に発熱の少ないチップコンデンサなどでは基板を経由した隣接部品からの受熱が大きく、周囲の空気温度が低くても壊れることがあります。信頼性を確保するには、部品の表面温度を測定するしか確実な方法はありません。

電子情報技術産業協会（JEITA）からは端子部温度規定が提案されています。端子部温度を熱電対（はんだ付け）で測定することにより、メーカの提示する端子部温度の条件（**図5.7**）と 1 対 1 で対応がとれます。周囲温度規定よりも確実な温度管理ができ、限界設計が可能になります。

5.1.5 周囲温度のみで規定される部品への対応

基板への放熱が大きい部品では表面温度による管理が望ましいですが、周囲温度のみで規定されている部品も少なくありません。周囲温度で規定されている部品で自己発熱がないもの（コンデンサなど）は、表面温度を測定し、周囲温度と読み替えれば問題ありません。自己発熱するアルミ電解コンデンサでは、表面温度を測定し、メーカの提供する温度差係数表などを用いて中心部の温度に変換します。

空気への放熱が大きいコイルやトランスも周囲温度で規定されていることがあります。これらについては巻線温度を抵抗法（5.4 節）や熱電対で測定し、コイルの絶縁階級（耐熱温度）から判断します。

半導体部品で周囲温度のみの規定しかない場合、近くにある発熱のない部品の表面温度を測定して周囲温度と考えます。そのような部品がない場合は、小

第5章　温度管理と熱計測

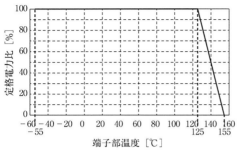
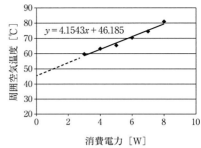

図5.7　端子部温度で規定された負荷軽減曲線の例　　図5.8　対象部品の発熱量を変えて切片
（出典：KOA株式会社　データブックより引用）　　　　（周囲温度）を予測した例

さなアルミブロックにアルミテープで熱電対を貼り、ショートしないよう上から樹脂テープで絶縁し、これを対象部品から離れた位置（ただし別部品からの影響が少ない場所）に置いて温度を測定します。自己発熱のない部品は受熱のみで温度上昇するため、概ね周囲温度を示します。場所を移動して何点か測定するといいでしょう。

　ブロックに熱電対を取り付けることにより、温度は時間的、空間的に平均化され、安定します。ゆらぎがある空気の温度を測る場合にもこの方法が有効です。

　対象部品の発熱量を変えることが可能であれば、対象部品の発熱量を変えて3ポイント以上の表面温度をとります。これを図5.8のようにグラフ化して切片を求めると、その部品の発熱量が0Wになった時の温度（周囲環境によって決まる温度）が予測できます。これを周囲温度と考えます。

5.2　熱電対による温度測定

5.2.1　熱電対による温度測定誤差の原因

　まず認識しなければならないのは、部品に熱電対を付けて測定したときに、測定している温度は「熱電対先端の温度」であり、部品の温度ではないという

5.2 熱電対による温度測定

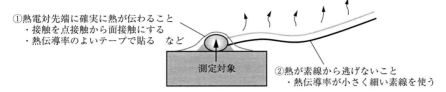

図 5.9　熱電対の測定誤差発生原因
熱電対で測定しているのは熱電対先端の温度である。測定誤差を抑えるには、熱電対の先端の温度を部品の温度と一致させること

ことです。

　部品の真の温度と熱電対の温度との差が測定誤差になるので、測定誤差を抑えるには、両者を一致させることが重要です。部品から熱電対に確実に熱が伝わるようにするとともに、熱電対の素線からの放熱で熱電対先端や部品の温度が下がらないようにすることが大切です（図 5.9）。

1) 部品の熱がきちんと熱電対先端に伝わるようにすること

　部品と熱電対の間の熱伝導抵抗を小さくすればよいので、手段は3つです。
- 伝熱面積を大きくする（接触を点接触から面接触にする）
- 伝熱距離を短くする（熱電対と部品表面の間に低熱伝導率の材料が入らない）
- 熱伝導率を大きくする（熱伝導率のよい材料で接合する）

　高熱伝導接着材やはんだなど熱伝導率のよい材料で面に固着すれば、熱抵抗は小さくなります。しかし熱電対を固着してしまうと取り外しにくいため、テープ止めもよく行われます。テープ止めの場合、テープの熱伝導率によって測定結果が異なります。熱伝導率の大きい金属テープで貼ると熱がテープを伝わって熱電対先端を上から加熱します。熱伝導率の小さいテープでは熱が伝わりにくいため、熱電対先端の温度は低くなります。

2) 熱が素線から逃げないようにすること

　部品から熱電対先端に熱が伝わっても、素線の放熱が大きいと先端の温度は下がってしまいます。熱伝導率が大きく太い熱電対を使うと先端から離れた根元部分まで熱が伝わり、広い面積から放熱することになります。素線からの放熱を抑えるには、熱伝導率が小さく線径の細い熱電対を使います。具体的には

111

第5章　温度管理と熱計測

K 型の ϕ0.1 mm が推奨されます。

　表5.3 は JIS で定められた熱電対の種類（記号）と構成材質です。一般に K 型、T 型が広く使われています。K 型の素線は比較的熱伝導率の小さいクロメル（熱伝導率 19 W/(m·K)）とアルメル（熱伝導率 30 W/(m·K)）で構成され

表 5.3　熱電対の種類（JIS1602-1995）

種類	構成材質		使用温度範囲	限界使用温度	特徴
（記号）	＋ 極（脚）	－ 極（脚）	［℃］	［℃］	
K	クロメル（ニッケル・クロムを主とした合金）	アルメル（ニッケルを主とした合金）	−200〜1000	1200	温度と熱起電力の関係が直線的で、最も多く利用されている。
E	クロメル（ニッケル・クロムを主とした合金）	コンスタンタン（銅・ニッケルを主とした合金）	−200〜700	800	JIS 規格熱電対の中で最も高い熱起電力特性がある。流通量は少ない。
J	鉄	コンスタンタン（銅・ニッケルを主とした合金）	−200〜600	750	E 熱電対に次ぐ熱起電力特性があり、主に中温域で使用されることが多い。錆びるという短所がある。
T	銅	コンスタンタン（銅・ニッケルを主とした合金）	−200〜300	350	電気抵抗値が小さく熱起電力が安定しており、低温域での測定用に広く利用される。熱伝導誤差が大きい。
N	ナイクロシル（ニッケル・クロム・シリコンを主とした合金）	ナイシル（ニッケル・シリコンを主とした合金）	−200〜1200	1250	低温域から高温域まで、広い温度範囲にわたって熱起電力が安定している。
R	白金ロジウム合金（ロジウム：13 %）	白金	0〜1400	1600	高温域での不活性ガス及び、酸化雰囲気内での精密測定に適している。熱起電力が低く精度が良い。バラツキや劣化が少ないため、標準熱電対として利用される。
S	白金ロジウム合金（ロジウム：10 %）	白金	0〜1400	1600	
B	白金ロジウム合金（ロジウム：30 %）	白金ロジウム合金（ロジウム：6 %）	0〜1500	1700	熱起電力が極めて低く、JIS 規格熱電対中で最も使用温度が高い熱電対。

112

5.2 熱電対による温度測定

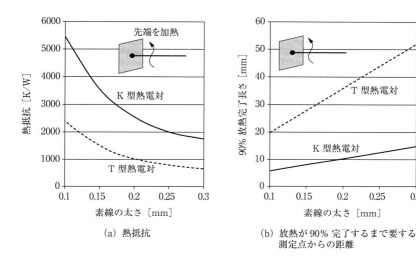

(a) 熱抵抗　　(b) 放熱が90％完了するまで要する測定点からの距離

図 5.10　K 型熱電対と T 型熱電対の放熱特性の違い
（出典：電子情報技術産業協会（JEITA）技術レポート RCR-2114）

ています。一方、T 型の素線は銅（熱伝導率 398 W/(m·K)）とコンスタンタン（19.5 W/(m·K)）で構成されます。T 型は銅の熱伝導率が大きいため、素線からの放熱が大きくなります。

図 5.10 は K 型熱電対と T 型熱電対の放熱特性を比較したグラフです。図 5.10a は先端を加熱したときの熱抵抗（先端の温度上昇と加えた熱流量との比）、図 5.10b は放熱が 90 ％完了するまでに要する測定点（先端）からの距離を表しています。K 型に比べ、T 型は放熱能力が高く（熱抵抗が小さい）、先端より遠くまで放熱していることがわかります。

5.2.2　温度測定誤差の例

図 5.11 は熱電対の種類、太さ、固定方法（テープの種類）を変えてセラミックヒーター（大きさ 10×20×1.75 mm、発熱量 1 W）の温度を測定したものです。熱流体シミュレーションや放射温度計の測定から、温度上昇は 70 ℃（温度 98 ℃）であることがわかっています。ϕ0.1 mm の K 型熱電対をアルミテープで取り付けたときの温度がほぼこの値を示しています。2 つのデータは A 班、

第 5 章　温度管理と熱計測

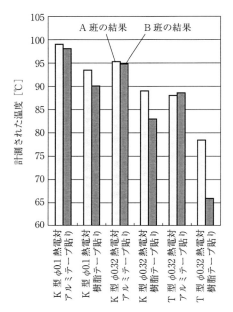

図 5.11　熱電対の種類と固定方法による測定結果の差
大きさ 10×20 mm、発熱量 1 W のセラミックヒータを水平に置き
自然対流で測定。A 班、B 班で同じ実験を行った。周囲温度 28 ℃

B 班（同じ試験を並行して実施）の結果です。

　同じ熱電対をポリイミド樹脂テープで取り付けると、温度は 5〜8 ℃ 程度低下しています。樹脂テープでは熱の伝わりが悪く、先端測定部の温度が下がるため、真の温度より低めになります。

　熱電対の太さを $\phi 0.32$ mm に変えると、アルミテープ貼りでも 3 ℃、樹脂テープにすると 10〜15 ℃ 程度低めになります。太さ $\phi 0.32$ mm の T 型熱電対を使用すると、アルミテープ、樹脂テープとも、10〜30 ℃ 程度低く測定されています。

　このように熱電対の種類や固定方法で異なった温度が測定されます。いくつかの測定方法を試してみて、結果の違いを把握しておくといいでしょう。

5.2.3 その他の測定誤差にも注意

熱電対は先端の処理やテープの貼り方によっても測定結果に違いが出ます。熱電対の先端は溶接で接続するのがベストですが、ねじってつなげることも行われます。この場合接触が弱いと素線間の電気抵抗による誤差が発生します。ねじった熱電対を何本か用意し、氷水につけてみて温度が同じになるかチェックします。温度差が出る場合は先端を溶接またははんだ付けします。

ねじった熱電対では、温度が測定される場所は最初に接触した根元に近い場所になります。決して先端の温度が測られるわけではありません（図 5.12）。

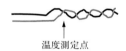

図 5.12 ねじった熱電対
ねじった熱電対では最初に接触した部分の温度が計測される。先端温度ではない

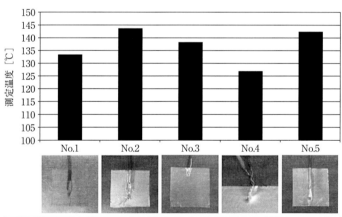

No.	熱電対	粘着テープ	取付方法
1	被覆熱電対	フッ素樹脂粘着テープ	
2	被覆熱電対	アルミ粘着テープ	熱電対を長く貼り付け
3	被覆熱電対	アルミ粘着テープ	熱電対先端だけを貼り付け
4	被覆熱電対	アルミ粘着テープ	熱電対先端をねじった根元が露出
5	シース熱電対	アルミ粘着テープ	

図 5.13 テープの熱電対の貼り方と温度（提供：株式会社八光電機）

第5章　温度管理と熱計測

　図5.13は熱電対をさまざまな取り付け方でホットプレートに貼ったときの温度差を示しています。ねじった熱電対の根元が露出したNo.4の温度が最も下がっていることがわかります。

　熱伝導率のよいテープを使えば必ず正確な温度が測定できるかというとそうではありません。面にホットスポットがある場合は、高熱伝導テープを貼ることでホットスポットがなくなりフラットな温度分布になります。また放射率の大きい樹脂面に金属テープを大きく貼ると放射率が下がり、逆に温度が上がってしまうこともあります。その場合、金属テープの上に放射率の大きい樹脂テープを貼るなどして放射率を面に合わせます。

　熱電対は光や電磁波の影響も受けます。強い光の中に熱電対を置くと光を吸収して温度上昇します。コイルの温度を測定する場合にも、巻線と平行に熱電対を沿わせて取り付けると交流磁界の影響を受けることがあります。電気や光の影響を受けているかどうかは、影響をなくした瞬間に温度が変化するかどうかを見ます。一般に温度変化は遅く、電気的影響による変化は速いので見分けることができます。

5.3　サーモグラフィーによる温度測定

　最近ではサーモグラフィーも低価格品が販売され身近な測定器になりました。熱電対と異なり、非接触で測定可能なうえ、画像で温度分布を知ることができるため、電子機器の温度測定にも広く使われています。

　サーモグラフィーに使われている測定素子には赤外線の量子エネルギーを光電現象で検出する光量子検出型と、赤外線照射で発生する熱（温度）を検出する熱検出型の2種類があります。

　光量子検出型素子は高感度で即応性に優れますが、液体窒素や電子冷却で低温を作る必要があり、また狭い波長領域しか測れません。

　熱検出型は光量子検出型に比べると感度が低く応答性も悪いですが、幅広い波長領域で一定の感度があり、安価です。ハイエンド製品は光量子検出型素子、普及型は熱検出型素子を使っています。

5.3.1 測定精度を決める放射率設定

サーモグラフィーは赤外線量 W を計測し、対象物の温度 T [K] を以下の式で算定します。利用者が設定する放射率 ε によって測定結果は大きく変わります。正確な放射率の設定が精度の鍵を握ります。

$$W = \underbrace{\sigma \cdot \varepsilon \cdot T^4}_{\text{対象物の放射}} + \underbrace{\sigma \cdot (1-\varepsilon) \cdot T_a^4}_{\text{対象物表面の環境反射}} \tag{5.4}$$

放射率を正しく特定するには「放射率計」を使って測定しますが、サーモグラフィーがあれば下記の方法で放射率を推定することができます (図5.14)。

① 放射率 ε_0 のわかっている基準サンプル (黒体スプレーなどの放射率がわかっている材料) と被測定物をヒータなどに並べて乗せて加熱します。両方の供試体が同じ温度になっていることは熱電対などで確認しておきます。

② サーモグラフィーの放射率を基準サンプルに合わせ、温度を測定します。測定した温度を T_0 [K] とします。

③ 次に放射率を測定したい表面の温度を、放射率を変えずに測定します。このとき測定された温度を T_1 [K] とします。

④ 室温 T_a [K] を測定します。

取得したデータから、放射率を測定したい面の放射率 ε は下記の式で計算できます。

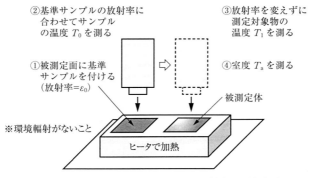

図5.14　サーモグラフィーを用いた放射率の測定方法

第5章　温度管理と熱計測

$$\varepsilon = \varepsilon_0 \frac{T_1^4 - T_a^4}{T_0^4 - T_a^4} \tag{5.5}$$

温度 T の単位はすべて K（ケルビン）です。

　なお、基準サンプルの放射率は放射率計であらかじめ測定しておくことが望ましいです。黒体スプレーは塗り方（厚み）によって放射率が異なります。黒体テープは温度によって放射率が変わることがあります。

5.3.2　サーモグラフィーの解像度

　サーモグラフィーでプリント基板の温度分布を撮り、温度の高い部品を見つけるという使い方がよく行われます。その場合、どの程度小さい高温部品まで見つけることができるのでしょうか？

　サーモグラフィーの解像度は IFOV（Instantaneous Field of View：瞬時視野）で表されます。これは1つの検出素子が見ることができる視野の大きさで、例えば IFOV＝100 μm のレンズ（100 μm レンズ）とは、被測定物の 100 μm がサーモグラフィーの1ピクセルに相当することを意味しています（図5.15）。100×100 μm のホットスポットの温度を観測するには 100 μm レンズでよさそうですが、ピーク温度を捉えるには一辺3～5ピクセル、100×100 μm の観測に

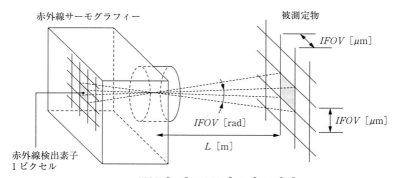

図 5.15　サーモグラフィーの解像度を表す IFOV

IFOV（Instantaneous Field of View）は瞬時視野と呼ばれ、光学センサの1つの検出素子が見ることができる視野の大きさを示す。100 μm レンズとは被測定物の 100 μm がサーモグラフィーの1ピクセルに相当することを意味する

5.4 抵抗法による巻線の温度測定

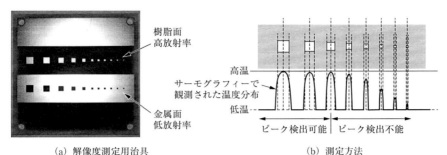

(a) 解像度測定用治具　　　　　　　　(b) 測定方法

図 5.16　サーモグラフィーの解像度を調べる方法（提供：KOA 株式会社）

は 3×3〜5×5 ピクセルが必要になります。つまり、100 μm のホットスポットのピーク温度を正しく捉えるには 33 μm 以下の IFOV が必要ということになります。

例えば、プリント基板を全体視野 160×120 mm の範囲で観測したとします。サーモグラフィーの画素数が 160×120 だったとすると IFOV＝1 mm となります。このときピーク温度を正しく計測できるのは 3×3〜5×5 mm 以上の大きさの部品ということになります。

解像度はサーモグラフィーの機種によって異なるので確認したほうがいいでしょう。解像度を調べる方法を図 5.16 に示します。

放射率の高い絶縁物製の基材表面に、スパッタリングやメッキにより放射率の低い図形を描きます。この平板を加熱して一様な温度にした後、サーモグラフィーで正方形群を横切る断面の温度分布を計測します。測定結果から図 5.16b のような温度分布を描くとピーク温度をとらえることのできる正方形の限界サイズがわかります。このようにサーモグラフィーの解像度を把握することにより、高温部品の見落としを防ぐことができます。

5.4　抵抗法による巻線の温度測定

コイルやトランス、モータなどに使用する巻線は表面の絶縁材の種類によって「絶縁階級」が定められています（表 5.4）。巻線が許容温度を超えていない

第 5 章　温度管理と熱計測

表 5.4　巻線の絶縁階級と温度条件

絶縁の種類	A 種	E 種	B 種	F 種	H 種	C 種
許容最高温度 [℃]	105	120	130	155	180	180 超過

ことを確認するためコイルの温度を測定しなければなりませんが、熱電対でコイル表面温度を測定すると、表面からの放熱でコイルの平均温度よりも低めになります。そこで銅の抵抗温度係数を利用した「抵抗法」によって平均温度を測定する方式がとられています。

抵抗法では電気抵抗が温度の上昇とともに増大することを応用して、温度を予測します。専用の巻線抵抗測定器を用いて電気抵抗を測定し、下記の計算式で温度を予測します。

$$\Delta T = (R_2 - R_1) \times (\mathrm{k} + T_1)/R_1 - (T_2 - T_1) \tag{5.6}$$

　　　　ΔT：巻線の温度上昇値、R_1：初期抵抗値 [Ω]、R_2：通電時の抵抗値 [Ω]

　　　　k：定数、巻線が銅線の場合 234.5、アルミニウム電線の場合 225

　　　　T_1：試験開始前の室温（環境温度）、T_2：通電時の室温（環境温度）

コイル表面の温度を熱電対で測定する場合には、絶縁階級ごとに示された許容温度よりも 10 ℃低く考えて判定します。コイルに熱電対を埋め込んだ場合は、温度を減じた値を使う必要はありません。

5.5　半導体のジャンクション温度測定

半導体の熱抵抗測定に際しては、ジャンクション温度の測定が必要になります。温度センサが内蔵されていないチップの温度を測るには、チップ内に存在するダイオードの温度特性を使います。

ダイオードの順方向電圧は温度によって変化します。例えば、-0.002 V/℃ 程度の負の傾きを持つのでこれを利用します。まずチップを恒温槽に入れて測定用の定電流（センス電流）を流し、恒温槽の温度を変化させて順方向の電圧 V_F を測定します（図 5.17）。このとき変化させる温度は測りたい部品温度の温度範囲とし、4 点以上とります。センス電流が大きすぎるとダイオードの自己

120

5.5 半導体のジャンクション温度測定

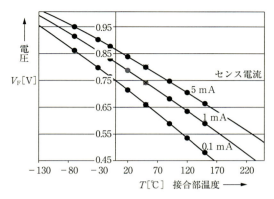

図 5.17　ダイオードの温度特性例

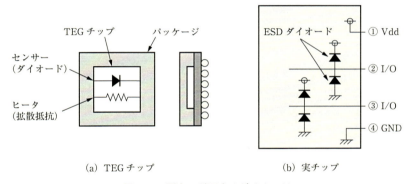

(a) TEG チップ　　　　　　　　　(b) 実チップ

図 5.18　測定に利用するダイオード

発熱が誤差の原因となり、また小さ過ぎるとノイズの影響を受けるため、1 mA 程度とします。

　評価用チップ（TEG：Test Element Group chip）を使う場合には、ダイオードを温度測定専用として使えますが、実チップで測定する場合は静電破壊防止用保護ダイオード（ESD ダイオード）を発熱・検出兼用として使います（図5.18）。ダイオードに順方向電圧を加えて発熱させ、温度が一定になった状態で素早く測定電流に切り替えて、温度を測定します。ESD ダイオードは Vss（GND）→ I/O → Vdd の方向に入っているので、実際には Vdd と GND 間に逆電圧をかけることで測定します。

121

5.6 熱抵抗の測定

部品や基板を筐体に接触させて放熱する冷却方法が普及し、接触熱抵抗を定量的に把握することが重要になってきました。接触熱抵抗は実験・測定によって値を求めるしか方法がありません。ここでは試験方法について解説します。

5.6.1 ASTM D5470（接触熱抵抗・熱伝導率測定）

接触熱抵抗や熱伝導率の測定方法は、ASTM 規格（世界最大規模の標準化団体である ASTM International（旧米国試験材料協会）が策定・発行する規格）D5470 に定められています。

図 5.19 に示すように、熱電対を埋め込んだ上部ロッドと下部ロッドの間に試験材料を挟みます。ロッド周囲を断熱し、上部のヒータから下部の冷却器に向かって熱を流します。ロッドに埋め込んだ熱電対の温度から近似式を求めて外挿し、接触面の温度を予測します。上下接触面の温度差を通過熱流量で割れば、試験材料の接触熱抵抗を含んだ熱伝導抵抗が算出できます。

$$熱抵抗\ R = \frac{T_1 - T_2}{Q} \tag{5.7}$$

$T_1,\ T_2$：推定される上下ロッドの接触面の温度

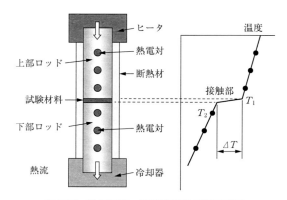

図 5.19　熱伝導率・接触熱抵抗の測定原理

5.6 熱抵抗の測定

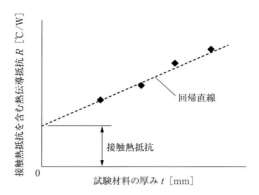

図 5.20　接触熱抵抗と熱伝導との分離

Q：試料を通過する熱流量≒発熱

$$\text{接触熱抵抗を含む等価熱伝導率 } \lambda_\text{eq} = \frac{t \cdot Q}{A(T_1 - T_2)} \quad (5.8)$$

t：試料の厚み [m]、A：試料の断面積 [m²]

材料の熱伝導率と接触熱抵抗を分けるには、材料の厚み t を変えて熱抵抗を測定します。これをグラフ化すると、図 5.20 のように切片と傾きが求められます。切片が接触熱抵抗を表します。これは試料上下 2 面の接触熱抵抗の合計になるので、1/2 を 1 つの面の接触熱抵抗と考えます。また、熱伝導率は傾きから下式で算定できます。

$$\text{材料の熱伝導率 } \lambda = \frac{t_1 - t_2}{A(R_1 - R_2)} \quad (5.9)$$

複数のサンプルから回帰直線を求めて熱伝導率を算出するとより精度が高まります。この方法は確実ですが、測定に時間を要します。

5.6.2　T3Ster（過渡熱抵抗測定）

一方、最近では電気的な方法を使った熱抵抗測定機器の利用が進んでいます。従来から、電気分野では電気回路の過渡応答からシステムの RC（電気抵抗、電気容量）成分を抽出する方法が使われてきました。熱でも同じように温度の過渡応答結果から R_th と C_th（熱抵抗と熱容量）を導くことができます。こ

第 5 章　温度管理と熱計測

れを応用した代表的な製品が T3Ster（トリスター）です。

　図 5.21a のようにヒートシンクに実装したチップを発熱させ、その温度上昇（過渡熱抵抗）を観測すると、傾きの変化がみられます（図 5.21b）。これはチップで発生した熱が広がるにつれて、異なる材料や界面に到達することで熱源の温度上昇に影響を及ぼすためです。この時系列の温度上昇を熱抵抗 R_th と熱容量 C_th の等価回路（ラダーモデル：図 5.21c）に変換することで、構造関数（図 5.21d）と呼ばれる曲線を導くことができます。発熱させながら温度上昇カーブを計測すると温度変化が発熱量に影響を与えるため、実際には冷却（温度下降）カーブを利用して測定します。

　図 5.21a の発熱部品で熱は、チップ→ダイアタッチ→ベース→パッケージ界面（グリース）→ヒートシンクと広がります。構造関数の原点は発熱源（チップ）で熱抵抗は空間的な広がりと見なされます。最初、熱はチップ内を移動します。この部分は熱伝導率が大きく（熱抵抗が小さく）、熱容量もあるので、構

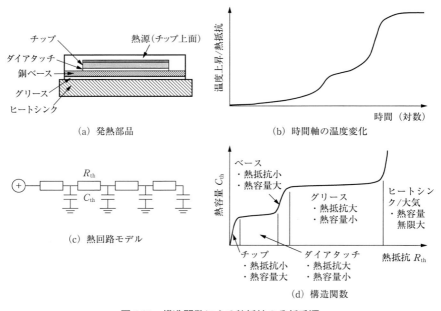

図 5.21　構造関数による熱抵抗の分析手順

造関数上は R_{th}⇒小、C_{th}⇒大となり傾きの大きい線となります。

熱がダイアタッチに達すると、ここは熱抵抗が大きく熱容量が小さいため、傾きが変化します。同様に銅ベースは熱抵抗小、熱容量大、グリース部は熱抵抗大、熱容量小となり変化が続きます。最後はヒートシンクを経由して大気に達します。ここは熱が伝わっても温度が変化しないので、熱抵抗ゼロ、熱容量無限大となります。

このように構造関数を観察すると熱的な構造を把握できるようになります。図 5.22 は、パワーデバイスにグリースを塗布した場合、熱伝導シートでねじの締め付けトルクを変えた場合など、接触熱抵抗の変化を調べた例です。冷却構造を変化させて構造関数を比較すると、TIM の性能や構造の欠陥、製造不良や劣化などを知ることができます。

構造関数は熱流体解析でも算出可能なので、実測と解析の構造関数を比較して物性値や構造を同定できます（キャリブレーション）。最近では両面冷却デバイスや SiC、GaN などの化合物半導体への応用も進んでいます。

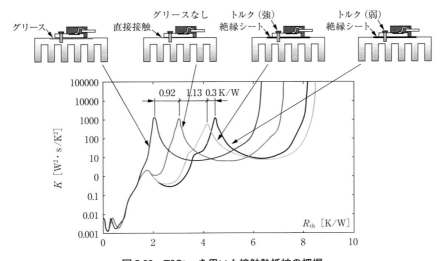

図 5.22　T3Ster を用いた接触熱抵抗の把握
（提供：メンター・グラフィックス・ジャパン株式会社）
縦軸は構造関数の微分値（傾き）に変換してある

第5章　温度管理と熱計測

5.7　熱流量・熱流束の測定

温度測定は機器の信頼性保証のために必ず行いますが、熱流の測定はほとんど行われません。より効果的な冷却機構の設計のためには放熱量や放熱経路の分析が重要ですが、従来の熱流センサは大型で厚く、それ自体の熱抵抗も大きかったため、小型電子機器にはあまり使われませんでした。

デンソーが開発した熱流センサ「Energy Eye™」（図 5.23）は、これらの欠点を取り除き、電子機器や部品の熱流計測に適用しやすくなっています。熱電対が内蔵されたタイプもあり、熱流と温度を同時に測定することができます。

図 5.24 は熱流センサの利用例です。同じ温度（50℃）のコルクとステンレスに手を触れたときに、人はステンレスのほうが熱く感じます。「熱い、冷たい」は温度ではなく、熱流に違いが出ます。熱流センサで物体から手への熱移動を観測すると一目瞭然です。

コルクでは一瞬大量に熱流が発生しますが、その後急激に減少します。これは手を触れた部分のコルクの温度が下がり、手との温度差が少なくなるためです。

一方、ステンレスでは熱の移動が長い時間保持されます。ステンレスは熱拡散率（＝熱伝導率/(密度×比熱)）が大きいため、手で触れた部分の温度が下が

 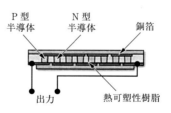

(a) Energy Eye™の外観
　　大きさが異なるものや温度センサ付きのものも販売されている

(b) Energy Eye™の原理
　　従来のセンサはサーモパイルを用いていたが、Energy Eye™はゼーベック効果を利用している

図 5.23　熱流センサ Energy Eye™（提供：株式会社デンソー）

5.7 熱流量・熱流束の測定

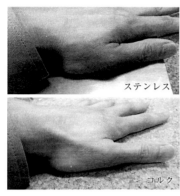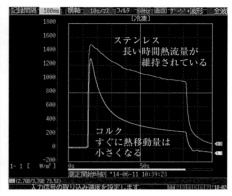

図 5.24　熱流センサを使った測定例（提供：日置電機株式会社）
同じ温度の金属とコルクでも、コルクは触って熱くない。
熱流センサで見るとその理由が明確になる

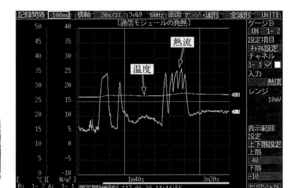

熱流センサを素子に
貼った状態

図 5.25　熱流センサで素子の動作を監視（提供：日置電機株式会社）

ってもすぐに周囲から熱が流れ込みます。

　温度と熱流の違いは変化の速度です。図 5.25 は部品に熱流センサを付けて表面からの放熱量を計測したものです。途中で瞬間的に動作状態（発熱量）が変わったときに温度はほとんど変化しませんが、熱流センサはすぐに反応しています。熱流を観測することで素子の動作状態を把握することができます。

　図 5.26 は密閉筐体の発熱量を推定する実験です。

127

第 5 章　温度管理と熱計測

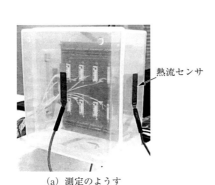

部位	表面積 [m²]	計測結果 熱流束 [W/m²]	放熱量 [W]
上面	0.0101	125.0	1.256
正面	0.0216	100.8	2.174
背面	0.0216	113.8	2.454
左側面	0.0121	73.0	0.881
右側面	0.0121	72.0	0.869
底面	0.0101	30.5	0.307
合計（推定発熱量）			7.94

(a) 測定のようす　　　　　　(b) 測定結果

図 5.26　密閉筐体の発熱量測定

　密閉筐体では内部の発熱はすべて表面から放熱されるため、表面に熱流センサを取り付けて熱流束 [W/m²] を測定し、各面の放熱量を求めれば内部発熱量を推定することができます。この実験では内部に 8 W の基板を 1 枚実装した状態で計測し、放熱量の合計が 7.94 W と高い精度で一致しました。各面の熱流束 [W/m²] を温度上昇で割れば熱伝達率を算出することができ、計算やシミュレーションの妥当性評価にも使用できます。

　熱流の測定には高精度で電圧を測定できるロガーが必要ですが、温度も熱流も測定できる熱流ロガー（日置電機 LR8432/8416）が販売されており、手軽に使用できます。

5.8　風量や圧力・通風抵抗の測定

　空冷機器、特にファンを使った強制空冷機器では空気の流れ（風量、風速）が温度に大きな影響を及ぼします。風速は比較的容易に測定できますが、装置の通風抵抗やファン動作点の測定は、大規模な風洞実験が必要となるため敬遠されがちです。

　最近では小型の差圧計が市販されており、圧力の測定も手軽に行えるように

5.8 風量や圧力・通風抵抗の測定

なりました。小型のファンであれば、簡易風洞でファン特性を把握することもできます。図 5.27 のような小型風洞にファンを取り付け、風洞内に流体抵抗を置いて負荷を変えながら風量と圧力を何点か測定します。

図 5.27　小型風洞の例

(a) エアフローテスター
600(W)×250(H)×250(D) mm

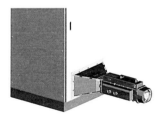

(b) 大型装置の通風口に取り付けた例

(c) 小型装置をアダプターに取り付けた例

図 5.28　エアフローテスター（提供：山洋電気株式会社）
小型から大型まで各種装置に取り付けて通風抵抗やファン動作点の測定ができる

129

第5章　温度管理と熱計測

　より高精度で装置の通風抵抗やファンの動作点を把握したい場合には、図
5.28 に示すエアフローテスター（山洋電気製）が利用できます。これはファン
の性能測定に使うダブルチャンバー方式の測定装置を持ち運び可能なレベルま
で小型化したものです。この装置を使うことで装置の通風抵抗や動作点を把握
でき、より適切なファンに切り替えることで低騒音化を実現できます。例えば
図 7.6 に、動作点の分析結果をもとにファンを変更して低騒音化を実現した例
を示してあります。

第6章 自然空冷機器の熱設計の常套手段
～戦わずして逃げ道へ誘導せよ～

　自然空冷機器は発熱によって発生する微弱な浮力で空気が流動します。流れを意図通り制御しようと思うと失敗します。熱は「自然に」逃げようとしているので、より逃げやすいように逃げ道を提供する、というスタンスで設計に臨みます。

　自然空冷機器は換気可能かどうかでアプローチが異なるので、それぞれに分けて取り組み方を説明します。

6.1　自然換気を使って放熱する機器

　機器の消費電力密度が低く、発熱が集中する部品がなければ熱対策は不要です。消費電力密度が増大してきたら、2つの方法で冷却能力を高めます。1つは換気により空気を使って熱を持ち出す方法、もう1つは熱伝導で筐体に熱を移動して冷やす方法です。ここではまず前者について考えます。

6.1.1　どれくらいの通風換気が必要か？　自然空冷で大丈夫か？

　筐体内部温度や表面温度は伝熱基礎式の組み合わせで計算できます。例えば図6.1に示す小型電子機器の内部温度を4つの方法で計算してみましょう。この例題の詳細は第12章（12.3節）を参照下さい。

〈機器の仕様〉

　　機器外形寸法：W80×D100×H150 mm

　　筐体材質：モールド（放射率0.85）

　　通風口面積（片側）：3200 mm²

　　総消費電力：20 W

　　周囲温度：35℃

第 6 章　自然空冷機器の熱設計の常套手段

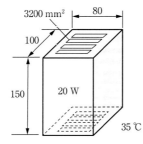

機器外形寸法：W80×D100×H150
筐体材質：モールド（放射率 0.85）
通風口面積（片側）：3200 mm²
総消費電力：20 W
周囲温度：35 ℃

図 6.1　筐体温度計算例

①伝熱基礎式の組み合わせによる計算（図 4.3）（Excel 計算シート参照）
②筐体温度上昇計算式（式（4.1））（Excel 計算シート参照）
③熱回路網法（Excel 計算シート参照）
④熱流体解析（FloTHERM を使用）

　それぞれの計算結果を図 6.2〜図 6.5 に示します。18.74 ℃、19.02 ℃、18.65 ℃、19.8 ℃と、ほとんど同じ結果になっていることがわかります。①の計算で通風口面積を変えた際の内部空気最高温度上昇の変化を示したのが図 6.6 です。自然空冷通風機器は通風口面積が大きくなるほど温度が下がります。内部の発熱体を筐体から取り出して外に置くのが一番冷えます。強制空冷では通風口を開けすぎると風速が下がり温度が上がってしまうので、通風口の面積に対する考え方が異なります。自然空冷通風型機器では許容温度以下にするために必要な通風口面積を決めることからスタートします。

　ここで目標にする空気温度上昇は製品のカテゴリーごとに異なります。大雑把な目安としては、高信頼性が要求されるインフラ基盤装置などでは空気温度上昇は 10 ℃以下、コンピュータ・IT 系で 15〜20 ℃、民生機器で 20 ℃前後です。最高でも 25 ℃程度に抑えないと部品の許容温度を満足できない可能性が高くなります。

6.1.2　排気口と吸気口の見分け方　〜発熱中心〜

　換気風量は通風口面積に依存しますが、面積を大きくとれば必ず十分な換気風量が得られるというわけではありません。通風口の位置やバランスが重要で

6.1 自然換気を使って放熱する機器

筐体幅 (m)	0.08		
筐体奥行 (m)	0.1	上面代表長	0.08
筐体高さ (m)	0.15	Stop	0.008
表面放射率	0.85	Sside	0.054
発熱量 (W)	20	Sbot	0.008
通風口面積 (m²)	0.0032	σ	5.67E-08
周囲空気温度 ℃	35	煙突長	0.075

表面温度上昇 ΔT (仮定値)	9.37	内部空気温度上昇	18.74
周囲温度 (K)	308.15	内部空気温度	53.74
表面温度 (K)	317.52	表面温度	44.37

	熱伝達率	熱コンダクタンス	放熱量
上面の対流熱伝達率	4.459	0.036	0.334
側面の対流熱伝達率	3.952	0.213	1.999
底面の対流熱伝達率	2.229	0.018	0.167
全面の放射熱伝達率	5.903	0.413	3.872
換気による放熱量			13.628
合計放熱量			20.000

ERR	2.559E-05

図 6.2　伝熱基礎式を組み合わせた計算方法
（Excel 計算シート「筐体温度計算」）

筐体縦 (m)	0.08		
筐体横 (m)	0.1		
筐体高さ (m)	0.15	Stop	0.008
表面放射率	0.85	Sside	0.054
発熱量 (W)	20	Sbot	0.008
通風口面積 (m²)	0.0032	σ	5.67E-08
周囲空気温度 ℃	35	煙突高さ	0.075

ΔT (仮定値)	19.02

W	20.36
ERR	-0.36471446

図 6.3　筐体温度上昇計算式（経験式）の結果
（Excel 計算シート「筐体温度計算実験式」）

第6章　自然空冷機器の熱設計の常套手段

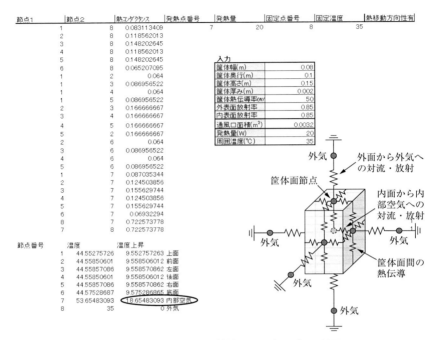

図 6.4　8節点で表現した筐体の熱回路モデルの結果

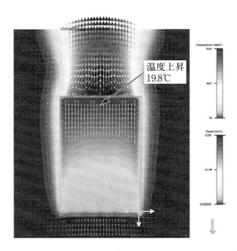

図 6.5　熱流体解析の結果（使用ソフト：FloTHERM）

6.1 自然換気を使って放熱する機器

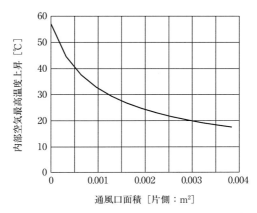

図 6.6 通風口面積と内部空気温度上昇との関係
この計算では排気口と吸気口が同じ面積であることを
前提にしており、通風口面積はその片側の面積である

す。吸気口と排気口を適切なバランスで設け、両者に高低差をつける必要があります。計算上十分な通風口面積を設けても、これらの配置が悪いと温度は想定よりも高くなります。

しかし「吸気口と排気口のバランスをとる」といわれても吸気口と排気口の見分けがつかない場合があります。上面と下面に通風口を設けた機器は下から吸い込んで上から排気することが想像できます。では図6.7のように背面に一様に通風口を設けた装置はどこが吸気口でどこが排気口になるのでしょうか？

これを見分けるには、自然空冷機器内部の空気の温度と圧力の分布を考える必要があります。図6.8のように上下に通風口が設けられ、中央に1つだけ発熱体が配置された機器を想定してみましょう。

下面から流入した冷たい空気は発熱体に達するまでは冷たいままです。発熱体に達すると空気は熱をもらって温度上昇します。温まった空気は膨張して密度が下がるので浮力を生じます。つまり熱源より下には冷たくて密度の高い空気、熱源より上には温められた軽い空気が存在します（図6.8a）。

下部の冷たい空気は外気と同じ密度なので浮力は働きません。にもかかわらず吸気口から入ってくるのはなぜでしょうか？　それは温まった空気が排気口

第 6 章　自然空冷機器の熱設計の常套手段

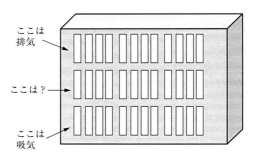

図 6.7　背面に一様な通風口を設けた機器

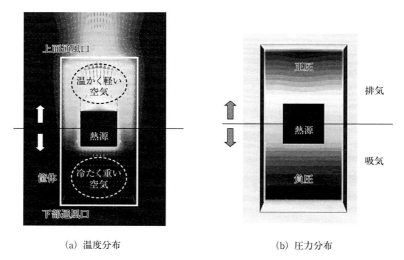

(a) 温度分布　　　　　(b) 圧力分布

図 6.8　電子機器の温度分布と圧力分布

から出ていくためです。温まった空気が出てしまうと機器内部の空気が不足し、圧力が下がります。このため吸気口から外気が補充されるのです。つまり、温まった空気が引っ張って、冷たい空気を取り込む仕組みになっています。この結果、図 6.8b のように熱源より下は負圧、上は正圧になり、熱源より下にある穴は吸気口、上にある穴は排気口となるのです。熱源が 1 つであれば熱源を境に上側の穴は排気口、下側の穴は吸気口というように分かれます。

　実際の機器では発熱体が複数存在するケースが多いでしょう。その場合、仮

6.1 自然換気を使って放熱する機器

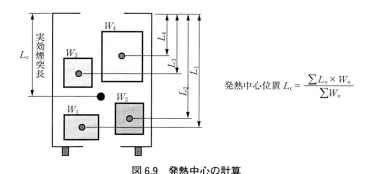

図 6.9　発熱中心の計算

想的な熱源の重心位置（発熱中心）を求めます（図 6.9）。発熱中心は、各熱源の高さ方向の位置 L_n と発熱量 W_n を掛け合わせた値を合計し、総発熱量で割ることで求められます。

$$発熱中心位置\ L_c = \frac{\sum L_n \times W_n}{\sum W_n} \tag{6.1}$$

発熱中心を境に上側の穴は排気口、下側の穴は吸気口とみなして、それぞれの開口面積を同じにします。

6.1.3　発熱中心を下にして煙突効果を得る

　自然空冷機器では発熱中心を下にすると冷却能力が高まります。図 6.8a を見ると機器の上半分は「浮力を生む」軽い空気、下半分は「お荷物」となる重い空気が存在します。熱源を下に移動したらどうでしょう、軽い空気が増えて重い空気が減ります。浮力を発生させる空気が増えてお荷物になっている空気が減ることで換気風量や風速が増大します。これが「煙突効果」と呼ばれる現象です。発熱量が大きいユニットを下に配置すると、下部の空気温度は上昇しますが、最高温度は下がります。

　煙突効果は発熱体の上に垂直にダクトを設けることによっても発生します。ダクトがなければ温まった空気は周囲と混ざり温度が下がってしまいますが、ダクトを付けると熱源上部の空気が周囲空気と隔離されて高温に保たれます。これによって浮力が増大して風速が増し、冷却能力が高まります。

第 6 章　自然空冷機器の熱設計の常套手段

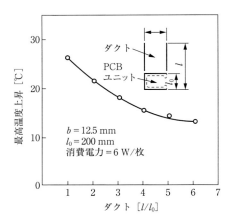

図 6.10　煙突効果の実験
高さ 200 mm、奥行 150 mm のシェルフに 20 枚の基板を 12.5 mm ピッチで実装し、6 W/枚の電力を印加。シェルフ上部に高さ 200 mm のダクトを積み上げて煙突を長くしていったときのシェルフ排気口の空気温度上昇を測定した

　図 6.10 は基板を実装した高さ 200 mm のシェルフの上に、高さ 200 mm のダクトを積み重ねていったときのシェルフ内空気温度の変化を示したものです。ダクトが高くなると徐々に空気温度が下がっています。ただし、ダクトをつけることで機器の体積が増加するので、単位体積当たりの電力密度（スペース効率）は減少します。

6.1.4　大切なのは吸気口よりも排気口！

　「排気口と吸気口を同じ面積にするとよい」と説明しましたが、正確にいうと「換気風量は排気口の面積で決まるため、吸気口の面積を排気口の面積より大きくしても効果が少ない」ということです。「換気にとって排気口と吸気口のどちらが重要か？」といわれれば間違いなく排気口です。温まった空気が出ることで、冷たい空気が吸い込まれる仕組みなので、まず空気が出ないと換気は起こりません。つまり排気口から出た分しか吸い込まないので、排気口が吸気量を決めているといっていいでしょう。
　図 6.11 は、下面に吸気口のみ設けた筐体、上面に排気口のみ設けた筐体、半

6.1 自然換気を使って放熱する機器

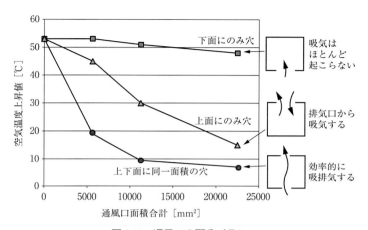

図 6.11 通風口の配分バランス
150×150×300 mm の筐体に 5 W のダミーヒータ 4 枚を実装

分ずつ吸気口と排気口に振り分けた筐体の温度上昇を測定したものです。どの筐体も通風口の総面積は同じです。

吸気口だけしかない筐体は吸気口の面積を増やしてもほとんど温度は変わらず、密閉筐体と同じ温度上昇を示しています。排気口のみの筐体は、排気口面積を広げると温度が下がります。これは排気口があれば温まった空気が抜けられるためです。温まった空気が出てしまうと内部空気が不足して全体が負圧になります。その結果、排気口から外気が侵入します。流れはスムーズではありませんが、一応換気が起こるので排気口を広げれば温度は下がります。

上下にバランスよく通風口を設けた筐体では、通風口面積の増大とともにスムーズに温度が下がります。

意図的に吸排気口のバランスを悪くすることはないでしょうが、実装部品が内側から通風口を塞いでしまうことで、実質的な通風口面積が減少しているケースは時折見受けられます。

6.1.5 「最も狭い部分」を通風口面積と考える

通風口近くに部品を実装する場合、図 6.12 のように通風口の面積と障害物との間の通風可能な隙間面積とを比較して、隙間面積が大きくなるような隙間距

139

第6章　自然空冷機器の熱設計の常套手段

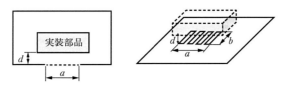

図 6.12　通風口と実装部品との間の距離
通風口面積をS_1とし、通風可能な隙間面積$S_2=(a+b)×2×d$は
S_1より大きくとる。$S_1>S_2$の場合は、S_2を通風面積と考える

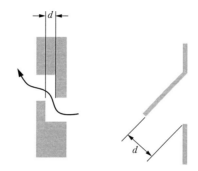

図 6.13　通風口面積のとりかた
通風口全体を見て最も狭くなる部分の断面積を
最小通風口面積とする

離dをあけてください。もしそれ以上通風口と実装部品が接近するようであれば、隙間面積を通風口面積とみなします。同じように通風口の流路面積を見て最も狭い部分を通風口面積と考えてください。板金筐体に設けられるルーバータイプの通風口やモールド品については特に注意が必要です。図6.13のように最も狭い部分の面積を通風口面積とします。

6.1.6　通風口は細くしすぎない

　同じ通風口面積でも小さい穴をたくさん開けた場合と大きめの穴を少量あけた場合とでは温度の上昇は異なります。空気が通風口を通過する際に縮流が発生し、実質的な流路幅は少し狭くなります。スリット幅が狭くなると実質的な流路幅の減少で流量が減ります。

6.1 自然換気を使って放熱する機器

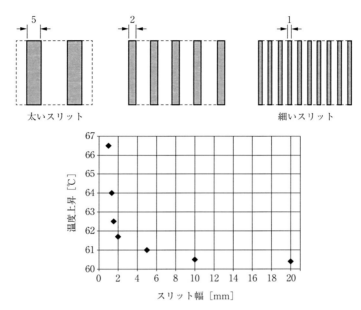

図 6.14 スリット幅と温度上昇

スリット幅を 1 mm とすると、幅の広いスリットに比べ温度上昇は 10 % 程度増加している（100×100×100 mm の板金筐体に 400 mm² の通風口を開け、5 W の発熱体を実装した際の発熱体の温度上昇シミュレーション）

　図 6.14 に示すように、同じ面積でもある程度幅の広いスリットで構成したほうが温度は低く抑えられます。しかし安全規格（IEC 62368-1）では「いかなる方向にも 5 mm を超えない、又は長さに関わらず幅が 1 mm を超えない」条件を満たす小さい穴がセーフガードとみなされるため、安全性と放熱性の両側面から考えて穴の大きさを決める必要があります。通風口の位置や大きさは常にデザインや安全性、さらに EMI とのトレードオフになります。

6.1.7　排気口はできるだけ高い位置に設ける！　吸気口の配置は自由

　排気口の面積が大事なことは説明したとおりですが、排気口は位置も重要です。図 6.15 のように排気口は上に設けるほど煙突長を長くできるので、筐体上面に設けるのがベストです。しかし上面の開口は異物落下の危険があるため、

第6章　自然空冷機器の熱設計の常套手段

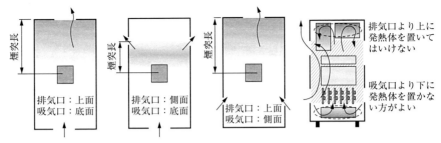

図 6.15　排気口の位置
排気口を上面に設けると実効煙突長が長くとれる。排気口を側面に設ける場合、できるだけ上方に設けると煙突長が確保できる。吸気口はあまり上でなければどこでもよい

　通風口を側面にしか設けられないケースもあります。側面に通風口を設ける場合はできるだけ、上方に設置します。一方、吸気口は底面でなくてもかまいません。排気口から空気が排出されて内圧が下がることによって吸気するので、穴があればどこからでも吸い込みます。あまり上に置くと下部に吹き溜まりができるので、流路が確保できる範囲に設ける必要はあります。

　設置方向が自由な機器の場合、吸排気口が定まらないことがあります。例えば図 6.16 のように縦置きも横置きも許される機器では、想定されるすべての置き方で、吸排気口に高低差ができるように配置します。縦置きだけであれば上下同じ位置（上面・底面とも中央）に通風口を設ければいいのですが、横置きを許す場合、穴位置をずらして横置き時に高低差ができるようにします。通風口が中央にあると横置き設置で換気が減り温度が上昇します。

6.1.8　自然空冷機器は狭い空間を作ってはいけない

　自然空冷と強制空冷の違いの1つが「自然空冷機器は狭い隙間に弱い」ことです。図 6.17 はプリント基板の実装ピッチを変化させたときの温度への影響を調べたデータです。自然空冷のプリント基板では温度境界層（2.3.1 項）が厚いため、発熱体どうしを近づけると温度境界層の干渉が発生します。

　図 6.17 にみるように自然空冷ではプリント基板の実装ピッチを狭くしていくと、急激に温度が上昇します。しかし強制空冷は風速が与えられているた

6.1 自然換気を使って放熱する機器

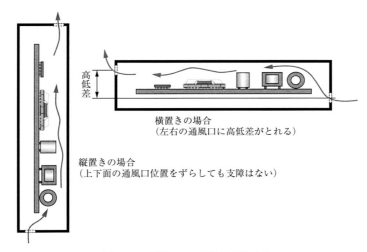

図 6.16　吸排気口には段差を設ける
縦置きも横置きも可能な機器については、どのような設置方向にしても吸排気口に高低差ができるような構造にしておくとよい

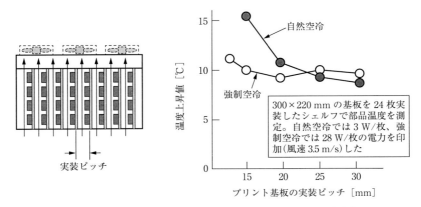

300×220 mm の基板を 24 枚実装したシェルフで部品温度を測定。自然空冷では 3 W/枚、強制空冷では 28 W/枚の電力を印加（風速 3.5 m/s）した

図 6.17　プリント基板の実装ピッチを変化させた際の温度変化
自然対流では温度境界層が厚いため、狭い空間は高温になる。強制対流では温度境界層が薄いので、空間が狭くても急激な温度上昇はない

第6章 自然空冷機器の熱設計の常套手段

め、温度境界層が薄く、かなり近づけるまで影響は出ません。

6.2 内部空間のある密閉機器の設計

通風口を設けることができれば換気で大量に熱を排出できますが、防塵・防水の観点から、筐体の保護構造強化を要求される機器が増えています。車載機器やスマートフォンなどがその代表です。

IEC（国際電気標準会議）やJIS（日本工業規格）では電気機器内への異物の侵入に対する保護の等級を定めています。保護構造を強化すれば必然的に筐体の密閉性が高まり、換気は困難になります。

このような構造では全く異なる放熱経路をとります。

6.2.1 通風口の放熱能力と筐体表面の放熱能力の比較

通風口がない密閉型の機器では、内部空気に逃げた熱は再び対流で筐体に伝わるしかありません。換気によって持ち出される熱流量に比べると、筐体を通過して外に出る熱流量は小さいため、放熱能力が極端に下がります。

例えば、内部空気の温度上昇が20℃の機器に10×10 mmの通風口を設けたとしましょう。通風口から風速0.2 m/sで排気されると考えて概算すると、

熱輸送量＝通風口面積×風速×空気密度×空気比熱×空気温度上昇
$$≒0.01×0.01×0.2×1.2×1000×20＝0.48 \text{ W}$$

となります。

一方、10×10 mmの表面から筐体を通過して外に出ることのできる熱移動量は、筐体内表面、外表面の熱伝達率を10 W/(m²·K)とすると、筐体の熱伝導抵抗を無視しても

熱輸送量＝空気温度上昇/筐体通過熱抵抗
＝空気温度上昇/[1/(内側表面積×熱伝達率)＋1/(外側表面積×熱伝達率)]
$$＝20/[1/(0.01×0.01×10)＋1/(0.01×0.01×10)]＝0.01 \text{ W}$$

しかありません。穴を開けるのと塞ぐのとでは筐体面積あたりで50倍近い放熱能力の差があることがわかります。

144

また、密閉筐体では内部空間が狭く、自然対流がほとんど起こらない場合も少なくありません。その場合は熱源から筐体まで「空気の熱伝導」で伝わることになり、さらに熱輸送量は小さくなります。ここでは、内部に空間があり対流が起こる大型筐体と、内部空気の流動がほとんど起こらない小型筐体について、放熱方法を説明します。

6.2.2 密閉筐体の放熱　〜内部に空間が空いている場合〜

密閉筐体では機器表面からしか放熱できません。大型の密閉自然空冷機器は体積に対する表面積の割合が減り、放熱能力が低下します。十分熱対策に配慮しなければなりません。

1) 内部に大きな内部循環が起こるような配置とする

密閉筐体でも内部に空間があれば空気の流動が発生し、内部の温度が均一になります。例えば図 6.18 のように発熱体を 1 つだけ実装した密閉型キャビネットを考えます。この発熱体は筐体のどこに置くのがいいでしょうか？　発熱体を下方に置いた方が、発熱体、空気ともに温度が下がります。

下方に置くと、図 6.18（中央）のように大きな循環流を生じるため筐体表面

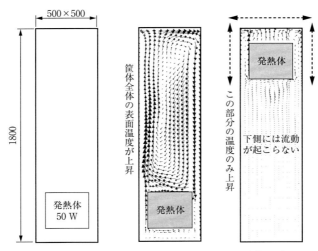

図 6.18　大型密閉筐体の発熱体の位置と内部の空気の流れ

第6章 自然空冷機器の熱設計の常套手段

温度が平均的に高くなり、全面から放熱します。上に置いてしまうと発熱体周囲部分だけの小さい循環流が起こりますが、発熱体のない下方には空気の流れが起こりません（図6.18右）。この状態では発熱体のある上方のみの筐体温度が高くなり、表面のごく一部からしか放熱しません。大半を占める下部の表面が放熱に寄与しないのです。

2）中途半端な隙間は温度を上げる

このように空間が広ければ流動が起こりますが、狭い空間では空気の粘性が強く働き流動が抑えられます。例として基板を1枚実装した平型密閉機器について考えます。

> 〈問題〉
> 図6.19のように1枚の基板を水平に実装した密閉筐体で、基板を筐体に接触させないとしたとき、基板はどの位置に実装するのがいいでしょうか？
> ①基板を下方に置いて上側に十分な隙間（15 mm）を設ける
> ②基板を上方に置いて狭い隙間（1 mm）を設ける
> ③基板を中央よりやや上（上面から7.5 mm）に設ける

基板上部の空間が広ければ、空気が動きやすくなり対流が起こります。基板の熱は対流で筐体上面に効率的に運ばれるため、温度が下がります。対流が起

隙間1 mm 基板 63.3 ℃　　　隙間7.5 mm 基板 72.3 ℃　　　隙間15 mm 基板 67.5 ℃

図6.19　平板の実装位置と温度（周囲温度 35 ℃）

6.2 内部空間のある密閉機器の設計

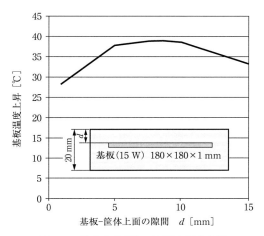

図 6.20 筐体と基板との距離と温度上昇

こるにはある程度の隙間が必要です。空間が狭くなると粘性力が強く働き、空気の流動が抑えられます。4～6 mm 程度まで隙間を狭めると対流は起こらなくなり、基板の熱は空気の熱伝導によって筐体上面に運ばれます。熱伝導では空気層は薄いほど熱は逃げやすくなるので、さらに隙間を狭くしていくと温度は下がります。

この場合、一番温度が上昇するのが③（上から 7.5 mm）です。狭すぎて対流は起こりにくく、かといって熱伝導で伝わるには空気層が厚すぎるという中途半端な距離だからです。これを熱流体シミュレーションで確認した結果が図 6.20 です。7.5 mm 前後の基板温度が最も高くなることがわかります。

なお、基板面、筐体面ともに鉛直置き（面が重力方向に平行）の場合には顕著な温度上昇は見られません。

3）大型筐体では熱放射の役割が大きい

密閉筐体では表面の自然対流が熱輸送の要になりますが、代表長さ（高さや幅）が大きくなると、温度境界層が厚くなるため熱伝達率は低下します。つまり大型の密閉筐体は表面の自然対流熱伝達率が小さくなります。一方、熱放射の熱伝達率は筐体寸法に依存しません。この結果、筐体サイズが大きくなるほ

第6章 自然空冷機器の熱設計の常套手段

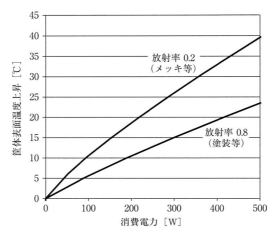

図 6.21 大型密閉筐体（500×500×1000 mm）の表面温度上昇の違い
伝熱計算式を用い周囲温度 25 ℃で計算

ど、放熱量に占める熱放射の割合が増えてきます。

　図 6.21 は幅・奥行が 500 mm、高さ 1000 mm の大型密閉筐体の発熱量と表面温度上昇との関係を示したものです。塗装などを施した放射率が高い場合（放射率 0.8）とメッキや金属面などの放射率が低い場合とでは、大きな差が見られます。

6.2.3　アルミの筐体より樹脂の筐体の方が冷える！？

　下記の問題について考えてみましょう。

〈問題〉
　図 6.22 のように、外形寸法 100×100×100 mm の筐体の中央に 40×40×16 mm のステンレス製のブロック（放射率 0.8）を吊り下げて発熱させます。筐体はアルミ製（熱伝導率 200 W/(m·K)、板厚 1 mm、放射率 0.2）と樹脂製（熱伝導率 0.3 W/(m·K)、板厚 3 mm、放射率 0.8）の2種類を用意します。アルミ製、樹脂製、発熱体の温度が下がるのはどちらでしょうか？

6.2 内部空間のある密閉機器の設計

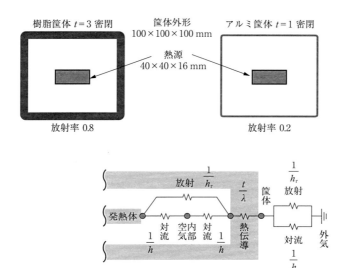

図 6.22 アルミ筐体と樹脂筐体の放熱

答えは樹脂製筐体です。熱伝導率のよいアルミ製の方が温度が低くなりそうですが、発熱体を宙吊りにすると、発熱体の熱は内部空気を経由して主に対流で筐体を通過します。図 6.22 に発熱体から外気までの放熱経路を示します。熱伝導抵抗に比べ、対流・放射の熱抵抗は桁違いに大きいため、全体の熱抵抗は対流・放射に支配されます。熱伝導率の差よりも金属と樹脂の放射率の違いのほうが大きな影響を与えます。

具体的に計算してみましょう。筐体の熱通過抵抗（単位面積あたり）は下記の計算で求められます。

$$筐体内側自然対流熱抵抗 + 筐体厚み\ t/筐体の熱伝導率\ \lambda$$
$$+ 筐体外側自然対流熱抵抗$$

ここで筐体表面（内側、外側とも）の自然対流熱伝達率を $h=15\ \mathrm{W/(m^2 \cdot K)}$ として概算します。熱伝導と対流の伝熱面積は同じなので単位面積当たりの熱抵抗で考えます。

- 樹脂筐体の場合の熱通過抵抗 $= 1/15 + 0.003/0.3 + 1/15 = 0.1433\ \mathrm{m^2 \cdot K/W}$
- アルミ筐体の場合の熱通過抵抗 $= 1/15 + 0.001/200 + 1/15 = 0.1333\ \mathrm{m^2 \cdot K/W}$

第6章　自然空冷機器の熱設計の常套手段

対流の熱抵抗が支配的なため、筐体の材質を変えても7％の低減で、大きな差がないことがわかります。

　一方、発熱体と筐体の間の放射熱抵抗は、1/放射熱伝達率となります。放射熱伝達率は、3.6.3項の式(3.41) より、

$$h_r = \sigma \cdot F_{AB} \cdot f_s \cdot (T_A{}^2 + T_B{}^2)(T_A + T_B)$$

添え字Aは発熱体表面、Bは筐体内表面を表します。発熱体は筐体に囲まれているので形態係数は1、放射係数は、3.6.2項の式(3.39) より、

$$f_s = \cfrac{1}{\cfrac{1}{\varepsilon_A} + \cfrac{S_A}{S_B}\left(\cfrac{1}{\varepsilon_B} - 1\right)}$$

　　筐体放射率が0.2の場合の放射係数＝0.612
　　筐体放射率が0.8の場合の放射係数＝0.785

筐体内面の放射率が変わることによって放射熱抵抗は22％低減することがわかります。この効果により、樹脂筐体のほうが発熱体の温度は低くなります。

　図6.26はアルミ筐体の放射率を変える実験の結果を示しています。放射率によって熱源の温度が大きく変化することがわかります。もちろん、熱源を筐体に接触させたときには、アルミ筐体のほうが圧倒的に温度が下がります。

6.3　内部に空間がない密閉筐体の設計

6.3.1　密閉機器では「熱伝導のリレー」で熱を運ぶ

　通風口が開いていれば、外気と直結した内部空気が外気に一番近い存在になります。部品周囲の空気に熱を逃がせば比較的楽に外に排熱できるわけです。しかし通風口がなく、隔絶された内部の空気は外気からはとても遠い存在になります。すべての熱が筐体を通過しないと外に出られません。密閉筐体では「筐体」が最も外気に近い存在になるのです。

　密閉筐体では発想を転換し、熱の逃がし先を空気から筐体に切り替えます。部品から筐体までの間にさまざまな熱伝導経路を構成し、「熱伝導のリレー」

6.3 内部に空間がない密閉筐体の設計

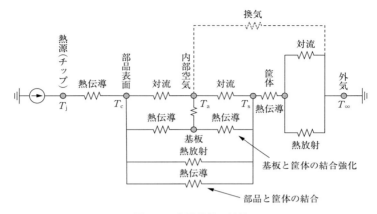

図 6.23　密閉筐体の放熱

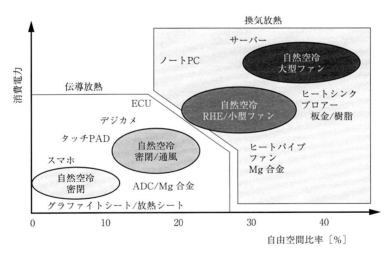

図 6.24　機器の自由空間比率と消費電力、冷却方式マップ

によって熱を渡していきます。図 6.23 に示すように、部品⇒基板⇒筐体、または部品⇒筐体というパスがよく使われます。特に自由空間比率（筐体内の空間が全体積に占める割合）が 20 % 以下だと内部対流が起こらない状態になるため、熱伝導を中心とした放熱が有利となります。（図 6.24）

151

6.3.2 骨太の放熱経路設計

　強制空冷や液冷のようにメインの放熱経路がはっきりしているものは、大半の熱が1つの経路から逃げるので、見通しのよい熱設計ができます。しかし、スマホやデジカメ、ECU を代表とする自然空冷密閉機器は、たくさんの小さな経路から少しずつ熱が逃げるため、予測が難しいのです。

　このような機器の設計にあたっては、筐体表面の熱抵抗と筐体内側の熱抵抗に分けて骨太の放熱経路を描いて考えます。

　図 6.25 のような 200×150×50 mm の大きさで 20 W の基板（180×120 mm）を内蔵した機器の放熱について考えてみましょう。環境温度は 40 ℃、許容温度は筐体 50 ℃、基板 70 ℃ とします。

1) 筐体表面の熱抵抗 R_1

　筐体表面から 20 W 放熱したときに表面の温度上昇を 10 ℃ 以下に抑えなければならないので、筐体表面の目標熱抵抗は $R_1 \leq (50-40)/20 = 0.5$ K/W となります。一方、R_1 は $R_1 = 1/$(筐体表面積×熱伝達率) とも表現できるので、筐体表面積 0.095 m²、熱伝達率（自然対流＋放射の概算値）＝15 W/(m²·K) を代入する

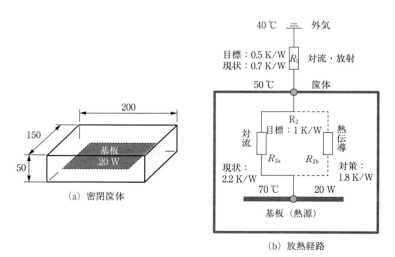

図 6.25　密閉筐体の例

と、$R_1 = 0.702$ K/W となり、目標に足りないことがわかります。

2) 筐体内部の熱抵抗 R_2

筐体と熱源（基板）との熱抵抗は、$R_2 \leq (70-50)/20 = 1$ K/W が目標値になります。基板を筐体に接触させずに実装すると、熱は空気を経由して対流または熱伝導（空間が狭いとき）で筐体に伝わります。ここでは基板、筐体間に 25 mm 程度の隙間があるので対流が起こると考え、基板表面および筐体内面の熱伝達率を 15 W/(m²·K) とし手計算すると、$R_2 = 1/($筐体内表面積×15$)+1/($基板表面積×15$) = 2.24$ K/W が得られ、こちらも目標値を満足できないことがわかります。

3) 対策の検討

R_1 については、目標を満足する表面積を逆算すると、0.133 m² となり、表面にフィンを設ける、別の板金部品に接触させるなどの方法で対策します。

R_2 については、空気経由の熱抵抗（ここを R_{2a} とする）に並列の熱伝導ルート R_{2b} を設け、その熱抵抗を 1.8 K/W 以下とすればよいことになります。

6.3.3　接触熱抵抗低減　〜TIM の活用〜

このように大まかな熱抵抗配分を決めることで、論理的に対策を進めることができます。しかし、熱伝導ルートには必ず接触熱抵抗が存在します。接触による熱移動は、現象が複雑で予測が難しいです。

単純に部品を筐体に接触させて熱を逃がそうとしても、接触面に温度差（熱抵抗）を生じて部品の温度は思うほど下がらないかもしれません。部品や筐体の表面に反りやうねりなどの凹凸があるとうまく熱が伝わりません。

例えば熱源と筐体の間に 0.1 mm の隙間があれば、接触面の熱抵抗は下記のようになります。

空気の熱伝導抵抗（単位面積当たり）＝ 空気層厚み/空気の熱伝導率

$$= 0.0001/0.03 = 0.0033 \text{ K·m}^2/\text{W} = 33 \text{ K·cm}^2/\text{W}$$

接触面積を 1 cm² として、ここに 1 W の熱を流すと 30 ℃以上の温度差が出てしまうことになります。こうした接触面での熱抵抗を低減させるのが TIM（Thermal Interface Material）と呼ばれる放熱部材です。TIM はサーマルグリ

第6章　自然空冷機器の熱設計の常套手段

ースのような液状のものと放熱ゴムのようなシート状のものに分かれます。シートは軟らかいもの（低硬度シート）と硬いもの（高硬度シート）があり、それぞれ用途が異なります。これら TIM をうまく使いこなすことで接触熱抵抗を大幅に減らせます。TIM の使い方に関するポイントは第9章を参照下さい。

6.3.4　ヒートスプレッダ

接触熱抵抗を低減してうまく熱を伝えても、熱を伝えた先の筐体が樹脂などの低熱伝導材料だと熱が広がらないため、接触面近くが局部的に熱くなります。このような場合に使うのが熱を拡散する部材（ヒートスプレッダ）です。筐体の内側に貼る「グラファイトシート」などがその代表といえます。

TIM とヒートスプレッダは「放熱材料」として同一に見られることがありますが、その働きは大きく異なります。TIM は主に厚み方向に熱を逃がすので薄くて熱伝導率が大きいものがよく、その性能は、TIM 放熱性能＝熱伝導率/厚み $[W/(m^2 \cdot K)]$ で代表されます。一方、ヒートスプレッダは面方向に熱を伝える役割を持つので、厚みが必要です。ヒートスプレッダの放熱性能＝熱伝導率×厚み $[W/K]$ となります。熱輸送量が少ない場合（数 W レベル）であればグラファイトシートや銅やアルミの薄板、大きな熱輸送を必要とする場合にはヒートパイプやベーパーチャンバーなどの「相変化デバイス」を使用します。逆に接触部分の局所的温度上昇が表面に伝わらないよう、部分的に断熱材を貼るなどの対策もみられます。（9.3 節参照）

6.3.5　高放射材料

部品や基板を筐体に接触させて放熱する構造がとれなかったときには、熱放射による熱対策が有効な場合があります。この対策が効果を発揮するには下記の条件を満足しなければなりません。
①筐体が板金で内表面がメッキなどの金属面である
②通風換気していない（ファンもついていない）
③筐体への熱源の接触など熱伝導放熱を利用していない
④熱源の温度が高い（筐体と熱源の温度差が大きい）

6.3 内部に空間がない密閉筐体の設計

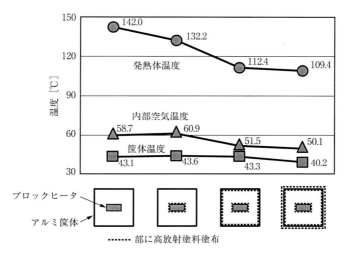

図 6.26　アルミ筐体に高放射塗料を塗布した実験

つまり図 6.23 の部品表面と筐体を結ぶ 4 つの並列熱抵抗の中で熱放射以外の熱抵抗が大きい場合に熱放射が効くということです。

図 6.26 は 100×100×100 mm のアルミの筐体に 40×40×16 mm の熱源（ブロックヒータ）を宙吊りにして実装した実験装置です。初期状態では筐体、熱源ともその表面は金属面です。

熱源に 8 W 印加したとき、熱源温度は 142 ℃ に達しています（外気 22 ℃）。熱源の表面にセラミック塗料（高放射塗料）を塗布すると、熱源の温度は 10 ℃ 下がります。次に筐体内面全体にセラミック塗料を塗布すると、さらに 20 ℃ の温度低下がありました。このときに筐体内部空気温度も下がっています。熱源から熱放射によって直接筐体に放熱するようになったため、空気経由（対流）で逃げる熱が減少したためです。筐体表面温度はほとんど変わりませんが、筐体外表面に塗装したとき（右端）だけ少し下がっています。筐体表面から周囲への熱放射が増加したためです。

放射は温度差のある面間で大きな熱移動が起こります。熱源と筐体の間には 100 ℃ 弱の温度差があるため、熱源、筐体面の熱放射は大きな効果を生みます。筐体外表面は外気に対して 20 ℃ 程度しか差がないため、放射率を上げてもそ

155

第6章　自然空冷機器の熱設計の常套手段

れほど大きな効果はありません。

このように条件が整うと放射による対策は大きな温度低減効果を生みます。

6.4　屋外で使用する機器

古くは無線通信機器、信号機、送電設備、最近では太陽光発電、大型ディスプレー、車載機器やモバイル機器など屋外で使用される機器は増えています。これらの機器では自己発熱だけでなく、日射による温度上昇も把握し、対策しておかなければなりません。

6.4.1　日射による受熱量の大きさ

晴天時の日射は機器に大きな影響を与えます。車載機器など車内で使われる機器でもウインドウ越しに日射の影響を受けます。

表6.1に日本国内各地の月別日射平均値（気象庁提供）を示します。大きいところで 880 W/m² 程度の値となっています。受けた熱を面がすべて吸収した場合、対流・放射熱伝達率を 10 W/(m²・K) とすれば温度上昇は 88℃になる計算です。

日射は直達日射と散乱日射（天空輻射）に分けられます。直達日射は太陽光線に対して垂直な面で受けた日射で直射日光のことです。散乱日射は大気で散乱・反射して天空の全方向から届く太陽放射で、日影の日射と考えていいでしょう。合計した日射量を全天日射と呼びます。

筐体が受ける日射量を計算するには筐体各面に対する太陽光の入射角や時刻、季節、天気を考慮しなければならないため複雑です。

筐体面の日射量を計算するシートが Excel 計算シートにあります。

また表6.2のような日射量提案値（建築物の冷房設計時に使用する）が方位ごとに示されているので、こちらも利用できます。

6.4.2　日射が機器に及ぼす影響

日射による機器温度上昇の計算には熱回路網法が便利です。ここでは Excel

156

6.4 屋外で使用する機器

表 6.1 日本国内の直達日射量（月別平均）

直達日射量瞬間値（12 時）の月別平年値（kW/m²）
（1971 年から 2000 年までの平均値）

地　点	1 月	2 月	3 月	4 月	5 月	6 月	7 月	8 月	9 月	10 月	11 月	12 月
札　幌	0.77	0.81	0.81	0.80	0.79	0.83	0.80	0.82	0.83	0.79	0.76	0.74
根　室	0.81	0.86	0.87	0.86	0.86	0.89	0.86	0.86	0.88	0.85	0.82	0.80
宮　古	0.84	0.86	0.84	0.81	0.82	0.82	0.80	0.80	0.84	0.85	0.83	0.81
秋　田	0.78	0.81	0.83	0.80	0.82	0.82	0.82	0.82	0.83	0.83	0.81	0.74
館　野	0.86	0.88	0.86	0.83	0.83	0.81	0.80	0.80	0.82	0.83	0.84	0.82
（つくば）												
輪　島	0.81	0.85	0.81	0.82	0.83	0.81	0.81	0.81	0.84	0.84	0.82	0.78
松　本	0.86	0.88	0.87	0.85	0.84	0.82	0.82	0.81	0.83	0.84	0.83	0.82
潮　岬	0.86	0.87	0.84	0.82	0.82	0.81	0.79	0.84	0.84	0.84	0.84	0.84
米　子	0.80	0.82	0.79	0.80	0.81	0.81	0.80	0.80	0.84	0.83	0.80	0.80
清　水	0.88	0.89	0.85	0.84	0.84	0.80	0.81	0.81	0.84	0.86	0.86	0.85
福　岡	0.80	0.81	0.79	0.79	0.79	0.76	0.78	0.78	0.80	0.80	0.77	0.76
鹿児島	0.86	0.86	0.85	0.83	0.81	0.80	0.83	0.83	0.84	0.84	0.83	0.83
那　覇	0.81	0.81	0.79	0.78	0.81	0.84	0.84	0.84	0.82	0.81	0.82	0.80
石垣島	0.83	0.83	0.81	0.82	0.83	0.84	0.86	0.86	0.86	0.85	0.84	0.83

直達日射量とは、太陽光線の入射方向に垂直な面で受けた日射量です

表 6.2 日射量提案値（東京地区、夏の快晴日 7 月 22 日）

（内田秀雄、衛生工業協会誌（1953）より引用）単位を W/m² に換算

時刻	水平面			鉛直面	北		東		南		西	
	散乱	直達	全天	散乱	直達	全天	直達	全天	直達	全天	直達	全天
5	17.4	—	17.4	8.7	—	8.7	—	8.7	—	8.7	—	8.7
6	52.3	81.4	133.7	26.2	113.3	139.4	374.8	400.9	—	26.2	—	26.2
7	103.5	268.6	372.1	51.7	95.0	146.7	524.9	659.7	—	51.7	—	51.7
8	135.1	475.3	610.5	67.6	79.4	147.0	676.6	744.2	—	67.6	—	67.6
9	136.0	658.1	794.2	68.0	—	68.0	583.1	651.2	95.8	163.8	—	68.0
10	151.9	790.0	941.9	75.9	—	75.9	427.0	502.9	175.7	251.6	—	75.9
11	154.7	872.1	1026.7	77.3	—	77.3	225.5	302.8	227.8	305.1	—	77.3
12	156.5	907.4	1064.0	78.3	—	78.3	—	78.3	247.7	325.9	—	78.3
13	157.7	885.3	1043.0	78.8	—	78.8	—	78.8	231.3	310.1	228.8	307.7
14	158.1	822.1	980.2	79.1	—	79.1	—	79.1	182.8	261.7	444.2	523.3
15	161.4	710.7	872.1	80.7	—	80.7	—	80.7	99.1	179.8	634.7	715.3
16	157.0	552.3	709.3	78.5	92.3	170.8	—	78.5	0.0	78.5	786.6	865.1
17	132.6	344.2	476.7	66.3	121.6	187.9	—	66.3	0.0	66.3	778.6	844.9
18	84.4	131.9	216.3	42.2	183.4	225.6	—	42.2	0.0	42.2	606.6	648.8
19	29.1	—	29.1	14.5	—	14.5	—	14.5	—	14.5	—	14.5

157

第6章　自然空冷機器の熱設計の常套手段

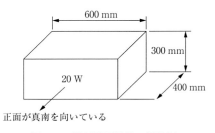

図6.27　屋外設置筐体の計算例

熱回路網法シートを使って、図6.27に示す筐体が日射を受けたときの温度上昇を見積もります。

〈機器の要件〉

　　機器の外形寸法　　　　：幅600×奥行400×高さ300 mm
　　筐体の材質/厚み　　　　：鋼板（熱伝導率＝50 W/(m・K)、$t=2$ mm）
　　筐体の設置向き　　　　：600×300の面が真南
　　機器の発熱量　　　　　：20 W
　　機器表面の放射率　　　：0.85（塗装）
　　機器表面の太陽光吸収率：0.5（灰色系）
　　外気温度　　　　　　　：35℃

日射量は東京7月22日午後2時の基準値を使い、上面：980.2 W/m^2、南面：261.7 W/m^2、東面：79.1 W/m^2、西面：523.3 W/m^2、北面：79.1 W/m^2、底面：0とします。

　各面の日射受熱量 W_s は、W_s＝面の日射量×面の表面積×太陽光吸収率で計算します。それぞれ、上面117.6 W、南面23.6 W、東面4.7 W、北面7.1 W、西面31.4 Wとなります。総受熱量は機器の発熱量よりもだいぶ大きいことがわかります。これを筐体熱回路モデルの各面に発熱量として入力します。

　計算結果は図6.28のとおり、内部空気温度上昇21.6℃、上面温度上昇32.3℃となります。これは晴天下の無風状態（自然対流）で、太陽の位置が変わらない定常状態での計算のため、高めの予測ですが、厳しい条件であることがわかります。

6.4 屋外で使用する機器

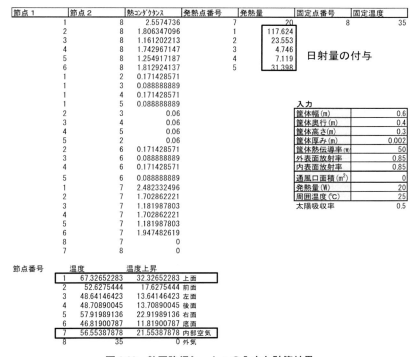

図 6.28　熱回路網シートへの入力と計算結果

日射の影響がなければ温度上昇は５℃程度です。

6.4.3　日射対策

日射の影響を抑える方法は３つです。
①日よけの設置：日射が機器本体に届かないようにする
②太陽光吸収率の低減：機器に届いた日射量を表面で吸収しないようにする
③断熱と排熱：日射による発熱が機器内部に侵入しないようにする
日よけは直達日射をカットできるので効果的です。特に日射量が大きい上面への設置が有効ですが、時間帯によっては南面、東面、西面も受熱量が大きくなります。機器の設置方位は決まらないことが多いので、日よけは上面のみに設けるか、底面を除く５面に設けるのが一般的です。

159

第6章　自然空冷機器の熱設計の常套手段

　机上で日よけの効果を推定するには、直達日射量をカットし、散乱日射のみにします。表6.2より、水平面の14時の散乱日射は158.1 W/m² なので、上面の日射量を表面積×158.1＝19 W とすると、内部温度上昇は13.2℃まで下がります。さらに南面、西面の直達日射をカットすると、12℃になります。

　日よけの効果が大きいのは、内部発熱量に対して日射受熱量が大きいときです。最も日よけの効果が大きいのはコンテナのように内部発熱がないものです。

　機器表面の太陽光吸収率を低くする方法は最も簡単です。太陽光吸収率はほぼ見た目の色で決まるので、外装を白色系にすれば吸収は抑えられます。しかし、外装色は外観や機能に影響する場合があり制限されます。例えばカメラを搭載した機器などでは反射を防ぐため黒色系にせざるを得ません。

　表6.3に各種材料の太陽光吸収率を示します。6.4.2項の例題で、太陽光吸収率を0.5から0.2にすると、内部空気温度は12℃になり、大きな効果が期待できます。ただし白色系は経年変化や汚れによって太陽光吸収率が増加するので注意して下さい。

　筐体表面で受熱しても内部に影響を与えなければいいので、大型の筐体や局

表6.3　各種材料の放射率と太陽光吸収率（出典：ASHRAE guide book 1969）

等級	材　料	放射率 ε	太陽光吸収率
0	完全黒体	1.0	1.0
1	大きな空洞にあけられた小孔	0.97〜0.99	0.97〜0.99
2	黒色非金属面（アスファルト・スレート・ペイント・紙）	0.90〜0.98	0.85〜0.98
3	赤れんが・タイル・コンクリート・石・さびた鉄板ペイント（赤・褐・緑など）	0.85〜0.95	0.65〜0.80
4	黄および鈍黄色れんが・石・耐火れんが・耐火粘土	0.85〜0.95	0.50〜0.70
5	白または淡クリームれんが・タイル・ペイント・紙・プラスター	0.85〜0.95	0.30〜0.50
6	窓ガラス	0.90〜0.95	大部分は透過
7	光沢アルミニウムペイント・黄色またはブロンズペイント	0.40〜0.60	0.30〜0.50
8	鈍色黄銅・銅・アルミニウム・トタン板・磨き鉄板	0.20〜0.30	0.40〜0.65
9	磨き黄銅・銅・モネルメタル	0.02〜0.05	0.30〜0.50
10	よく磨いたアルミニウム・ブリキ板・ニッケル・クローム	0.02〜0.04	0.10〜0.40

6.4 屋外で使用する機器

舎（シェルター）では壁面を断熱構造にする方法も採用されています。断熱すると内部の熱も逃げなくなってしまうので、壁面以外からの排熱ルートを確保しなければなりません。

一般には上面に断熱材を入れ換気口から排気します。自然換気では通風量を増やすため、排気口を上方、吸気口をできるだけ下方にして高低差をとります。換気口を設けることで風雨の影響を受けやすくなるため、ラビリンス（迷路）構造などで水の侵入を防ぎます。

また機器の上方は日射受熱の影響で温度が上がるため、重要な電子部品は下方に配置します。実装部品の熱を筐体に伝える放熱構造をとる場合も、日射受熱面への接触は逆効果になるので避けます。

6.4.4　防寒と結露

屋外に設置された機器は高温だけでなく低温にもさらされます。低温対策だけであれば断熱材で対処できますが、外気温が上昇したとき高温になってしまうため、ヒータを使用します。低温対策用にヒータ付サーキュレータが販売されています。

最近では蓄熱材を利用し、日中に蓄熱、夜間に放熱を行う方法もとられています。低温になると空気の密度が大きくなるため、冷えやすくなります（3.5.2項）。低温での熱伝達率計算では物性値係数（自然対流 2.51、強制対流 3.86）を大きめに修正して下さい。例えば 0℃であれば、自然対流 3.2、強制対流 4.7 程度です。

温度変化が大きいと結露するおそれがあります。空気は温度によって含むことのできる水分量が違います。温度が高い空気はたくさんの水分を含むことができますが、冷えた固体に触れて急激に温度が下がると、含み得る水分量が減り、含みきれなくなった水蒸気が水滴や霧状になって物体表面に結露します。

冷えた機器に温かい空気が触れると発生する現象なので、屋内の機器でも結露は起こります。機器内部に実装された基板や部品が加熱されて水分を放出することもあり、筐体が冷たいと内部に結露します。

結露はさびの発生や絶縁不良、腐食などの原因になるので、結露しないよう

161

第6章　自然空冷機器の熱設計の常套手段

工夫が必要です。

　結露対策には以下の3つの方法があります。

①空気や固体表面の温度を上昇させる（ヒータや断熱で保温）

②除湿する（密閉機器用除湿機が市販されています）

③換気する（外気の湿度が低い場合）

また結露してしまっても不具合が起こらないような対策を施しておきます。例えば結露して特に困る部分は封止する、電気的接続部や回路パターン部が空気に直接触れないようガードするなどの策があります。

　以下の環境条件を守れば結露の発生は避けられます。

● 湿度範囲：5〜80%RH

● 温度範囲：5〜45℃

● 湿球温度：29℃以下

● 温度勾配：15℃/1時間以下

第7章　強制空冷機器の熱設計
〜空気を集めて熱を一掃せよ〜

■7.1　冷却ファンの振る舞いを知っておこう

　自然空冷機器は、文字どおり発熱で温度が上昇した空気が自然に流動して放熱します。自然任せなので意図したとおりに流れが生じないこともあります。

　しかし、強制空冷機器では設計者がファンを使って「流れ」を作り出すことができます。

　うまく流れを制御すると効果的に冷却できますが、バイパスルートを見落としたりすると思いどおりに冷えません。効果的な流れを作るには、その駆動源である冷却ファンの特性を知っておかなければなりません。

7.1.1　換気扇と扇風機　〜冷却ファンの役割と特性の違い〜

　ファンには主に2つの役割があります。「換気扇」と「扇風機」です。換気扇は空気の入れ替えが目的なので風量が重要です。換気扇が正しく働けば外気に対する機器内部空気の温度上昇が抑えられます。

　機器の電力密度が高いと「自然換気」だけでは風量が不足し、ファンによる強制空冷が必要になります。従来「10 W/リットル」がファンを付ける目安とされてきました。装置の大きさや温度条件、放熱構造によってこの値は変わるので、正確なものではありません。図7.1に市販電気製品の容積と消費電力をプロットしたグラフを示します。上下面に面の面積の10％の通風口を設け、内部空気の最高温度上昇を15℃としたときの自然空冷限界ラインを引いています。このラインより上にくるものはノートパソコンやデスクトップパソコン、大型テレビなどで、すべて強制空冷機器です。

　換気によって持ち出される熱流量 W_v は、3.7節で説明した物質移動による熱

163

第7章　強制空冷機器の熱設計

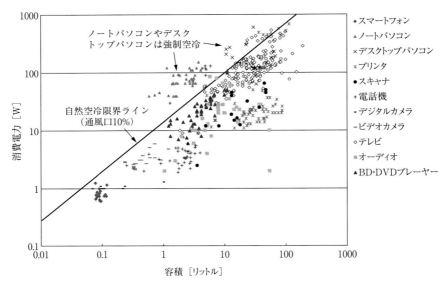

図 7.1　さまざまな市販電気製品の容積と消費電力の関係
製品カタログの外形寸法と消費電力からプロットしたもの

輸送の式で計算できます。

$$W_v = 1150 \cdot Q \cdot (T_{out} - T_{in}) \tag{7.1}$$

　　Q：風量 [m³/s]、T_{out}：排気温度 [℃]、T_{in}：吸気温度 [℃]
　　1150 は空気の密度 [kg/m³]×比熱 [J/(kg·K)] から計算した物性値

一方、扇風機は物体の周りにできる温まった空気層（温度境界層）を吹き飛ばして薄くする働きをします。風量は必要ありませんが、勢い（風速）がなければなりません。扇風機が効果的に働くと、機器内部空気の温度に対する部品の表面温度の上昇が抑えられます。扇風機を支配する式は、3.5節の強制対流熱伝達の下式です。

$$W = S \cdot h_m \cdot (T_s - T_a) \tag{7.2}$$

　　S：表面積 [m²]、T_s：表面温度 [℃]、T_a：周囲空気温度 [℃]
　　h_m：平均熱伝達率 [W/(m²·K)]

層流の平均熱伝達率は以下の式となります。

7.1 冷却ファンの振る舞いを知っておこう

$$h_{\mathrm{m}} = 3.86 \cdot \left(\frac{V}{L} \right)^{0.5} \tag{7.3}$$

換気扇の性能は風量に比例、扇風機の性能は風速の平方根（乱流では0.8乗）に比例することを頭に置いて下さい。例えば強制空冷機器で内部の空気温度上昇が10℃、空気から部品表面までの温度上昇が30℃だったとします。風量を2倍にする（同時に風速も2倍になる）と空気の温度上昇は5℃になりますが、空気から部品までの温度上昇は$30/\sqrt{2}=21.2$℃にしかなりません。外気から部品までの温度上昇で見ると、風量2倍でも温度上昇は40℃⇒26.2℃です。

　最近ではコストや騒音を考えて1つのファンで換気扇と扇風機の両方の働きをさせる設計が多くなっています。風量と風速では、温度に対する影響が異なる点に注意して下さい。

7.1.2　ファンの基本特性と通風抵抗

　冷却用ファンの性能は図7.2に示す静圧と風量の関係（P–Q特性、P–Qカーブ、静圧特性などと呼ばれる）で表されます。

　完全に密閉された箱にファンを取り付けて動作させると風量は得られませんが、圧力は最大になります。これが最大静圧（図7.2の縦軸最大値）です。箱に少し穴を開けると流量が発生し、圧力が下がります。ファンを箱に取り付けずに動作させると、ファン前後の圧力差は0となり最も多くの風量（最大風量：図7.2の横軸最大値）が得られます。

　このようにファンの負荷を変えながら前後の圧力と風量の関係を求めたのがP–Qカーブです。

　一方、機器筐体は「穴の開いた箱」なので風を流すには一定の圧力が必要になります。圧力が大きいほどたくさんの風量が流れますが、風量を2倍にしようとすると、圧力は4倍必要になります。この筐体の空気の通りにくさを「通風抵抗」と呼び、図7.2のような2次曲線になります。図の通風抵抗を持つ筐体に、図のP–Qカーブを持つファンを取り付けると、グラフの交点（図7.2の動作点）で動きます。ファンも筐体も線上でしか動けないので、重ねると1ポイントでしか動作できません。両方の特性がわかるとファンの動作風量、動作

165

第 7 章　強制空冷機器の熱設計

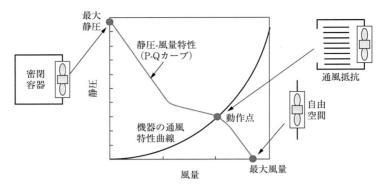

図 7.2　ファンの基本特性（P-Q カーブ）

静圧が推定できます。

7.1.3　知っておくと便利なファンの相似則

　冷却ファンを大別すると、モータの回転軸方向に流れが発生する軸流ファンと遠心方向に流れが発生する遠心ファンに分かれます。軸流ファンは低静圧で大風量、遠心ファンは高静圧で小風量という特徴を持ちます（図 7.3）。

　冷却に必要なのは風量なので、換気用ファンには軸流ファンが主に使用されます。遠心ファンは高い圧力を得られるので、抵抗の大きい狭い隙間に大きな風速で空気を送り込むなど、「扇風機」として使うと効果的です。

　ファンの種類に関わらず、ファンには基本的な相似則が成り立ちます。

1) 風量 Q はブレードの直径 D の 3 乗に比例し、回転数 N に比例する

$$\frac{Q_2}{Q_1} = \left(\frac{D_2}{D_1}\right)^3 \left(\frac{N_2}{N_1}\right) \tag{7.4}$$

DC（直流）ファンでは回転数 N はほぼ電圧に比例します。ブレードを 26 % 大きくすれば風量は 2 倍になります。

2) 静圧 P はブレード直径 D の 2 乗、回転数 N の 2 乗に比例する

$$\frac{P_2}{P_1} = \left(\frac{D_2}{D_1}\right)^2 \left(\frac{N_2}{N_1}\right)^2 \tag{7.5}$$

DC ファンで電圧を 10 % 増やすと、圧力は 21 % 増えることになります。

7.1 冷却ファンの振る舞いを知っておこう

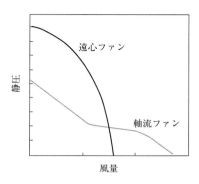

図 7.3　遠心ファンと軸流ファンの特性

3）ファンの特徴は比速度で表される

この 2 つの式から D を消去すると、大きさに依存しない下式が導かれます。

$$n\frac{\sqrt{Q}}{P^{3/4}} = 一定値 = 比速度\ N_S \tag{7.6}$$

これを比速度 N_S とよび、ファンを特徴づける指標になります。

軸流ファンは比速度が大きく、遠心ファンは小さくなります。

4）ファンの動力（消費電力）は直径 D の 5 乗、回転数 N の 3 乗に比例する

$$\frac{L_2}{L_1} = \left(\frac{D_2}{D_1}\right)^5 \left(\frac{N_2}{N_1}\right)^3 \tag{7.7}$$

ブレードの直径 D を 10 ％大きくすると電力は 61 ％増加し、回転数を 10 ％増やすと電力は 33 ％増えることになります。

7.1.4　ファンの並列・直列運転・回転数増加

大きな風量を得たい場合にはブレードの直径が大きいファンを選べばいいのですが、寸法が大きくなり実装できない場合も多いでしょう。そのときにはファンの回転数を増やすか、複数のファンを使用します。

例えば、風量を 2 倍にするために同じファンを並列に 2 台並べるとします。しかし、機器の通風抵抗が 0 に近くない限り、風量は 2 倍にはなりません（図 7.4）。ファンの台数を増やすと、外気との圧力差が増大するので風量はそれほ

第7章　強制空冷機器の熱設計

ど増えません。図7.4から、ファン2並列時の風量＝元の風量×2とはならないことがわかります。

　一方、ファンの回転数を2倍にすると風量は2倍、圧力が4倍になるため、実効風量は2倍以上得られます。ただし、同じファンを並列に1台追加するだけなら騒音は+3 dBですが、回転数を2倍にすると騒音は+15 dBも増えることになります（式(7.8)）。

　圧力を高めるためにファンを直列に並べることもありますが、ファンを直接くっつけて配置すると相互干渉が起きて、静圧は1.5倍程度にしかなりません。騒音も増大します。効率的に使うにはファンを離して設置するか、間に整流格子を挟んで干渉を低減します。

　並列運転でもファンの相互干渉が起こるケースがあります。軸流ファンもブレードの回転による遠心力でやや放射方向に吹き出すため、2台のファンを接して配置すると排気の干渉で風量が減少することがあります。少し離して置く、吐き出し側に干渉防止隔壁を設けるなどの工夫が要ります。

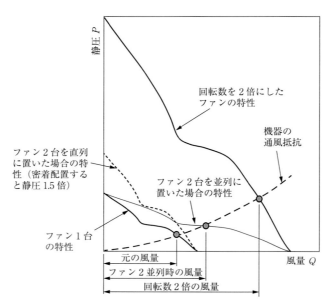

図 7.4　ファンの並列・直列運転と回転数の増加

7.1.5 ファン騒音の相似則

ファンの直径 D と回転数 N が騒音に及ぼす影響は下式で概算できます。

$$SPL_1 - SPL_2 = 70 \log\left(\frac{D_1}{D_2}\right) + 50 \log\left(\frac{N_1}{N_2}\right) \tag{7.8}$$

SPL：Sound Pressure Level、音圧レベル［dB］

7.1.3 項の相似則と併せて考えると、直径の大きいファンをゆっくり回転させることで騒音低減を図れることがわかります。例えば定格回転 3000 rpm で騒音レベルが 46 dB のファンの回転数を 1500 rpm に落とすと、騒音は $50 \log(1500/3000) = -15\,\mathrm{dB}$ 減少します。これだと風量も半減してしまうのでファン直径 D を 1.26 倍すると風量は元に戻ります。騒音はこれによって 7 dB 増加しますが、差し引きで $-8\,\mathrm{dB}$ は減少するので低騒音化できます。ただし、静圧は低下するので装置の通風抵抗が大きい場合は風量が減少します。実際にはファンごとにブレード形状が異なるため理論値とは異なりますが、おおよその影響を把握できます。

7.1.6 ファンは最大出力点で使うと静かに動く

昨今の機器の小型化を考えると直径の大きいファンの使用は難しくなっています。そこでファンの大きさを変えずに特性の異なるファンを使って動作点を適正化し、騒音を減らす方法が現実的です。

図 7.5 はファンの P-Q 特性、騒音特性、出力を重ね書きした例です。

騒音は風量によって変化しています。ファンのカタログには無負荷で測定された騒音が記載されていますが、最大出力領域で稼働させると騒音が最も小さくなることがわかります。逆に中央付近には騒音が大きくなる領域があります。軸流ファンでは P-Q カーブの中央あたりに勾配が変化し、製品によっては傾きが正になる領域ができます。ここは「旋回失速領域」と呼ばれブレードが失速して風量・静圧が不安定になる領域なので、ここでの動作は避けなければなりません。

次にファンの出力を考えてみましょう。ファンは電気エネルギーを流体エネ

第 7 章　強制空冷機器の熱設計

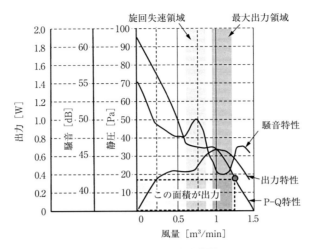

図 7.5　ファンの基本特性

ルギーに変える機械です。流体エネルギーは、圧力 P（$Pa=N/m^2$）と風量 Q [m^3/s] をかけあわせたもの、出力$=P$ [N/m^2] $\times Q$ [m^3/s] $=W$ [$N\cdot m/s=$ $J/s=W$] です。これは P–Q カーブ上の点の下側に描かれる四角形の面積に相当します。この面積が一番大きいところが最大出力点になります。最大出力点はブレード表面の流れの剥離が少ない領域で、一番騒音が小さくなる場所と一致します。軸流ファンでは概ね最大風量の 70 ％程度の領域になります。

この特性を利用すると、適切なファンを選ぶことで風量を維持したまま騒音を下げることができます。図 7.6 は P–Q 特性の異なる 2 つのファン A と B の P–Q カーブと騒音特性、および機器の通風抵抗を重ね書きしたものです。

最初の設計ではファン A が選ばれていましたが、このファンだと動作点が最大風量の半分程度の旋回失速領域で動作してしまうため、騒音が大きくなります。

機器の通風特性を改善することも可能ですが、ここではファンを B に取り換えます。ファン B は A よりも最大風量は小さいのですが、このファンに取り換えることで最大出力領域に入り、騒音は大幅に低減されます。このような動作点の分析には 5.8 節で紹介したエアフローテスターが有用です。

7.1 冷却ファンの振る舞いを知っておこう

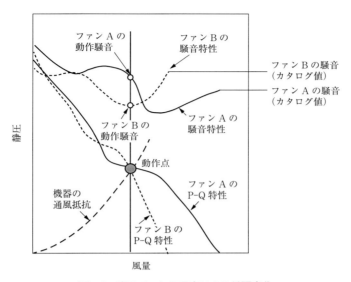

図 7.6　適正ファンの選定による低騒音化

　なお、カタログに載っているファン騒音は流体騒音のみですが、機器に取り付けるとモータやベアリングの機械振動が筐体に伝わって共振し、騒音が大きくなる場合があります。機械騒音はファン固定ねじを外して少し筐体から浮かしてみたときに音が静かになるかどうかで見分けがつきます。浮かして静かになるようであれば、防振ゴムを使って共振を防ぐことで騒音は低減されます。

7.1.7　素直な流れの吸気側、癖のある流れの排気側

　ファンを扇風機として使うときには風速が重要です。しかしファンのカタログには風速が記載されていないので、自分で計算します。最大風量を空気が通過するブレード回転部分の断面積（吐出面積）で割れば最大風速が計算できます。

　　　最大風速 [m/s] = ファンの最大風量 [m^3/s]/吐出面積 [m^2]
最大風量をファンの外形面積（ファン外形の正方形の面積）で割れば見かけの風速が計算できます。

　　　見かけ風速 [m/s] = ファンの最大風量 [m^3/s]/ファン外形面積 [m^2]

第 7 章　強制空冷機器の熱設計

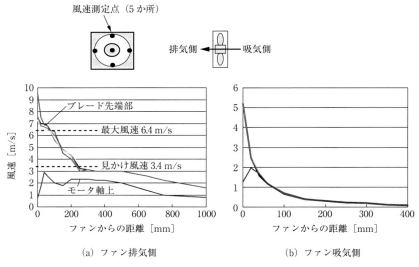

(a) ファン排気側　　　　　　　(b) ファン吸気側

図 7.7　ファン前後の風速測定例
120 mm 角ファンで測定

図 7.7 は 120 mm 角ファンで風速の計算値と実測値を比較したものです。図 7.7a はファン排気側、図 7.7b はファン吸気側の風速分布で、横軸はファンからの距離です。

ファンは排気側と吸気側で風速分布や流れの状態が全く異なります。

排気側は、ブレードの回転によって空気が押し出され、指向性のある大きな風速が得られるので、吐出口から 1 m 離れても 1 m/s 程度の風速を維持しています。しかし、モータ軸上の風速は低いままです（図 7.7a）。

一方、吸気側は空気が吸い込まれて圧力が下がり、周囲との圧力差を生じて空気が流れ込むため、均一な流れを生じます。モータ軸の近くはやや風速が低下しますが、少し離れた場所ではほとんど風速に差はありません。流れに指向性がないので風速が発生するのは吸い込み口近傍だけです（図 7.7b）。

排気側のファン近傍では計算値よりも大きい風速を発生しています。これはブレードの先端と根元では周速が異なるためです。ブレードの先端は周速が大きいので、速い流れを生じますが、根元は周速が小さく、風速も低下します

7.1 冷却ファンの振る舞いを知っておこう

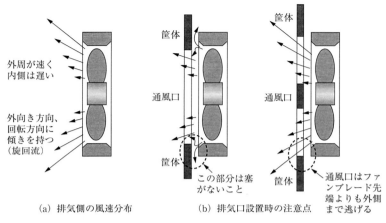

(a) 排気側の風速分布　　(b) 排気口設置時の注意点

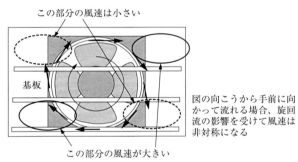

(c) 旋回流が及ぼす影響

図 7.8　ファン排気側の風速分布と設計上の注意点

（図 7.8a）。

　計算で求めた最大風速は、ブレード先端と根元の風速差を考えない平均風速なので、ブレード先端の風速を測れば計算値よりも速くなります。

　このようにブレード先端から吐き出される風速が速いため、排気口を設ける際にはこの部分を塞いではいけません（図 7.8b）。ここを塞いでしまうと風量が減るだけでなく騒音も増大します。

　排気側の風速はブレード回転方向に倒れて旋回流を生じるので、ファンの排気側に基板を置くと、回転の影響を受けた非対称の風速分布を生じます（図

173

7.8c)。基板上にホットスポットができないよう部品配置には注意が必要です。

7.1.8 ファン近傍の障害物の影響

ファンの前後に流れを妨げるような物体があると風量が低下します。危険防止のためにつけるフィンガーガードやフィルター、スクリーンなど、開口率が小さく目の細かいものほど与える影響が大きいので、風量の減少を見込んだ設計が必要です。図 7.9 のようにフィルターを付けただけで動作点がファンの最大風量の 1/2～2/3 程度まで減少してしまうこともあります。

このような場合にはフィルタとファンの交点をファンの最大風量とみなして設計を行ないます。

ファンの排気側に通風口を設ける場合、通風口とファンとの距離を確保しないと風量が低下します（図 7.10a）。図 7.10b のように絞り加工を施して距離をあける方法も有効です。

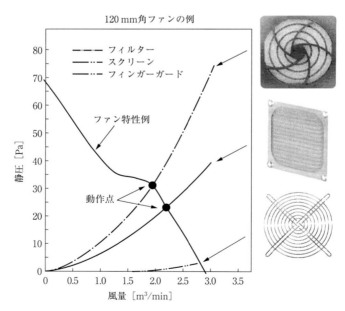

図 7.9　冷却ファンオプションの通風抵抗と取付け時のファン特性変化例

7.1 冷却ファンの振る舞いを知っておこう

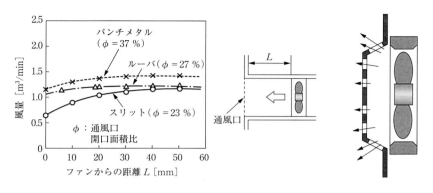

(a) 通風口とファンの距離による風量変化　　(b) 風量低下を招きにくい排気口

図 7.10　ファン出口側の障害物（通風口）の影響

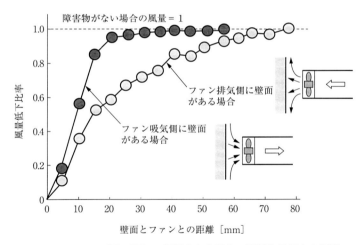

図 7.11　ファンが壁に面して設置された場合の距離と風量との関係

　ファンが壁に面して設置されたときに、壁面との距離が近いと風量が低下します。排気側に壁面があると影響を受けやすく、風量の低下を避けるにはファンブレードの半径程度の距離をとる必要があります。吸気側に壁面がある場合にはファン直径の 1/4〜1/5 程度の隙間をあけます（図 7.11）。排気側の壁との距離があけられない場合には図 7.12 のように導翼を設けて排気の風向を変え

175

第 7 章　強制空冷機器の熱設計

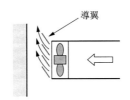

図 7.12　導翼による障壁対策

ます。これにより壁との距離を近づけることができますが、導翼の角度を寝かせすぎるとファンの負荷が増えるので 45°程度の角度が必要です。

7.2　強制空冷機器の熱設計のポイント

7.2.1　強制空冷と自然空冷の違い

　強制空冷機器は自然空冷機器と大きく異なる点が 2 つあります。これにより設計の方法が決定的に異なります。
① 自然空冷は熱いところ（発熱体がある場所）に浮力が発生して風が流れるが、強制空冷では流れやすいところ（通風抵抗が小さいところ）に風が流れる。
② 自然空冷では通風口を増やせば換気量が増えて温度が下がるが、強制空冷では通風口を増やし過ぎると風速が減って温度が上がる。

　自然空冷では自助作用で熱いところを冷やそうとするので、流れを邪魔をしないように設計しますが、強制空冷では設計者は温度が上がりそうな場所を予測して積極的に流れを作らなければなりません。

7.2.2　強制空冷機器ではバイパスの防止が重要

　自然空冷機器では発熱体によって周囲の空気が温められ、膨張して浮力を生じることで流れが発生するので、発熱体のあるところにしか風が流れません。発熱体周りの通風を妨げないように空間をあけることで温度は下がります。
　例えば、図 7.13a に示すような構造物の自然空冷では、筐体上下に必要な吸

176

7.2　強制空冷機器の熱設計のポイント

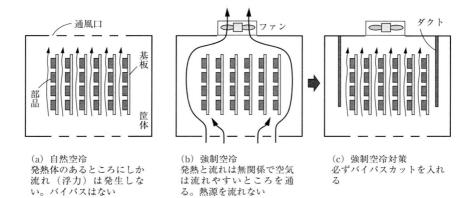

図 7.13　自然空冷と強制空冷の違い

排気口を設けるだけで基板は自己冷却します。発熱体がない部分に空気は流れません。

しかし、ファンを付けて強制空冷すると状況は大きく変わります。ファンで駆動された空気は流れやすいところを流れます。発熱体周辺の実装密度が高い場所には空気が流れず、発熱体のない広い空間を大量に流れてしまいます。この結果、発熱体は高温になります。強制空冷では必ず図 7.13c のようにダクトなどを用いて発熱体を空気が流れるよう誘導しておかなければなりません。

同様にヒートシンクをダクトに入れてファンで冷却する構造でも、ダクトとヒートシンクの間に隙間があると空気のバイパスによってフィン間の流速が低下し、ヒートシンクの性能が悪化します（図 7.14）。隙間に空気が流れないよう必ずバイパスをカットしておく必要があります。

このような「流れのバイパス」は強制空冷機器で発生する特徴的な事象です。流れを予測しながら慎重に流路を設計しなければなりません。

7.2.3　強制空冷では通風口を開けすぎない

自然空冷機器では通風口をたくさん開けるにこしたことはありません。筐体をヒートシンク代わりに使っていなければ、筐体を取り外して外気で冷やすの

第 7 章　強制空冷機器の熱設計

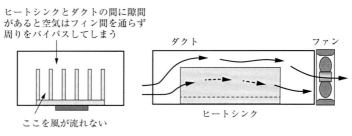

図 7.14　強制空冷ヒートシンクにおけるバイパス例
ダクトとヒートシンクとの間を塞ぐことでヒートシンクの温度は下がる

が一番冷えます。しかし、強制空冷機器では筐体が「ダクト」の働きをして内部に風速を発生しているため、筐体を取り外すと部品の温度は上昇してしまいます。強制空冷機器では通風口を開けすぎると内部風速が低下して部品の温度が上がってしまうのです。

図 7.15 はダクトの片側に軸流ファン、反対側に吸気口（正方形の穴）を設け、吸気口の面積を変えながら部品前面の風速と部品表面の温度を調べた実験の結果です。ファンの対向面をすべて開口にした状態が通風口の開口率 100 %です。開口率が大きいと風量は大きいものの、風速が小さいため部品の温度は高くなります。徐々に吸気口を小さくすると風速が増大し、部品温度が下がり

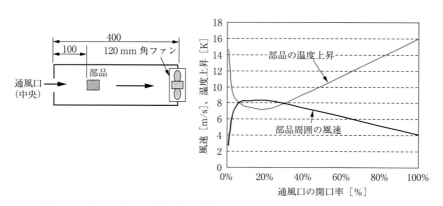

図 7.15　ダクトに設けた吸気口の面積を変えたときの発熱体の風速と温度上昇

ます。吸気口を小さくしすぎると通風抵抗が大きくなり、風量が減ってしまうため、再び部品の温度が上昇します。実験では20％前後の開口率で最も部品温度が下がりましたが、この近辺ではファンの静圧が上昇し騒音が大きくなるため、30〜40％の開口率が適切です。

7.2.4　ファンの開口面積よりも狭い場所を作らない

　ファンの流量と流路の狭まりにはどんな関係があるのでしょうか？　図7.16は軸流ファンをダクトに取り付け、流路の開口率を変えて風量低下比率を測定したものです。開口率が小さくなるに従って風量は減少しますが、その関係はリニアではありません。ファンの外形面積（縦×横）に対して流路が50％程度塞がれても風量はあまり大きく落ち込みません。

　軸流ファンでは、ダクト流路の最小面積がブレード回転部分（図7.16ファン図の斜線部）の面積よりも大きければ、最大風量の70％程度の風量を維持できます。この実験に使用したファンはブレード部分の開口面積がファン外形面積の35％程度でした。流路開口率が35％まで狭められても70％の風量が得られ

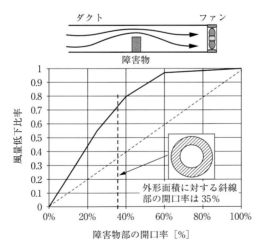

図7.16　ダクトの開口率と風量の低下（52 mm角軸流ファンでの測定例）
開口率がファンのブレード部面積を下回らなければ最大風量の70％以上の風量が得られる

第7章　強制空冷機器の熱設計

ています。

　最小流路面積をブレード部分の面積よりも大きくするよう配慮すれば、大幅な風量低下は避けられます。

7.2.5　ファンの取り付けはPULL型かPUSH型か？

　ファンを筐体に取り付けるには2つの方法があります。PULL型（機器の排気側にファンを設け、内部空気を引っぱって排出する）とPUSH型（機器の吸気側にファンを設け外気を押し込む）です。それぞれに一長一短があり、機器の条件によって方式を変えます（図7.17）。

　一般的な電子機器ではほとんどPULL型が採用されています。7.1.7項で説明したように、ファンの吸気側は均一な流れが得られるのでPULL型にすると機器内部の温まった空気を均一に吸い出します。しかしPULL型には欠点もあります。

　まず、ファンが最下流に位置するので高温空気にさらされます。ファンは高温になると、ベアリングに使われているグリースの劣化などの原因で寿命が短くなるため、使用温度範囲は−20〜70℃程度に制限されています。発熱量が大きい装置や使用環境温度が高い機器ではファンの故障確率が高くなります。

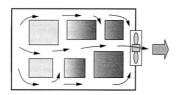
◆メリット
・均一な流れを生じるので
　ホットスポットができにくい
◆デメリット
・ファンの温度が高くなる
・内部が負圧になるため、
　埃の侵入が増える

（a）PULL型

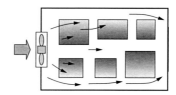
◆メリット
・ファンの温度が低くなる
・内部が正圧になるため、
　埃の侵入が少ない
◆デメリット
・風速にむらが出るため
　ホットスポットができやすい

（b）PUSH型

図7.17　PULL型とPUSH型のメリット/デメリット

2つめの欠点は埃が多くなりやすいことです。PULL 型では機器内部が負圧となるため、隙間から埃が流入しやすくなります。フィルターを使って防塵対策を行うとフィルターの圧力損失によってさらに内圧が下がります。完全密閉でない限りすきまから埃が侵入します。

PUSH 型ではこのような欠点は解消されますが、軸流ファンの排気側の流れは複雑で予測が難しく（図 7.7、図 7.8）、思わぬホットスポットを生じます。

PUSH 型で流れを均一化するには流体抵抗体を利用します。

図 7.18 は流路断面 50×50 mm、長さ 400 mm のダクトに軸流ファン（52 mm 角）を PUSH 型で取り付けて、排気部の風速を 9 か所で測定したものです。ファンから 400 mm 離れた排気部でも中央の風速が著しく低下していることがわかります。しかし、流路内に開口率 60 % 程度の障害物を設けると、排気部の風速分布はほぼ均一になります。障害物によって動圧（速度）が静圧に変わり、

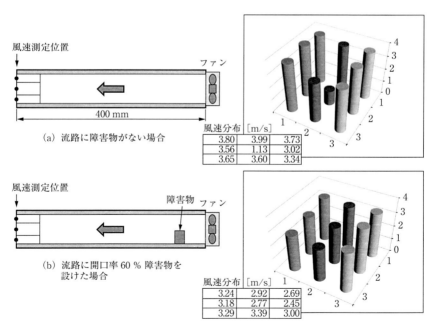

図 7.18　PUSH 型のダクト内風速分布
中央の風速が低下しやすい。流路障害物によって風速が均一化される

第7章　強制空冷機器の熱設計

開口部からは均一化された風速で空気が吐き出されるためです。この原理を利用し、ファンをPULL型で設置する場合には、フィルターやスクリーン、整流格子などの流体抵抗体を置いてエアチャンバー（空気溜め）を作ります。これにより速度分布を均一にすることができます。

7.2.6　PULL型は通風口が狭いと予想外の場所から吸い込んでしまう!

　PULL型では予想外の場所からの空気の流入により、深刻な問題が起こる場合があります。カードや紙幣の挿入口、プリンタの排紙口、DVDの装着口など、「少し大きめの隙間」からは大きな風速で埃とともに空気が入り込みます。流入したところには分離ローラや光学ヘッドなど埃を嫌う障害物があり、慣性の大きい埃はこれらの部品に衝突、付着してしまいます。

　これが原因で読み取り不良や分離不良などに至るケースもあるので、メカトロ製品では要注意です。必ず十分な吸気口を別に設けて流路を確保し、内圧が下がりすぎないようにします。

7.2.7　PUSH型の乱流効果を活用する

　PUSH型では整流することで風速を均一化できますが、逆に整流せずにファン排気の乱流を利用して撹拌効果を得ることもできます。図7.19にこれを確認するための実験装置を示します。この装置はファンと通風口との位置関係が不適切なため、PULL型にすると通風口（吸気する）からファンへのショートカットが発生し、基板周辺に流れが発生しません。これをPUSH型にすると勢いよく吐き出された空気が対向面まで進み、機器内部の空気を撹拌した後に通風口（排気する）から出て行きます（図7.20）。

　実装部品の温度分布を図7.21に示します。場所によって効果は異なりますが、5〜20℃の温度低減が図られています。特にPULL型だとほとんど空気が流れない部品4や部品8は、PUSH型では吹付で冷やされるため、約20℃温度が下がっています。このようにファンと吸気口の位置を適切に設計できない場合にはPUSH型の特徴を利用して温度の低減を図ります。

182

7.2 強制空冷機器の熱設計のポイント

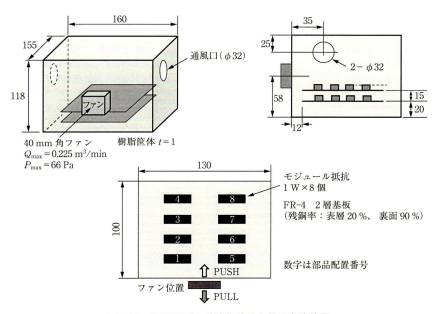

図 7.19 PUSH 型の乱流化効果を見る実験装置

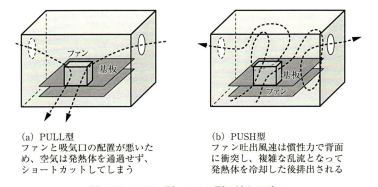

（a）PULL型
ファンと吸気口の配置が悪いため、空気は発熱体を通過せず、ショートカットしてしまう

（b）PUSH型
ファン吐出風速は慣性力で背面に衝突し、複雑な乱流となって発熱体を冷却した後排出される

図 7.20 PUSH 型・PULL 型の流れの違い

第 7 章　強制空冷機器の熱設計

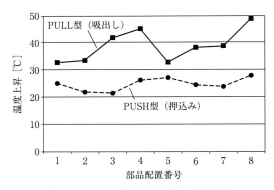

図 7.21　PUSH 型・PULL 型の温度比較

7.2.8　ファンを使った部品冷却の常套手段

　冷却ファンには換気扇と扇風機の役割があることは前述のとおりですが、最近の装置では 1 台で両方の役割を果たすよう設計します。換気扇は風量、扇風機は風速が重要なので、風量を減らさずに風速を高める工夫をします。具体的には下記の手段をとります。
①ダクトなどを設けて部品周囲の風速を上げる（図 7.22a）
　発熱体の熱をファンで吸い取る形になり、機器内部空気の温度は下がります。ファンの温度は高めになります。
②吸気口の突入風速を部品に当てて冷やす（図 7.22b）
　冷やしたい部品を吸気口近くに移動し、突入風速で冷やす方法で、部品を吸気口近くに実装できない場合は図 7.22b のように基板に直交方向から吸気して部品に当てる方法もあります。
③換気ファンの近くの風速の大きい場所に部品を置いて冷やす（図 7.22c）
　ファン近くでは風速が大きいため、ファンの上流または下流に熱源を配置して冷却します。部品配置の制限などで困難なケースもあります。
④ヒートパイプや水管などの熱輸送機構を用いて風速の大きい場所に熱を運んで冷やします（図 7.22d）。有効な手段ですが冷却機構にコストがかかります。

7.2 強制空冷機器の熱設計のポイント

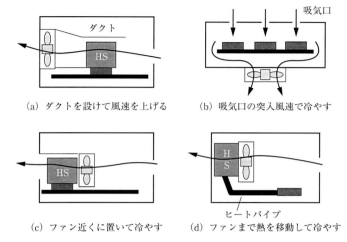

図 7.22　換気を兼ねた部品冷却の方法

7.2.9　流路パターンとその注意点

　強制空冷機器の流路は「隅々まで換気しつつ、発熱体に必要な風速を与える」ように設計しなければなりません。できるだけ少ないファンでこれを実現するために、いくつかの流路パターンがあります（図 7.23）。それぞれについて注意点を説明します。

1）1 空間型
　デスクトップパソコンのように筐体内の 1 空間に発熱体を実装するタイプです。通風抵抗が小さく風量を確保しやすいですが、空間が広いと風速が低下します。風速の大きい場所は吸気口近傍、ファン近傍です。これらの位置に高発熱部品を実装できない場合は、ファンからダクトを延ばして風速を上げるなどの工夫を行います。ファン近くに不用意に吸気口を設けてしまうと流れのショートカットが発生するので要注意です。

2）直列型
　流路断面を 1 つのダクトのように構成する流路パターンです。流路が狭いため全体にわたって風速を高めに維持できますが、通風抵抗が大きくなりやす

185

第 7 章　強制空冷機器の熱設計

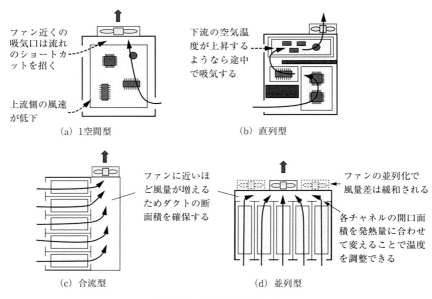

図 7.23　主な流路パターン

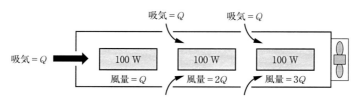

図 7.24　主な流路パターン（直列流路の風量増大）

く、吸気口から排気口に向かって空気の温度が直線的に上昇します。流路の途中に補助吸気口を設け、累積発熱量に応じて風量を増やすと下流側の空気の温度上昇を防ぎ、風速も上げることができます。

　例えば図 7.24 のように 100 W の発熱体が 3 つ直列に配置された場合、最下流では空気が 300 W 分の顕熱を含むことになります。流量が一定だと空気の温度は顕熱量に比例して上昇するので、途中から吸気して、最下流で風量が 3 倍になるようにします。下流側の流入が大きすぎると上流側の温度が上がるのでバ

186

7.2 強制空冷機器の熱設計のポイント

ランスに注意します。

3）合流型

複数の発熱体を1つのダクトで吸気して冷却するパターンです。各発熱体からの流入空気がダクトで合流するので、ファンからの距離によって発熱体を通過する風量が変わります。この風量の分布を均一化するにはダクトの断面積を大きくしなければなりません。

図 7.25 は 8 段のユニット（通風口開口率 30 %）を背面のダクト上部に設けたファンで冷却する方式についてシミュレーションを行った結果です。背面ダクトの奥行を狭めるとダクトの流路断面積が減り、上下ユニットの風量に大きな差が出ることがわかります。グラフに示す開口率 ϕ（%）はユニットの通風口面積（8 個合計）に対するダクト流路の断面積の比率です。

風量低下を 30 % 程度に抑えるには、$\phi = 80$ % 程度のダクト断面積を確保する必要があります。

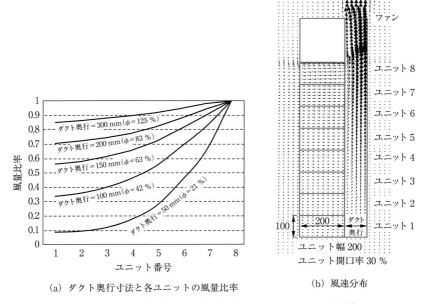

(a) ダクト奥行寸法と各ユニットの風量比率　　(b) 風速分布

図 7.25　主な流路パターン（合流型のシミュレーション結果）

第7章　強制空冷機器の熱設計

4) 並列型

プリント基板を並列に実装するシェルフ型などがこのタイプです。合流型の一種ですが、ファンを複数台使用すれば各発熱体の風量は均一化されます。

（シェルフ型に関する解説は 8.7.2〜8.7.5 項にあります）

▌7.3　強制空冷機器の設計手順

強制空冷機器ではこのようにさまざまな冷却テクニックを使えますが、下記の設計フローに従って風量・風速・温度を確認しながら進めます。

①総発熱量と空気の許容温度上昇から風量を決めてファンを選ぶ

②各発熱体周囲の風速と空気温度から発熱体の許容温度を超えないか確認する

③許容温度を超える場合には、風量・風速の増加手段を検討する

7.3.1　換気風量を決めてファンを選ぶ（換気量設計）

強制空冷機器（通風型）で最初に行うべきことは風量の決定です。具体的には使用するファン（型式）と台数を決めることです。そのためにはまず必要な風量を求めます。これは 3.7.2 項の式（3.47）の換気風量を決める式で計算できます。

$$Q = \frac{W}{1150 \cdot (T_a - T_\infty)} \tag{7.9}$$

この式では換気による放熱量［W］＝発熱量［W］とします。内部発熱はすべて換気で除去するという考え方です。機器内部空気の温度上昇（$T_a - T_\infty$）は製品に求められる信頼性や環境温度によって異なりますが、概ね 8〜20 ℃の範囲です。標準的には 10〜15 ℃を目標とします。

この式で求められる Q は、ファンを装置に取り付けたときの実効風量です。同じファンを使用しても取り付ける機器の通風抵抗で実効風量は変わります。そこで、Q にマージンを持たせるため、下記で計算される最大風量を持つファンを選びます。

$$最大風量 = Q \times (1.5〜2) \tag{7.10}$$

これはファンを取り付けると、最大風量の 50〜70 % 程度の実効風量しか得られないという経験に基づくものです。

1台でこのような最大風量を持つファンがなかったり、ファンの外形が大きすぎたりしたら複数のファンを使用します。

7.3.2　ファン動作風量を推定する

実効風量をもう少し精度よく求めたいときには機器の通風抵抗を計算します。電子機器内部の通風経路は複雑で手計算で通風抵抗を正確に求めるのは困難ですが、通風抵抗は流路の狭まりの影響が大きいため、吸排気口やスリットに着目すると概算できます。

例えば吸気口の面積 A_1 と排気口面積 A_2、機器内の最も狭い流路断面積 A_3 とすると、機器の通風抵抗 R_f は下記の式で計算できます。

$$R_\mathrm{f} = \zeta \frac{\rho}{2} \sum \left(\frac{1}{A_l^2} \right) = \zeta \frac{\rho}{2A_1^2} + \zeta \frac{\rho}{2A_2^2} + \zeta \frac{\rho}{2A_3^2} \cdots \tag{7.11}$$

ζ：圧損係数（1.5）、ρ：流体の密度 [kg/m³]、A：流路断面積 [m²]

図 7.26 のように 300×200×200 mm の筐体に大きさ 200×150×150 mm で 200 W の発熱体が実装されているとします。この装置の内部空気温度上昇を 10 ℃ 以下にするために必要な風量は、$Q=200/(1150×10)=0.0174$ m³/s $=1.04$ m³/min　となります。そこで最大風量が約 2 倍の 2 m³/min のファン（図 7.27）を選択します。これで余裕のある設計ができそうですが、機器の通

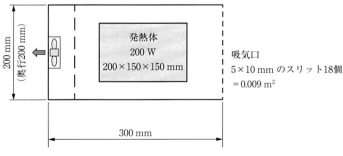

図 7.26　流路断面積の計算

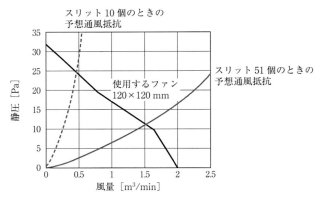

図 7.27　使用するファンと通風抵抗

風抵抗が大きすぎると実効風量が大幅に減ってしまいます。例えば吸気口が、50 mm×3 mm のスリット 10 個（1500 mm²）だったとすると、通風抵抗は、

$$R_\mathrm{f} = \zeta \frac{\rho}{2A_1^2} = 1.5 \times \frac{1.2}{2 \times (0.0015)^2} = 400000 \ \mathrm{Pa \cdot s^2/m^6}$$

となります。1 m³/min 流れたときの圧力損失は 111 Pa となり、想定した実効風量は得られないことがわかります（図 7.27）。

7.2.4 項で説明したように、最小流路面積がファン吐出部面積（ブレード部面積：このファンでは 7700 mm²）を下回らないようにします。吸気口面積を 7700 mm²（50×3 mm のスリット約 51 個）とすると通風抵抗は、$R_\mathrm{f} = 1.5 \times 1.2/2 \times (1/0.0077)^2 = 15180 \ \mathrm{Pa \cdot s^2/m^6}$ となり、1.5 m³/min の動作風量が得られます（図 7.27）。

このときの空気温度上昇は、$\Delta T =$ 発熱量/(1150×風量)≒7 ℃ となります。

7.3.3　発熱体周囲の風速を確認する

空気温度が下がっても発熱体の温度が下がるとは限らないので、これで安心してはいけません。発熱体の温度を決めるのは風量ではなく風速です。発熱体の周囲を流れる風速は、

$$V = 1.5/60/(0.2 \times 0.2 - 0.15 \times 0.15) = 1.43 \ \mathrm{m/s}$$

強制対流平板の熱伝達率（層流）は、代表長さを発熱体長さとして、

$$h＝3.86(1.43/0.2)^{0.5}＝10.3 \text{ W}/(\text{m}^2 \cdot \text{K})$$

発熱体の温度上昇＝200/(10.3×0.165)＝118 ℃となります。空気温度上昇（7℃）に比べ圧倒的に発熱体の温度上昇が大きいですが、その理由は発熱体の熱流束が大きいためです。

$$発熱体の熱流束＝発熱量/表面積＝200/0.165＝1212 \text{ W}/\text{m}^2$$

この対策として有効な手段が熱源の分割です。例えば 200×150×30 mm の大きさの 5 つの発熱体に分割すると、1 個当たりの熱流束は

$$発熱体の熱流束＝発熱量/表面積＝40/0.081＝494 \text{ W}/\text{m}^2$$

熱伝達率が同じであれば、温度上昇は熱流束に比例するので、

$$発熱体の温度上昇＝40/(10.3×0.081)＝48 ℃$$

となります。熱源を分割することによって体積（発熱）に対する表面積（放熱）の比率が増え、温度が低下します。

　強制空冷では風量と空気温度だけでなく、必ず風速と熱源温度を確認しましょう。

7.4　吹付ファンによる冷却（モータ冷却の例）

　モータやトランスのような「発熱する塊」を冷やすには直接発熱体に空気を吹き付ける「扇風機」が効果的です。プリント基板など、熱源が点在するものを吹き付けで冷やすとホットスポットができやすいですが、モータやヒートシンク、トランスのような熱源の「塊」は吹き付けの方が効果的に冷却できます。「塊」は内部の熱伝導で温度が均一化されホットスポットができにくいためです。

　ファンの排気側は風速が大きいので冷却能力が高く、指向性があるのでダクトを設ける必要もありません。

7.4.1　吹付ファンで得られる風速

　吹付ファンの効果を推定するにはまず風速を予測しなければなりません。風

速は、下式で概算します。

　　　　ファン最大風速 [m/s] ＝ファンの最大風量 [m³/s] /吐出面積 [m²]
軸流ファンでは、吐出面積＝ファンブレード回転部の流路面積とするとファン近くの「最大風速」が計算でき、吐出面積＝ファンの外形面積とするとある程度離れた場所の「見かけ風速」が予測できます（7.1.7項）。

図7.7に示すようにファンの風速は排気直後で急激に低下し、その後徐々に減速します。軸流ファンでは発熱体をファンブレード直径の1.5～2倍以内の距離に置くと「見かけ風速」が得られます。

7.4.2　ファンで強制空冷された発熱体の温度上昇計算

モータの吹付冷却を例に、発熱体に風を当てて冷やす場合のポイントを説明します。図7.28は約13.1 Wの消費電力を持つ直径60 mm、長さ94.5 mmのモータを80 mm角（最大風量1.1 m³/min）または60 mm角（最大風量0.52 m³/min）の吹付ファンで冷却したときの温度上昇を計算した例です。図のフローに従って計算します。

1）排気風速の計算

最大風速と見かけ風速を計算します。80 mm角ファンでは外形の断面積は$80 \times 80 = 6400$ mm²、ブレード回転部の流路面積は3280 mm²、60 mm角ファンではそれぞれ3600 mm²、1680 mm²なので、最大風速、見かけ風速はそれぞれ

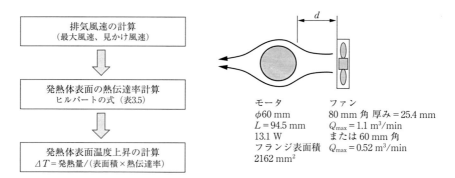

図7.28　ファンの吹き付けによるモータの温度上昇計算例

7.4　吹付ファンによる冷却（モータ冷却の例）

80 mm 角で 5.6 m/s と 2.9 m/s、60 mm 角で 5.17 m/s と 2.4 m/s になります。最大風量の差ほど風速の差は大きくないことがわかります。

2）発熱体表面の熱伝達率計算

　次に風速をもとに、モータ表面の熱伝達率を計算します。ここでは 80 mm 角ファンの最大風速（5.6 m/s）を例に説明します。計算には**表 3.5** に示すヒルパートの式（円）を使います。代表長さ $d=0.06$ m、空気の動粘性係数を $\nu=1.7\times10^{-5}$ m²/s とし、レイノルズ数は Re＝19730、Re の範囲から Nu 数の計算には係数 $C=0.174$、指数 $n=0.618$ を用い、Nu＝78.5 が導かれます。

　空気の熱伝導率を $\lambda=0.027$ W/(m·K) とすれば、熱伝達率 35.3 W/(m²·K) が求められます。また周囲温度を 25℃ として放射の熱伝達率（3.6.3 項の式（3.42））を計算すると 5.75 W/(m²·K) となります。

3）発熱体表面温度上昇の計算

　熱伝達率がわかったので、モータの表面積(円筒面＋側面＋フランジ面)＝25630 mm² を用いて、下記の温度が求められます。

$$表面温度上昇 = \frac{発熱量}{表面積 \times 熱伝達率} = \frac{13.1}{25630\times10^{-6}\times(35.3+5.75)}$$

$$= 12.4 ℃$$

見かけ風速 2.9 m/s を用いて計算すると 14.7℃ となります。

　また、60 mm 角のファンでは、最大風速で 13℃、見かけ風速で 15.7℃ となります。因みにファンを使用せずに自然空冷で冷却した場合は、円柱の自然対流の式（**表 3.4** 水平に置いた円柱の平均熱伝達率）を用いて 42℃ と推定されます。

　数字の詳細については Excel 計算シートのモータ計算シートを参照下さい。

7.4.3　ファンの大きさや発熱体との距離の影響

　この方法で計算した温度と実測との比較を**図 7.29** に示します。計算では距離を考慮できないので、最大風速の計算値と見かけ風速の計算値を示しました。実測ではファンと発熱体との距離をあけていくと徐々に表面温度が上昇します。しかし、$d=40$ mm（ファン外形の 1/2）、80 mm（ファン外形）、120 mm

193

第 7 章　強制空冷機器の熱設計

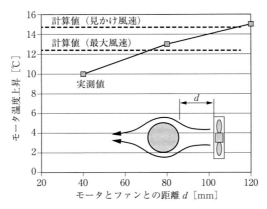

図 7.29　モータの吹付冷却の実測と計算（80 mm 角ファン使用時）

（ファン外形の 1.5 倍）と距離を 3 倍に変えても温度上昇は 1.5 倍にしか変化しません。吐き出しの風速は遠方まで効果的に流れることがわかります。

　熱流体解析を行えばこうした予測も可能ですが、机上計算では風速分布まで予測できないため、最大風速と見かけ風速からおおよその温度上昇範囲を予測します。80 mm 角ファンと 60 mm 角ファンで冷却した場合のモータの温度上昇がほぼ同じことは実験で確認されています。

　ファン外形より小型の発熱体を冷却する場合、風量が異なるファンであっても、吐出風速に差がなければ冷却能力に大きな差はありません。換気扇と扇風機では、ファンの選び方も異なることがおわかりいただけるでしょう。

7.5　防塵対策

　換気ファンを使うと大量の空気が出入りするので、同時に大量の埃も筐体に侵入することになります。長年使ったパソコンを開けてみて埃の量に驚いたことがあるでしょう。埃の侵入、付着には 3 つのパターンがあります。
①自然自由落下による堆積（およそ粒径 10 μm 以上のもの）
②物体との衝突による付着（粒径に無関係）
③電荷による付着

7.5 防塵対策

電子機器では、各パターンが組み合わされて付着しますが、強制空冷機器では、気流が速く、②のパターンで付着する塵壌の量が多いです。

防塵対策にはエアフィルタが効果的ですが、設計にあたっては下記の点に気を付けてください。

7.5.1 フィルターの負荷は大きい！ 取り込み口を大きく

集塵用フィルターの通風抵抗は予想外に大きく、電子機器に使われる薄いフィルターでも圧力損失係数は5以上あります。これは開口率50％のパンチメタルと同等の抵抗になります。

フィルターは面積が大きいほど通過風速が下がり、集塵保持容量が大きくなります。よく「ひだ」のあるフィルターを見かけますが、空気が通過する面積が増え、圧損も減らすことができます。

ファンから離れた位置に広めの吸気口を設けて取り付けるのが効果的です。

7.5.2 フィルターは吸気口に密着させてはいけない

最も避けなければならないのが「フィルターを吸気口にぴったりくっつけて」取り付ける方法です。このように取り付けてしまうと、通風口を通過した風速の大きい空気がフィルターに突入します。圧力損失は風速の2乗に比例するので、ファンにとって大きな負荷になります。負荷が増えると機器内の静圧が下がり、隙間からの埃の侵入量が多くなります。また、空気がフィルターの一部（通風口の後ろのみ）しか通過しません。これではフィルター全面を活用できないことになり、すぐに目詰まりを起こします。

できるだけ吸気口とフィルターとの間を空けて取り付けるようにします。通風口の裏側に突起を設けるだけでも、フィルターとの間にスペースが空くので効果はあります。薄くて可撓性のあるフィルターであれば、端を止めるだけにしておくと風圧で変形して吸気口から離れます。確実なのは、フィルターを離して設置できるような取り付け金具を設けることです（図7.30）。

また、塵埃量は吸気口の位置と関係します。床面付近は埃の量が多いため、強制空冷機器では床から200 mm以内に空気の取り込み口を設けると塵埃量が

第7章　強制空冷機器の熱設計

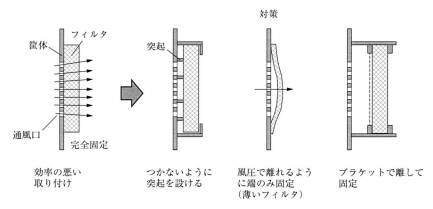

図 7.30　防塵フィルターの取り付け方

増えるので注意して下さい。

7.5.3　フィンやスリットの間口を広くする

　狭い流路には埃がたまりやすくなります。例えば強制空冷用のヒートシンクは自然空冷ヒートシンクよりもフィン間隔を狭くするので、埃がたまりやすくなります。埃の堆積でフィン間を空気が通りにくくなりヒートシンクの性能が低下します。対策としてフィン先端を1枚おきにずらして千鳥配置にする方法などがあります。

第8章　部品と基板の熱設計　熱源分散と熱拡散に努めよ
～全体を骨太に設計し部品ごとに対策を仕分ける～

8.1　半導体デバイスやモジュールの熱対策

8.1.1　部品の熱対策は「均熱化」と「外部接続強化」

　電子部品に電気が流れると導体や半導体（チップ）に発熱が起こります。これらの熱源は熱伝導率が小さい絶縁体に覆われているので熱は外に出にくく、放っておくとホットスポットになります。部品の熱対策の多くは、このホットスポットの解消で、以下の方法がとられています。

①部品内部の温度を均一化して熱源がホットスポットになるのを抑えること

②熱源から外部へのヒートパスを作り、外に熱を逃げやすくすること

部品内部の熱移動は熱伝導のみなので、実現手段は3つに限定されます。

- 熱を伝える面積（伝熱面積）を大きくする
- 熱を伝える距離を短くする
- 熱を伝えやすい材料を使う

例えば、BGAパッケージの熱対策（図8.1）をみると、内蔵基板（パッケージ基板）の多層化やメタルコアで内部温度を均一化する方法と、サーマルボールなどを用いてチップから外部への接続を強化する方法が採用されていることがわかります。

　部品内部温度の均一化策は温度差が少なくなると効果が出にくくなり、外部への接続にウエイトが移ります。発熱量の増大に応じて、より広い範囲に熱を伝えるようにします。

　図8.2は部品が利用する表面積の範囲が発熱量の増大とともにどう広がってきたかを示したものです。発熱量がそれほど大きくない部品では、チップがホ

第 8 章　部品と基板の熱設計

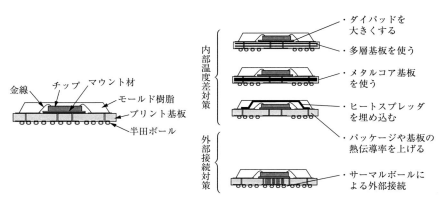

図 8.1　BGA パッケージの熱対策

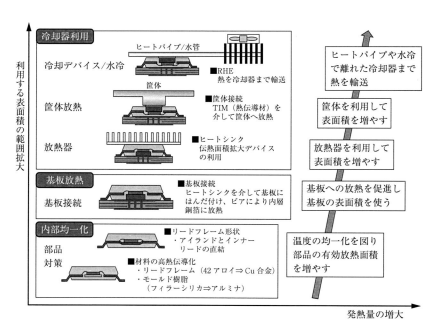

図 8.2　部品の「表面積利用」の拡大

ットスポットにならないよう、部品内部の温度の均一化が図られます。リード付部品であれば、リードフレームの厚みや熱伝導率の増大、樹脂の高熱伝導化などが主な対策です。

　発熱量が増えると部品の表面積だけでは放熱できなくなり、基板への放熱を強化します。例えばパッケージの表面や裏面に露出させたヒートスプレッダを基板にはんだ付けし、基板のサーマルビアで内層に接続するなどの構造をとります。

　しかし、部品の発熱量がさらに増大したり、基板の実装密度が高くなったりすると、基板の温度が上昇して放熱が困難になります。そこで、ヒートシンクの取り付けや筐体への接触など、基板以外への放熱対策に移ります。

　発熱量がさらに大きくなると、ノートパソコンやゲーム機のようにRHE（Remote Heat Exchanger：熱源から離れた熱交換器まで熱輸送して冷却する方法）を用いて冷却します。

8.1.2　高発熱デバイスは内部熱抵抗の低減が課題

　CPUやパワーデバイスなどの発熱が大きい部品は、冷却器への取り付けを前提として設計されます。この構造では、チップから冷却器までの熱抵抗を最小化することが熱対策の目標になります。

　図8.3は水冷パワーモジュールの熱対策事例です。一般的な間接水冷では、チップから冷却器までの熱抵抗 $R_{th(j-w)}$ の大半をグリースと絶縁基板が占めていることがわかります。そこでモジュールと放熱フィンを一体化してグリース層を削除し、絶縁基板を熱伝導率の大きな窒化ケイ素に置き換えることで熱抵抗を大幅に削減できます。

　半導体チップは小さいほど生産性が向上し、低コスト化できるので、小型化に向かう傾向にあります。しかし、これは伝熱面積を減少させ、内部熱抵抗の増大を招くことになります。SiC（シリコンカーバイド）を代表とする化合物半導体は高効率で高温動作が可能なことから期待が高まっていますが、小チップを用いるため低熱抵抗化対策が重要です。

　図8.4はチップサイズと熱抵抗との関係を示しています。表に示すような層

第 8 章　部品と基板の熱設計

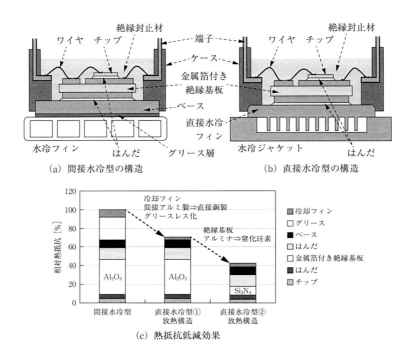

図 8.3　IGBT の熱対策例（水冷パワーモジュール）
(出典：安達新一郎「マイルドハイブリッド車用 IGBT モジュールの直接水冷技術」、熱設計・対策技術シンポジウム 2016 予稿集)
冷却フィンまでをモジュールと一体化することによりグリース層を削除し、さらに絶縁層の熱伝導率を上げることでトータル熱抵抗を半分以下に低減している

構成でチップサイズを小さくしていくと、急激に熱抵抗が増大することがわかります。
　チップの両面から冷却する方法（両面冷却）も実用化され、伝熱面積増大による低熱抵抗化を実現しています。

8.2 基板の熱設計に必要な2つのアプローチ①　～基板を俯瞰した熱設計～

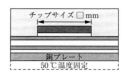

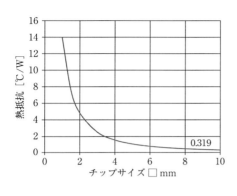

	層厚み [μm]	熱伝導率λ [W/(m・K)]
チップ	300	80
はんだ層	300	50
銅箔パターン	200	380
絶縁層アルミナ	400	20
銅箔パターン	200	380
はんだ層	300	50
銅プレート	3000	380

図8.4　チップサイズと熱抵抗の関係（例）
チップサイズが小さくなると底面積（伝熱面積）が減少し、急激に熱抵抗が
大きくなる（表の仕様で試算したもの）

8.2　基板の熱設計に必要な2つのアプローチ①　～基板を俯瞰した熱設計～

　CPUやパワーデバイスのように大きな発熱を伴う部品は、最初から要注意部品として慎重に放熱対策がなされます。しかし、それ以外の危ない部品は設計段階では漏れてしまって、試作段階で発覚することも珍しくありません。

　プリント基板の熱設計においては、2つの観点から放熱を考える必要があります。まず基板全体を俯瞰した熱対策です。部品どうしの熱干渉をさけるレイアウト、ホットスポットの冷却を促進する放熱パターンなどです。

　もう1つは個々の部品から見た熱対策です。部品は熱対策の側面から3つに分類できます。まず熱対策が必要な部品と不要な部品、熱対策が必要な部品はさらに冷却デバイスが必要な部品（CPUやパワー部品）と基板（配線）で冷やせる部品に分けられます。

8.2.1　平均熱流束を計算する

　基板の熱的な厳しさは「熱流束[W/m²]」で評価できます。例えば、100×80

第8章 部品と基板の熱設計

mm の大きさで総消費電力 5.3 W の基板 A と、70×40 mm の大きさで、総消費電力 2.4 W の基板 B はどちらが厳しいでしょうか？　漠然と考えてもわかりませんが、熱流束を計算すると一目瞭然です。

　　　基板 A の熱流束＝5.3/(0.1×0.08×2)＝331 W/m²

　　　基板 B の熱流束＝2.4/(0.07×0.04×2)＝429 W/m²

確実に基板 B の温度が高くなります。

　温度上昇＝熱流束÷熱伝達率なので、基板表面の熱伝達率（対流＋放射）を 10～15 W/(m²·K) とすると、基板 A は 22～33 ℃アップ、基板 B は 29～43 ℃アップといったところです。経験的には 300 W/m² 程度に抑えれば大きなトラブルには至りません。

　熱流束が大きいと、基板全体の温度が上昇します。ヒートシンクや筐体放熱を利用して表面積を増やすか、風速を与えて熱伝達率を上げるか、消費電力を低減するしか方法はありません。回路を基板に割り付ける際に熱流束を意識することが、回路屋さんの熱設計の第一歩といえます。

8.2.2　局所熱流束を計算する

　基板全体の平均熱流束が小さくても、熱流束に偏りがあると、局所的な高温領域が発生します。1 枚の基板に複数の回路ブロックを割り付ける際、ある回路部分だけに発熱が集中する場合があります。回路ブロックごとに消費電力を実装面積（両面）で割ってみると、偏りがみつかります。熱流束の大きい場所は、割り付け面積を増やして熱流束を下げることで、基板の均熱化を図ることができます。

　熱流束を均一にすることは「熱源の分散」に相当します。これは部品レイアウトで行う重要な熱設計作業になります。

8.2.3　「熱源集中」が不可避であれば「熱拡散」を図る

　極力、熱源は分散したいところですが、熱源を 1 箇所にまとめざるをえないことも多々あります。熱源が集中した場合、銅箔の熱伝導を利用して熱拡散を行います。銅の熱伝導率はガラエポ基材の 500～1000 倍も大きいので、厚い銅

8.2 基板の熱設計に必要な 2 つのアプローチ①　～基板を俯瞰した熱設計～

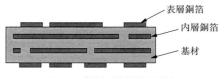

図 8.5　基板の等価熱伝導率

箔を広い範囲に残すことで、面全体に熱が拡散され、熱流束を低減できます。

基板のような複合材料の熱伝導率は、「等価熱伝導率」で表現できます（3.4.2 項）。プリント基板の等価熱伝導率は以下の式で計算できます（図 8.5）。

面方向の等価熱伝導率

$$= \frac{\Sigma(各層の面方向熱伝導率 \times 各層の厚み \times 各層の残存率)}{全体の厚み} \quad (8.1)$$

厚み方向の等価熱伝導率（サーマルビアなし）

$$= \frac{全体の厚み}{\Sigma(各層の厚み / 各層の厚み方向熱伝導率)} \quad (8.2)$$

厚み方向の等価熱伝導率（サーマルビアあり）

$$= \frac{全体の厚み}{\Sigma(各層の厚み / 各層の厚み方向の熱伝導率)}$$
$$+ \frac{\Sigma(ビア熱伝導率 \times ビアメッキ部断面積)}{ビアを設置した領域の面積} \quad (8.3)$$

式(8.1) からわかるように面方向の等価熱伝導率は、熱伝導率が大きい層の影響が大きく、銅箔の厚みや残存率が効きます。

一方、厚み方向の等価熱伝導率は、式(8.2) のとおり熱伝導率の小さい層が分母を大きくするので、熱伝導率が小さい層が支配的になります。

ガラス布基材エポキシ樹脂（FR-4）の基材は面方向と厚み方向で熱伝導率が異なるので、式(8.1) と式(8.2) で違う値を使います。図 8.6 に見るように、熱伝導率が大きいガラスクロス（熱伝導率≒1 W/(m·K)）が面方向にはつながっていますが、厚み方向にはつながっていないためです。面方向は銅箔がなくてもガラスクロスが熱を広げる役割をはたすので、等価熱伝導率は 0.6～0.8 W/(m·K) 程度、厚み方向はガラスクロスがつながっていないので、0.3～

第 8 章　部品と基板の熱設計

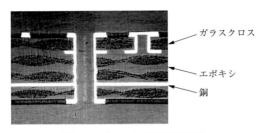

図 8.6　プリント基板の断面図
ガラスクロスが面方向に熱を拡散する

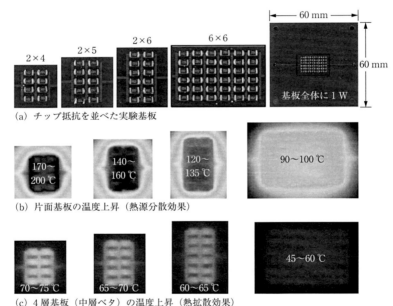

図 8.7　チップ抵抗の実装面積と温度上昇（提供：KOA 株式会社）

0.4 W/(m・K) 程度になります。

図 8.7 は 60 mm 角の片面基板（銅厚 35 μm）の中央に 2012 サイズのチップ抵抗を実装してサーモグラフィーで温度を測定したものです。全体の総消費電力は 1 W 固定とし、使用するチップの数を変えます。8 個（2 列×4 行）ではチップ抵抗実装面積が小さいので、熱流束が極端に大きくなり、チップ抵抗の温

度は 200 ℃に達します。しかし、チップ抵抗の個数を増やすと温度は徐々に低下し、36 個（6 列×6 行）では大幅に温度が下がります。これが熱源分散による効果です。

一方、4 層基板（内層ベタ）に実装すると銅箔の熱拡散効果によって熱は基板全体に広がり、集中発熱部もそれほど大きな温度上昇には至りません。これが銅箔の熱拡散による効果です。

8.2.4 高熱伝導基板は「熱流束」の管理が大切

このように基板の銅箔残存率（残銅率とも呼ばれる）が大きくなると、高発熱部品の熱は基板に広がり温度が下がります。その一方でコンデンサなどの低発熱部品は基板からの受熱で温度が上がります。基板の等価熱伝導率が大きくなることで部品どうしの熱結合が強くなるためです。

図 8.8 は 50 mm 角の基板に高発熱部品（0.8 W）と低発熱部品（0.05 W）を並べて実装した場合のシミュレーション例です。基板の等価熱伝導率を大きくしていくと、高温部品の温度は低下、低温部品の温度は上昇し、基板全体が一つの温度に収斂していきます（図 8.9）。

高熱伝導基板では、部品の温度が個々の部品の発熱量ではなく基板の熱流束

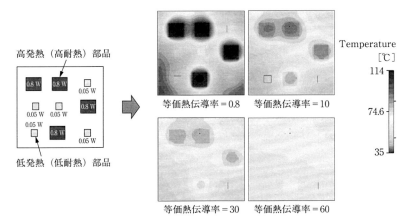

図 8.8 高発熱部品と低発熱部品を隣接配置した基板の温度分布
熱流体シミュレーションの結果

第 8 章　部品と基板の熱設計

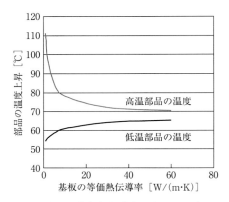

図 8.9　基板の等価熱伝導率と部品の温度上昇

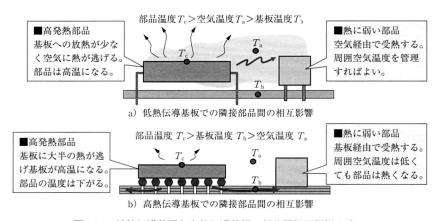

図 8.10　低熱伝導基板と高熱伝導基板の部品間相互影響の違い

で決まることがわかります。低熱伝導基板では部品の熱は空気を経由して相互に影響し合いますが、高熱伝導部品では基板を経由して影響を及ぼし合います（図 8.10）。

　高熱伝導基板を使用する場合には以下に注意してください。
① 「周囲空気温度」では適切な部品の温度管理はできない
　周囲空気の温度が低くても基板経由で隣接部品から受熱し、部品がダメージを受けます。部品表面や端子部などの固体温度で管理を行います。

8.3 基板の熱設計に必要な２つのアプローチ② 〜部品視点の熱設計〜

②受熱部品への直接熱対策が効かない場合がある

　高熱伝導基板では隣接部品との熱結合が強いため、低発熱部品にヒートシンクを設けると、隣接する高発熱部品からの受熱量が増えます。温度を下げたい部品にヒートシンクをつけるのではなく、基板に熱を放出している高発熱部品側にヒートシンクをつけた方が効果的な場合があります。

8.2.5　低熱伝導基板は部品レイアウト（風上・風下）が大切

　最近の機器では高熱伝導多層基板を使う一方で、コストを抑えるために片面や両面の低熱伝導基板も併用します。低熱伝導基板と高熱伝導基板とでは熱設計の考え方が異なるので注意してください。

　低熱伝導基板では部品の熱は基板に広がらず、直接表面から空気に逃げます。隣接部品間の熱の授受は空気経由になります。熱い部品を風上、熱に弱い部品を風下に置くと熱に弱い部品は高温になります。逆にするだけで温度は大幅に変わります。

　部品の許容温度が同じであれば、熱流束（消費電力÷部品表面積）の大きい部品を熱伝達率［W/(m²・K)］の大きい風上側に配置することで、温度を低く抑えることができます。部品の温度上昇＝熱流束÷熱伝達率なのでバランスがとれるのです。

　まとめると、低熱伝導基板では以下の２点に配慮します。

①熱に弱い部品は風上、熱に強い部品は風下に配置する

②熱流束の大きい部品は風上、熱流束の小さい部品は風下に配置する

8.3　基板の熱設計に必要な２つのアプローチ②　〜部品視点の熱設計〜

　このように、基板全体を俯瞰した熱設計は大枠を抑えるには有効ですが、これだけでは足りません。基板の熱流束が抑えられたとしても、熱流束の大きな実装部品があればその部品は熱問題を起こすからです。もう１つ重要な視点は部品一つ一つを見てその安全性を確認することです。

第 8 章　部品と基板の熱設計

8.3.1　目標熱抵抗と単体熱抵抗　〜自己冷却可能か不能か〜

　部品の発熱は内部で起こりますが、放熱は表面からしかできません。部品を小型化すると表面積が減少して急激に放熱能力が低下します。図 8.11 の「部品単体」は、一辺の長さが L（厚みが $L/10$）の均一発熱部品（0.5 W）を宙吊りにして発熱させ、一辺の長さ L を変えたときの温度上昇カーブ（計算値）です。小型化すると急激に温度が上昇するので、温度上昇を 30℃ 以下に抑えるには、一辺の長さが 20 mm 程度必要であることがわかります。

　しかし、現実には 10 mm 角以下の部品で 0.5 W 以上の電力を消費するものも使っています。このような部品が冷却できるのは、基板に熱が逃げるからです。

　図 8.11 の「基板実装」のカーブは、部品を 100×100 mm の 4 層基板に実装した条件で計算したものです。L<10 mm でも十分成立することがわかります。外形の小さい部品は自分の表面積だけでは自己発熱分を処理できません。基板に実装することで「基板の表面積を借りて」放熱能力を確保しているのです。

　小型化が進んだ最近の部品は、多くがこのような状態にあります。この状態を定量化するために、目標熱抵抗と単体熱抵抗という概念を導入します。

　4.2.2 項で説明したとおり、熱設計とは下式を成立させることに他なりません。

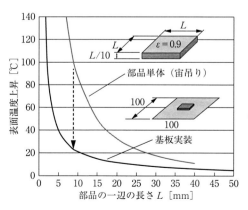

図 8.11　部品の大きさと温度上昇の関係

8.3 基板の熱設計に必要な2つのアプローチ② 〜部品視点の熱設計〜

$$\frac{T_c - T_a}{W} = \frac{1}{S \times h} \tag{8.4}$$

T_c：部品（表面）温度［℃］、T_a：部品周囲温度［℃］、W：部品発熱量［W］
S：放熱面積［m²］、h：熱伝達率［W/(m²·K)］

左辺は仕様で決められた設計目標となる熱抵抗なので「目標熱抵抗」と呼びます。右辺はそれを実現するための対策の熱抵抗です。熱設計の目標は、両辺を一致させることです。

電子部品は、それぞれ固有の表面積 S_p［m²］を持っているので、S を S_p とします。熱伝達率 h を冷却条件から求めると、右辺は部品が単体のときに持つ固有の熱抵抗となります。ここではこれを「単体熱抵抗」と呼びます。

左辺はその部品に要求されている冷却能力、右辺は部品自身が持っている実力と解釈できます。熱抵抗が小さい方が冷却能力は高いので、両者を比較して、

$$\frac{T_c - T_a}{W} > \frac{1}{S_p \times h} \tag{8.5}$$

となれば、要求能力を実力が上回るので、放っておいても（受熱さえしなけれ

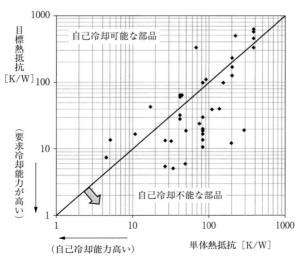

図 8.12　自己冷却可能な部品と不能な部品

第 8 章　部品と基板の熱設計

ば）問題ありません。しかし、

$$\frac{T_c - T_a}{W} < \frac{1}{S_p \times h} \tag{8.6}$$

となると身の丈以上の冷却能力を要求されていることになり、何らかの対策を施さなければいけません。この式によって、すべての使用部品を自己冷却能力のある部品とない部品に分けることができます。

　図8.12 はこの考え方をもとに縦軸に目標熱抵抗、横軸に単体熱抵抗をとって実装部品を 2 つに分類したものです。自己冷却可能な部品（線の上側）にはコンデンサやトランスといった表面積が大きく発熱の少ない部品が集まり、自己冷却不能な部品（線の下側）には CPU やパワーデバイス、チップ抵抗などさまざまな部品が集まります。

8.3.2 「基板で冷やせる部品」と「基板では冷やせない部品」

　自己冷却能力のない部品がすべて大がかりな熱対策を必要とするわけではありません。単体熱抵抗が大きく（自己冷却能力が低く）ても、目標熱抵抗がそれほど小さくなければ（要求が厳しくなければ）、基板に実装するだけで対策がすんでしまいます。基板には一定の冷却能力があるので、求められている冷却能力が高すぎなければ、基板実装で処理できます。そこで今度は自己冷却不能な部品を「基板で冷やせる部品」と「基板では冷やせない部品」とに分けます。

　図 8.13 は平板の中央に熱源を置いた場合の熱源の熱抵抗を Lee の式（式（10.1））を用いて計算したものです。図 8.13a は低熱伝導基板、図 8.13b は高熱伝導基板です。

　熱源が大きい（周長が長い）と基板への「間口」が広く熱拡散が容易になります。つまり、大きい部品は基板への熱抵抗が小さくなります。また、基板の等価熱伝導率が大きく、熱源の周囲に広い放熱エリアがあるほど熱抵抗は下がります。このグラフ上に部品の周長と目標熱抵抗をプロットしてみると、基板のみで冷却可能かどうか、おおよその見当を付けることができます。

　図 8.14 は、図 8.12 の部品をこのグラフにプロットしたものです。線群より上の部品は基板に実装するだけで十分な放熱能力を得られる部品です。また、線

210

8.3 基板の熱設計に必要な2つのアプローチ②　～部品視点の熱設計～

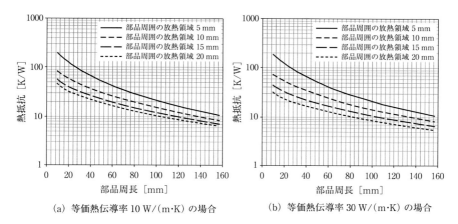

(a) 等価熱伝導率 10 W/(m·K) の場合　　(b) 等価熱伝導率 30 W/(m·K) の場合

※自然対流水平置き、基板両面を冷却、放射率 0.85、自然対流・放射の温度依存性を考慮して Lee の式で計算

図 8.13　基板に実装した部品が持つ熱抵抗

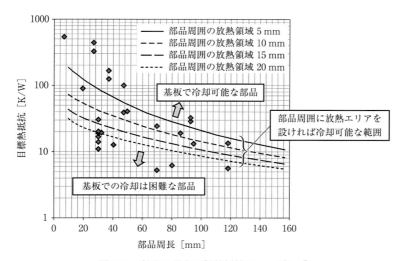

図 8.14　部品周長と目標熱抵抗のマッピング
基板等価熱伝導率 30 W/(m·k) のグラフを用いた

211

第8章 部品と基板の熱設計

群より下の部品はヒートシンクや筐体放熱など本格的な対策が必要な部品です。線群付近の部品は、周囲部品との間隔を空けて銅箔を残すなど、積極的な基板の熱対策によって冷却できる可能性を持った部品となります。

このように、目標熱抵抗と単体熱抵抗を軸として部品を仕分けることで、熱設計のターゲットとなる部品やその対策方法が明確になります。

8.4 高放熱基板

プリント基板は部品の冷却に欠かせない存在になっています。このため、さまざまな「高放熱基板」が登場しています。ここでは高放熱基板の試験規格とその事例について説明します。

8.4.1 基板の放熱能力の測定と評価（JPCA 規格）

JPCA（一般社団法人日本電子回路工業会）では、基板放熱性能の定量評価・分類を目的として下記の規格を制定し、プリント基板の放熱性能試験規格や放熱等級を定めました。
- 高輝度 LED 用電子回路基板（JPCA–TMC–LED01S–2010）
- 高輝度 LED 用電子回路基板試験方法（JPCA–TMC–LED02T–2010）
- 高輝度 LED 用電子回路基板放熱特性試験方法ガイドライン
  （JPCA–TMC–LED02TG–2015）
- 自動車電装用及びパワーデバイス用高放熱性電子回路基板及び試験方法
  （JPCA–TMC–HR01S–2017）

この規格は国際規格（IEC 規格）として登録されています。
- 高輝度 LED 用電子回路基板（IEC 62326–20）
- 高輝度 LED 用電子回路基板試験方法（IEC 61189–3–913）

高放熱基板には面方向に熱を広げやすい基板と厚み方向に熱を通しやすい基板の２種類があり、混同して使われています。この規格では２つの試験を行い、高放熱の位置づけを明確にします。

図 8.15a のような試験用の基板を準備し、中央に TEG（Test Element

212

8.4　高放熱基板

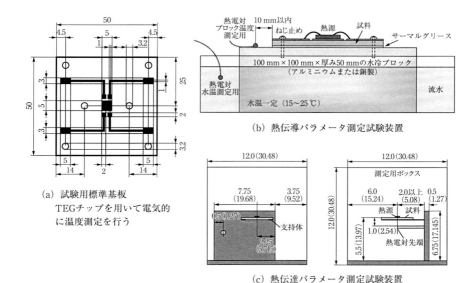

図 8.15　JPCA 規格（高輝度 LED 用電子回路基板試験方法）
（出典：JPCA 規格、JPCA-TMC-LED02T-2010）

Group）チップを実装します。TEG チップは測温抵抗体を内蔵しており、発熱と温度測定を同時に行うことができます。

　この試験基板を図 8.15b のようにサーマルグリースを塗布してアルミブロックにネジ止めします（図 8.16）。ブロックを流水に浸して水冷しながら TEG チップを発熱させて、チップ温度 T_c とブロック温度 T_b を測定します。温度差を発熱量 W で割って、基板の厚み方向の熱抵抗を求めます。

　　　厚み方向熱抵抗 $R_t = (T_c - T_b)/W$

次に、図 8.15c のような約 30 cm のチャンバー（米国 JEDEC 規格 JESD51-2 で定められている測定用チャンバー）に熱源が中央に位置するように水平に測定基板を固定し、熱源温度 T_c と周囲空気温度 T_a（熱源より 1 インチ下で側壁より 1 インチ内側の位置）を測定します。温度差を発熱量 W で割って、基板の面方向の熱抵抗を求めます。

　　　面方向熱抵抗 $R_p = (T_c - T_a)/W$

第8章　部品と基板の熱設計

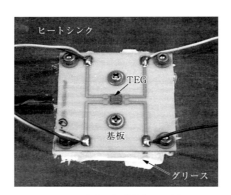

図 8.16　試験用標準基板の測定例
(出典：JPCA 規格、JPCA-TMC-LED02T-2010)

それぞれの熱抵抗から、熱伝導パラメータ、熱伝達パラメータを算出します。

　熱伝導パラメータ［W/(m・K)］
　　：計測した熱抵抗の逆数に板厚をかけ、チップ面積で除す

$$k_\mathrm{e} = \frac{t}{R_\mathrm{t} \times 2.5 \times 10^{-5}} \tag{8.7}$$

　熱伝達パラメータ［W/(m^2・K)］
　　：計測した熱抵抗の逆数を基板片面の表面積で除す

$$h_\mathrm{e} = \frac{1}{R_\mathrm{p} \times 0.0025} \tag{8.8}$$

これらを軸にしたグラフに測定値をプロットすると、基板の放熱性能の位置づけが明確になります。熱伝導パラメータは部品の熱を基板厚み方向に通過させる能力を表します。基板に実装した部品を裏面側に設けたヒートシンクで冷やすような構造では、CEM-3（ガラスコンポジット基板）やサーマルビアを設けた基板など「熱伝導パラメータの大きい基板」を選定します。一方、部品の熱を基板の面方向に拡散したい場合には熱伝達パラメータが大きい基板を使います。

　JPCA 規格では、熱伝導パラメータと熱伝達パラメータの範囲によって、放熱性の等級を定めています（図 8.17）。

8.4 高放熱基板

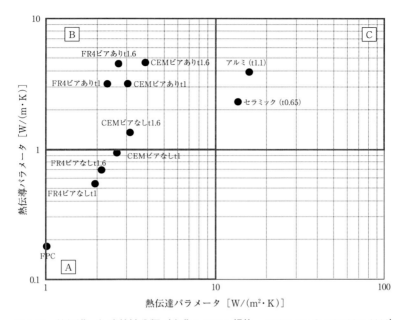

図 8.17　熱伝導・伝達特性分類（出典：JPCA 規格、JPCA-TMC-LED02T-2010）
A、B、C は放熱等級を表す

　本規格は基材の熱伝導性評価を目的としていますが、実基板ではサーマルビアによって熱伝導パラメータが、銅箔残存率によって熱伝達パラメータが増大します。

8.4.2　放熱能力の高い基板

　市販されている高放熱基板は、銅やアルミの金属材料を利用して放熱性を高めたものと、基材となる樹脂の熱伝導率を向上させたものに分けられます。前者の代表が銅インレイ基板（部品直下に銅を埋め込んだ基板）やメタルコア基板（金属芯を内包した基板）、メタルベース基板、厚銅多層基板などです（図8.18a〜c, e）。銅インレイは部品の熱を裏面側に伝え、ヒートシンクなどに接続することで大きな効果が得られます。メタルコアや厚銅多層基板は部品の熱を面方向に拡散し、基板全体の均熱化を図ることで高発熱部品のホットスポッ

第 8 章　部品と基板の熱設計

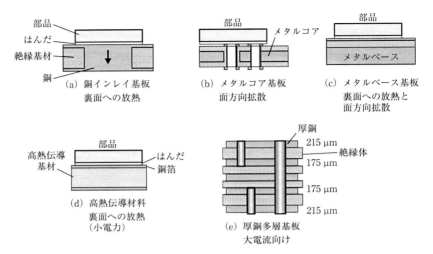

図 8.18　さまざまな高放熱基板

トを解消します。メタルベース基板は厚み方向、面方向、両方の放熱に利用できます。これら金属基板も絶縁層には樹脂が使われるため、樹脂層の熱伝導率が性能に大きく関わります。

　一方、樹脂の熱伝導率を高めた CEM-3 基板などが後者の代表です。高熱伝導といっても樹脂の熱伝導率は 1 桁なので小さく思えます。しかしもともと厚み方向の等価熱伝導率は基材の熱伝導率に支配されて小さいので、厚み方向の熱伝導率が 2 倍になれば表裏の温度差は半分になり、大きな効果を生みます。主に基板の厚み方向に熱を逃がすときに使用します（図 8.18d）。

8.5　筐体への放熱

　どんなに熱伝導率の高い基板を使用しても、たくさんの部品を高密度で実装すれば基板の温度は上昇します。熱伝導の効果は温度の均一化であり、平均温度を下げる効果はほとんどありません。

　図 8.19 は 50 mm 角の基板に 5 mm 角の熱源を搭載し、基板の熱伝導率を変えたときの温度変化をシミュレーションしたものです。単一熱源（1 個で 1 W）

8.5 筐体への放熱

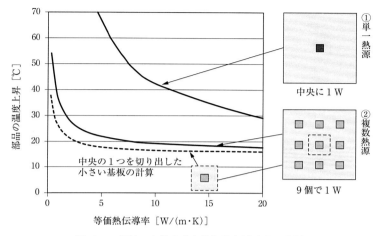

図 8.19　部品の実装密度と等価熱伝導率との関係
熱源が分散されると等価熱伝導率増大効果は薄れる

では等価熱伝導率を大きくすると温度は大幅に下がりますが、複数熱源（9個で1W）では熱伝導率を変えてもあまり変化しません。複数熱源では熱源が分散しているため、等価熱伝導率が小さくても基板の温度は一様になります。熱伝導率を増大させても均一化効果が出にくいのです。

これは複数熱源では1つの熱源が使える放熱エリアが狭くなってしまうことからも理解できます。9個の部品を配置したときには中央の部品は周囲を取り囲まれているため、自分の周りの狭い範囲にしか放熱できません。狭いのですぐに均一な温度になります。中央の部品の周囲を切り取った小さな基板でシミュレーションを行うと、複数熱源実装に近いカーブになります。（熱伝達率が大きくなるので温度はやや低めになります。）

このように密集実装では熱伝導率による熱拡散効果が少なくなります。

8.5.1　基板放熱限界を超えたら熱は筐体に逃がす

基板に熱が逃がせなくなったら筐体放熱を検討します。

部品にヒートシンクを付ける方法もありますが、換気の少ない機器で内部空気に放熱すると空気温度が上昇します。筐体に逃がすと、熱は直接外気に逃げ

217

第 8 章　部品と基板の熱設計

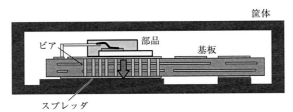
(a) 部品の基板を経由して筐体に逃がす

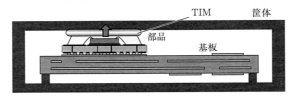
(b) 部品の熱を直接筐体に逃がす

図 8.20　部品の熱を筐体に逃がす方法

るので効果的です。

　部品の熱を筐体に伝えるには、2つの方法があります（図 8.20）。
1）基板を経由して裏面から筐体に接触させる方法
　この方法は、パワーデバイスなど広い面積で基板にはんだ付けできる部品に向いています。基板裏面側に熱を伝えなければならないので、サーマルビアを設けるなどの対策が必要です。この方式の欠点は対象部品の裏面側に部品を載せられなくなることです。
2）部品の上面を直接筐体に接触させる方法
　この方法では、部品に力が加わって接続部がダメージを受けることが懸念されます。部品と筐体のクリアランスは寸法ばらつきが大きくなるので、クリアランス最大時を想定して厚い TIM を使用します。またクリアランス最小時の圧縮荷重を抑えるために軟らかい TIM を使用します。つまり厚くて軟らかい TIM が必要になります。TIM の使用方法に関する詳細は第 9 章を参照下さい。

8.5.2　筐体放熱効果の計算（熱回路網法）

　図 8.20a のような放熱構造をとると放熱経路が直列熱抵抗で構成されるた

8.5 筐体への放熱

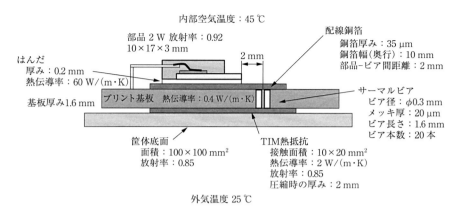

図 8.21　基板を経由した筐体放熱構造の例

め、たくさんの設計パラメータが出てきます。サーマルビアの本数や直径、設置場所、サーマルパッドの大きさ、TIM の接触熱抵抗などがすべて部品の温度に影響します。その影響を把握して最もコストの安いパラメータの組み合わせを求めるのは容易ではありません。

このような検討には熱回路網法（4.1.4 項）を使ったパラメータスタディが便利です。

例えば、図 8.21 に示すプリント基板の放熱経路について考えてみましょう。部品の熱は、はんだを経由して銅箔に逃げ、銅箔からサーマルビアを経由して基板裏面に伝わり、接触部を介して筐体裏面から放熱します。

熱回路モデルは図 8.22 のようになります。熱源（節点 1）は部品表面温度を代表します。部品の熱は、はんだを介して部品直下の銅箔（節点 2）に伝わり、そこから表層の銅箔を伝わってサーマルビア上面（節点 3）に逃げる熱とガラエポ基材の熱伝導で基板裏面の銅箔（節点 4）に逃げる熱に分かれます。

サーマルビアに伝わった熱は基板裏面の銅箔（節点 4）に逃げ、ガラエポを伝わってきた熱と合流します。裏面の銅箔から TIM を介して筐体底面（節点 5）に伝わり、底面から外気（節点 6）に伝わります。部品表面からは内部空気（節点 7）にも放熱されます。

各部の熱コンダクタンスは次のように計算できます。

219

第 8 章　部品と基板の熱設計

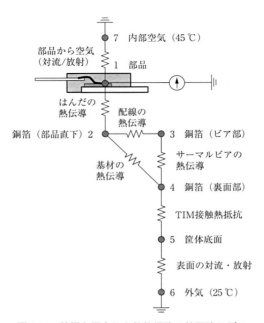

図 8.22　基板を経由した放熱経路の熱回路モデル

■節点 1-節点 2：はんだ部の熱伝導コンダクタンス
　　＝はんだ断面積（部品底面積）×はんだの熱伝導率/はんだの厚み
　　＝0.01×0.017×60/0.0002＝51 W/K
■節点 2-節点 3：配線の熱伝導コンダクタンス
　　＝銅箔の断面積×銅の熱伝導率/部品からビアまでの配線の長さ
　　＝0.01×0.000035×380/0.002＝0.0665 W/K
■節点 2-節点 4：基材の熱伝導コンダクタンス
　　＝銅箔の断面積（ここでは部品底面積）×基材熱伝導率（厚み方向）/基板の厚み
　　＝0.01×0.017×0.4/0.0016＝0.0425 W/K
■節点 3-節点 4：サーマルビアの熱伝導コンダクタンス
　　＝ビアメッキの断面積×ビア本数×銅の熱伝導率/基板の厚み
　　＝0.0003×π×0.00002×20×380/0.0016＝0.0895 W/K

8.5　筐体への放熱

■節点4–節点5：銅箔と筐体の接触熱抵抗（TIM）

　超低硬度シートを使うと界面抵抗は小さいため、TIM の熱伝導抵抗だけを考慮します。TIM の熱コンダクタンス

　　＝TIM の断面積×TIM の熱伝導率/TIM の厚み（圧縮時の厚み）

　　＝0.01×0.02×2/0.002＝0.2 W/K

■節点1–節点7：部品表面の対流＋放射熱コンダクタンス

　　＝部品の表面積×（対流熱伝達率＋放射熱伝達率）

　　＝部品表面積×{2.51×0.56×[（節点1温度－節点7温度）/代表長さ]$^{0.25}$

　　　＋5.67×10^{-8}×0.92×（節点1絶対温度^2＋節点7絶対温度^2）

　　　×（節点1絶対温度＋節点7絶対温度）}

■節点5–節点6：筐体底面の対流＋放射熱コンダクタンス

　　＝筐体の底面積×（対流熱伝達率＋放射熱伝達率）

節点数	要素数	発熱節点数	温度固定節点数	計算反復回数
7	7	1	2	10

計算実行

節点1	節点2	熱コンダクタンス	発熱点番号	発熱量	固定点番号	固定温度
1	2	51	1	2	6	25
1	7	0.006138662	部品表面放熱		7	45
2	3	0.0665	配線熱伝導			
2	4	0.0425	基板熱伝導			
3	4	0.089535391	サーマルビア			
4	5	0.2	接触熱抵抗			
5	6	0.082941376	筐体底面放熱			

ビア本数	20	本
部品とビアの距離	0.002	m

節点番号	温度
1	77.97901917
2	77.94377136
3	65.15638733
4	55.6588974
5	46.67155457
6	25
7	45

図 8.23　熱回路網計算結果

〈使い方〉節点1、節点2の列に熱コンダクタンスで連結される2つの節点番号を入力し、熱コンダクタンス列に熱コンダクタンスの値を入力します。発熱節点番号列に発熱する節点の番号、発熱量列にその発熱量、固定点番号列に温度固定される節点の番号、固定温度列にその温度を入力し、計算実行ボタンを押すと節点番号とその温度が表示されます。

第 8 章　部品と基板の熱設計

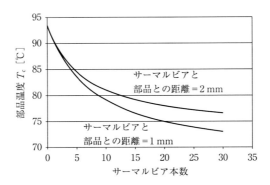

図 8.24　サーマルビアの本数と熱源温度との関係

＝筐体の底面積×{2.51×0.27×[(節点 5 温度−節点 6 温度)/代表長さ]$^{0.25}$
　＋5.67×10−8×0.85×(節点 5 絶対温度^2＋節点 6 絶対温度^2)
　×(節点 5 絶対温度＋節点 6 絶対温度)}

■境界条件：節点 1 の発熱量＝2 W、節点 6(外気温度)＝25 ℃、節点 7(内部空気温度)＝45 ℃。

　以上のデータを Excel 計算シートにあるサーマルビアシートに入力して計算した結果が図 8.23 です。図 8.24 はサーマルビア本数と部品の温度との関係を示したものです。部品とサーマルビアとの間の距離をパラメータとしています。サーマルビアの本数を増やすと部品温度は下がりますが、サーマルビアと部品との距離が近いほど本数を増やしたときの効果が大きいことがわかります。熱回路網法の詳細については参考文献 5 を参照下さい。

8.6　配線パターンやケーブルのジュール発熱

　基板は放熱板として大きな役割を果たすことを説明してきましたが、基板はそれ自体が発熱体でもあります。特にパワーエレクトロニクス機器では、従来は銅のバスバー（busbar）を用いて大電流を流してきましたが、最近では樹脂基板に大きな電流を流すようになってきました。パワーモジュールの端子近くなどでは、部品の発熱と配線の発熱の相乗効果によって局所的な高温部が発生

8.6 配線パターンやケーブルのジュール発熱

するので要注意です。

8.6.1 ジュール発熱による温度上昇の予測

まずジュール発熱による配線の温度上昇を計算してみましょう。

ジュール発熱量 W は電流 I と配線の電気抵抗 R から次式で求められます。

$$W = I^2 R \tag{8.9}$$

電気抵抗 R は導体の厚み a [m]、幅 b [m]、長さ L [m] および抵抗率 ρ から下式で計算します。

$$R = \rho \frac{L}{ab} \tag{8.10}$$

抵抗率 ρ は温度によって変化し、その変化率は温度係数 K（**表8.1**）で表されます。温度係数を考慮すると、発熱量は以下の式で表されます。

$$W = I^2 R [1 + K(T_p - T_{amb})] \tag{8.11}$$

T_p は配線温度、T_{amb} は基準温度です。

放熱量は自然空冷であれば、3.5.2 項の自然対流（式(3.32)）および 3.6.2 項の放射（式(3.41)）の式を用いて、

$$W = 2.51 \times 0.56 \left(\frac{\Delta T}{b} \right)^{0.25} \times 表面積 \times \Delta T$$

$$+ 5.67 \times 10^{-8} \times 表面積 \times 放射率 \times (T_p^2 + T_a^2)(T_p + T_a) \times \Delta T \tag{8.12}$$

b：配線幅 [m]、ΔT：配線の温度上昇、T_p：配線温度、T_a：周囲温度

定常状態であれば、発熱量＝放熱量が成り立つので、式(8.11) と式(8.12) の W を等しいとして、未知数 ΔT を求めることができます。この計算は反復が必要なので Excel を用いて計算します（Excel 計算シートにあります）。

表8.1　銅とアルミの抵抗率・温度係数

項目	単位	銅の値	アルミの値
導電率 σ	[1/mΩ]	5.96×10^7	3.54×10^7
抵抗率 ρ	[mΩ]	1.68×10^{-8}	2.82×10^{-8}
温度係数 K	—	4.33×10^{-3}	4.2×10^{-3}

223

第 8 章　部品と基板の熱設計

	温度上昇			
電流 [A]	5	10	20	30
実測温度 [℃]	1.7	6.2	22.4	51.1
計算温度 [℃]	1.9	6.5	22.4	46.9

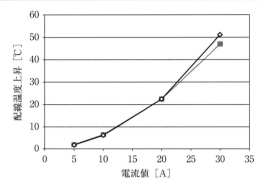

図 8.25　ジュール発熱計算と測定値の比較
銅厚 105 μm、配線幅 10 mm、長さ 200 mm、片面基板

図 8.25 は銅厚 105 μm、パターン幅 10 mm、パターン長 200 mm の配線に 5 〜 30 A の電流を流したときの温度上昇（計算値と測定値）です。計算と実測値はよく一致しています。

8.6.2　表皮効果

直流電流を印加した際の温度上昇は比較的よい精度で予測できますが、周波数の大きな交流電流では電磁的な効果により、表面近くの電流密度が高くなる現象が起こります。これを「表皮効果」と呼びます。電流は表面近くを流れ、中心に近い深い部分は流れにくくなります。このため、見かけ上電気抵抗が大きくなったのと同じ効果が起こり、発熱が増えます。

電流が表面電流の $1/e$（約 0.37）になる深さを表皮深さ δ と呼び、以下の式で計算できます。

$$\delta = \sqrt{\frac{2\rho}{\omega\mu}} \tag{8.13}$$

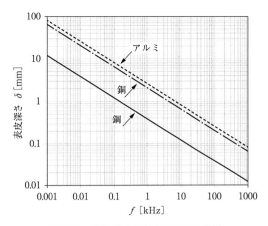

図 8.26 周波数 f と表皮深さ δ の関係

ρ：導体の電気抵抗率、ω：電流の角周波数（2π×周波数）
μ：導体の絶対透磁率

銅、アルミ、鋼の表皮深さの計算値を図 8.26 に示します。導体断面積が表皮深さ部分の面積まで減少したと考えて発熱量を求めれば、近似計算ができます。

表皮効果を抑えるにはリッツ線（細い線を複数本撚り合せた線）を使います。

8.7 通風を考慮した基板のレイアウトを行う

個々の基板の熱設計が良好であっても、装置への実装方法が適切でないと予想外に温度が上がります。基板相互の影響や空気の流れやすさを配慮しなければなりません。

8.7.1 基板を水平に重ねて置かないようにする

自然空冷通風型機器に実装された基板では、基板周囲の空気がよどみなく流動するよう吸排気口に高低差を設けて浮力を発生させます。基板を水平に重ねて複数枚実装すると吸排気部に高低差がないため高温になりますが、傾斜させると高低差が生まれます。

第 8 章　部品と基板の熱設計

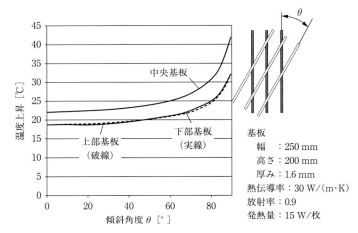

図 8.27　平行に実装した 3 枚の基板の角度と温度の関係

　図 8.27 は垂直に 3 枚並べた基板を徐々に傾けて水平にした場合の温度変化をシミュレーションしたものです。垂直から 45°くらいまで傾けてもほとんど温度は変化しませんが、70～80°を超えたあたりから急激に温度が上がります。基板を水平に重ねて実装する場合には少し（10°以上）角度を設けて吸排気口に高低差を与えると温度が下がります。

8.7.2　複数の基板を垂直に配列する際には最適ピッチで配置する

　複数枚の基板を垂直に実装して自然空冷で冷却する場合（図 8.28）、基板間の実装ピッチによって著しく温度が変化します（図 8.29）。図 8.28 のように規則正しく配置された基板の温度上昇は、式(8.14)で予測できます。上段は、平板の片面のみ放熱する場合の式で、q は基板の発熱量を片面の表面積で割って求めます。下段は、平板両面から均等に放熱する場合の式で、q は基板の発熱量を両面の表面積で割って求めます。

8.7 通風を考慮した基板のレイアウトを行う

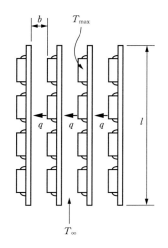

図 8.28 自然空冷平行平板の
計算モデル

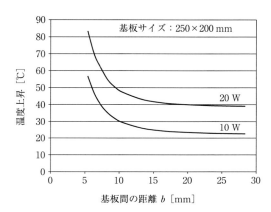

図 8.29 基板間の距離 b と温度上昇の例

$$T_{\max} - T_\infty = \begin{cases} \dfrac{q \cdot b}{\lambda}\left(\dfrac{24}{\mathrm{Ra}''} + \dfrac{2.51}{\mathrm{Ra}''^{0.4}}\right)^{0.5} & \text{(片面放熱)} \\ \dfrac{q \cdot b}{\lambda}\left(\dfrac{48}{\mathrm{Ra}''} + \dfrac{2.51}{\mathrm{Ra}''^{0.4}}\right)^{0.5} & \text{(両面放熱)} \end{cases} \quad (8.14)$$

Ra″：修正チャネル・レイリー数 $= \beta g C_\mathrm{p} \rho q b^5 / \nu \lambda^2 l$

q：熱流束[W/m²]、b：平板間の距離[m]、λ：空気の熱伝導率 [W/(m·K)]

β：空気の体膨張係数 [1/K]、g：重力加速度 [m/s²]

C_p：空気の定圧比熱 [J/(kg·K)]、ρ：空気の密度 [kg/m³]

ν：空気の動粘性係数 [m²/s]、l：平板の高さ [m]

この式を使って計算すると、図 8.29 のように実装間隙（純粋な流路隙間の幅）が 10 mm を下回ると急激に温度が上昇することがわかります。これは隣接する基板の温度境界層が相互に干渉し、熱伝達率が急激に低下することが原因です。

単位体積あたりの消費電力を最大にすることができる最適基板間距離は、温度境界層が干渉しない範囲での最小間隙で、以下の式で推定できます。

第8章　部品と基板の熱設計

$$b_{\mathrm{opt}}(最適基板間距離) = 6.85 \left(\frac{L}{\Delta T}\right)^{0.25} \tag{8.15}$$

L：基板の高さ［mm］、ΔT：最大許容温度上昇値［℃］

8.7.3　高発熱基板どうしはできるだけ隣接させない

　複数の基板を並べて実装する機器では、基板相互の影響を避けるために下記の点に注意して下さい。
①発熱の大きい基板どうしを隣接して置かない
②発熱の大きい基板はできるだけ端に置く
③発熱の大きい基板を並べて配置する場合には配列間隔を大きくとる

8.7.4　基板を上下に配置する場合には遮蔽板を設ける

　基板やユニットを上下に積み上げて実装すると、下の基板の熱が上の基板に影響を及ぼすため上部ほど高温になります。こうした相互影響を防ぐにはユニット間に傾斜型遮蔽板を設けます。遮蔽板によって下から上への影響をなくし、最高温度上昇を半分以下におさえることができます。

　傾斜型の遮蔽板では取り付け角度を 20°～35° にすると温度を上昇させずにスペースも小さくできます。

8.7.5　強制空冷ではバイパスをカットする

　自然空冷では発熱量の大きい基板の配列間隔（実装ピッチ）を大きくとることで温度を下げられましたが、強制空冷ではあまり温度は下がりません。流路断面積が増えて風量は増加しますが、風速があまり変わらないからです。強制空冷では、部分的に間隔を広げると、その部分の風量が増える分、周囲の風量が減り、温度が不均一になります。強制空冷では通風抵抗のアンバランスは避けなければなりません（図 8.30）。

　この現象は、サーバーなど少ないファンで多くの基板やモジュールを冷却する場合にも、配慮しなければなりません。図 8.31 は実装するモジュールの組み合わせが変わる例です。製品によって一部のモジュールが実装されない場合、

228

8.7 通風を考慮した基板のレイアウトを行う

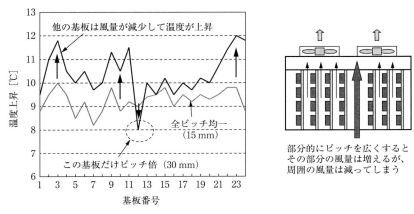

図 8.30 強制空冷シェルフで部分的に実装ピッチを変えた場合

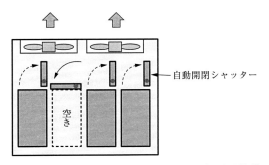

図 8.31 自動開閉シャッターによるバイパス防止機構

空スロットができて大量の空気がそのスロットをバイパスします。このため他のスロットの風量が減り、モジュールが高温になります。モジュールがない場合にはスロットに設けられたシャッターが閉まるような機構を設けることで、バイパスを防止できます（図 8.31）。

第 9 章　放熱材料の使い方
～放熱経路構築の具を利用せよ～

　電子機器にはさまざまな冷却デバイスや放熱材料が使われています。これらはその働きから下記のように分けられます。

(1) 熱伝導の促進（本章で解説します）
- TIM（接触面の伝熱促進）：グリース、熱伝導シートなど
- ヒートスプレッダ（面方向への熱拡散）：グラファイトシートなど

(2) 冷媒による熱輸送（第7章、第11章）
- 空気による熱輸送：換気ファン（換気扇）
- 流体による熱輸送：液冷（ポンプ）、ヒートパイプ

(3) 伝熱面積拡大：ヒートシンク（第10章）

(4) 熱伝達促進：局所冷却ファン（扇風機）（第7章）

(5) 冷凍：ペルチェ素子（TEC）、冷凍機（第11章）

(6) 蓄熱：相変化材料（PCM）（本章）

(7) 断熱：断熱素材、真空断熱（本章）

ここでは、主に熱伝導促進材料についてその使い方や注意点について解説します。

9.1　TIM（Thermal Interface Material）

　熱源から放熱部への熱移動経路には接触面が存在します。例えばデバイスとヒートシンクの間や基板と筐体の間などです。接触面を熱が通過すると接触熱抵抗によって温度差を生じますが、この温度差を低減する材料を TIM（ティムまたはティーアイエム）と呼びます。

　表9.1 に示すように TIM にはたくさんの種類があり、それぞれの特徴を知った上で選定する必要があります。

9.1 TIM（Thermal Interface Material）

表9.1 主なTIM

Thermal Interface Materials	接触熱抵抗 [K·cm²/W]	特徴	イメージ
サーマルグリース	0.2〜1	最も歴史のあるTIM 均一に塗布するには治具が必要 ポンプアウト/オイルブリード等に注意が必要	
熱伝導シート	1〜3	絶縁性がある。取扱いが容易 高硬度と低硬度品がある 高硬度品は数100 kPaの圧力が必要	
PCM（相変化材料）	0.3〜0.7	融点50〜80℃のワックス あらかじめデバイスやヒートシンクに塗布できるがリワークは困難	
ゲル	0.4〜0.8	ギャップフィラーとも呼ばれる グリースに似ているがキュア（硬化）できる	
高熱伝導接着剤	0.15〜1	強度信頼性に優れる リワークは困難	
サーマルテープ	1〜4	熱伝導性の両面接着テープ ヒートシンク接着などに使われる	

9.1.1 サーマルグリースの種類と選定法

　最も歴史があるTIMがサーマルグリース（コンパウンドとも呼ばれる）です。液状で、接触面に塗布して使用します。シリコーン、アクリル、ポリオレフィンなどの基油（バインダー）にセラミックや金属の粒子を充填して熱伝導率を高めたものです。液状のため非常に薄くできることと、界面の熱抵抗がほ

第9章 放熱材料の使い方

とんどないことから、接触熱抵抗を大幅に低減することができます。

選定や使用にあたっては下記の点に注意して下さい。

1) オイルブリードやポンプアウトに注意

サーマルグリースは液状のため、基油の漏れ（オイルブリード）やポンプアウトなどの不具合が発生することがあり、事前確認が必要です。オイルブリードは、すりガラスや薬包紙に少量のグリースを塗って油の広がりを観測することで比較ができます（図9.1）。ポンプアウトは、高温・低温で熱膨張や収縮が繰り返されてグリースが徐々に押し出されたり、空気を巻き込んでボイドを発生したりする現象です（図9.2）。温度サイクル負荷によるオイルブリード試験が必要です。

オイルブリードの
少ないグリース

オイルブリードの
多いグリース

図9.1　オイルブリード試験（出典：信越化学工業株式会社　製品カタログ）

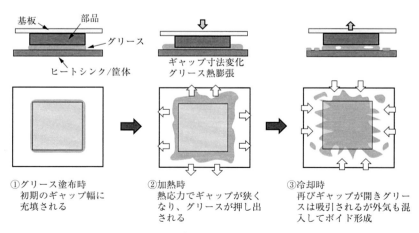

① グリース塗布時
　初期のギャップ幅に
　充填される

② 加熱時
　熱応力でギャップが狭く
　なり、グリースが押し出
　される

③ 冷却時
　再びギャップが開きグリー
　スは吸引されるが外気も混
　入してボイド形成

図9.2　ポンプアウト発生のメカニズム

9.1 TIM（Thermal Interface Material）

表9.2 サーマルグリースの性能例（出典：信越化学工業株式会社 製品カタログ）

項　目	G–775	G–776
外観	白色	白色
粘度（25℃）［Pa·s］	500	60
比重（25℃）	3.4	2.9
熱伝導率［W/(m·K)］ （ホットデスク法）	3.6	1.3
熱抵抗（BLT）［mm²·K/W］	25（75 μm）	7.4（7.8 μm）
絶縁破壊の強さ（0.25 mm）［kV］	2.5	2.9
揮発分（150℃×24 h）［%］	0.26	3.10
使用温度範囲［℃］	−40〜+150	−40〜+200

2) 熱伝導率だけで接触熱抵抗は決まらない

　熱伝導率だけをみてサーマルグリースを選ぶと期待どおり温度が下がらないことがあります。表9.2に例示したメーカカタログをみると、熱伝導率が1.3 W/(m·K) の製品の熱抵抗が7.4 mm²·K/W で、熱伝導率3.6 W/(m·K) の製品の熱抵抗が25 mm²·K/W となっており、熱伝導率が高い方の熱抵抗が大きくなっています。

　これは、熱伝導率の大きなグリースは一般に粒径の大きなセラミックを高充填しており、粘度が上がるとともに、最小厚み（BLT：Bonding Line Thickness）が厚くなるためです。ねじ止めにより大きな圧力が加わるような場合には、粘度、BLT が小さいものを選定するといいでしょう。逆に、接触部分にクリアランスがあるような場合には、粘度、熱伝導率ともに大きなグリースが適しています。

3) 漏れ防止や熱応力にも配慮する

　隙間に充填して使用するケースでは、メッシュ状の細かい溝や流れ止めを設けてグリースの位置保持性を高め、「漏れ出し」や「たれ」を防ぎます（図9.3）。流動防止のために、固化するタイプのゲルやグリースが使用されることもあります。ただし、固化すると熱膨張や熱変形が起こり、はんだクラックを発生するような事例もあるので注意してください（図9.4）。

第 9 章　放熱材料の使い方

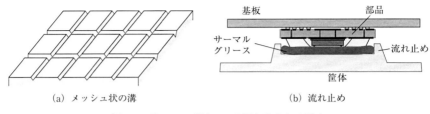

(a) メッシュ状の溝　　　　　(b) 流れ止め

図 9.3　サーマルグリースの漏れやたれの防止

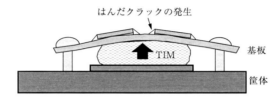

図 9.4　TIM の熱変形によるはんだクラックの発生

4) 塗布量を管理する

　サーマルグリースの塗布量がばらつくと接触熱抵抗にもばらつきが出るので、組み立て時には塗布量が一定になるよう、ステンシルマスクやディスペンサーを用いて管理します。塗布面積とグリース塗布厚み（50～100 μm）を掛けあわせて塗布量を算出します。

5) グリース接触面の面圧を均等になるようにする

　グリース塗布面積の大きい部品で周囲数箇所のみねじ止めすると、ねじ部周辺の圧力だけが高くなり、ねじから離れた場所の面圧が下がる場合があります。面にわずかな変形を持たせて圧力が均等に加わるようにすると、接触熱抵抗を均一にできます。

6) 製造性など多方面からの評価視点が必要

　電気絶縁を確保したい場合には空間距離をとります。絶縁破壊強度（kV/mm）が提示されているので必要な距離を算出します。

　使用温度範囲、ディスペンサーでの供給しやすさ（粘度）や作業性、さらにチクソ性（流動時に低粘度、静止時に高粘度になる特性）なども選定においては重要な項目になります。シリコーングリースは揮発性の低分子シロキサンの

9.1 TIM (Thermal Interface Material)

発生が懸念されていますが、最近では熱処理によって低減されており、ほとんど問題になりません。

9.1.2　熱伝導シートの種類と選定法

　熱伝導シート（放熱パッドやスペーサーなどさまざまな呼び方があります）は樹脂（ベースポリマー）にセラミックや金属、炭素繊維などのフィラーを配合して熱伝導率を高めたものです。グリースのように組み立て時に塗布する必要がないこと、絶縁性を確保できることなどから、その利用が拡大しています。

　熱伝導シートは、その硬さによって低硬度品と高硬度品に分けられます。また樹脂の種類によってシリコーン、アクリル、ポリオレフィン系などに分類できます。

　熱伝導シートを挟んだときのトータル熱抵抗は、図 9.5 に示すように 2 つの接触熱抵抗と熱伝導シートの熱伝導抵抗の合成になります。真ん中のシートの熱伝導抵抗はシートの厚みに比例し、シートの熱伝導率・断面積に反比例します。一方、両側の接触熱抵抗は硬さに比例し接触圧力に反比例します。シートは固体のためサーマルグリースと比べると、接触界面の熱抵抗が大きくなります。また、厚みがあり熱伝導抵抗が大きくなるので、トータル熱抵抗は大きくなります。低硬度シートは軟らかいため界面の接触熱抵抗は小さくなります

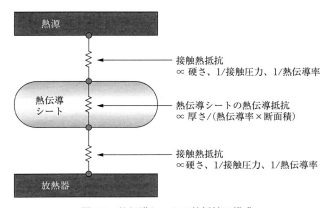

図 9.5　熱伝導シートの熱抵抗の構成

第 9 章　放熱材料の使い方

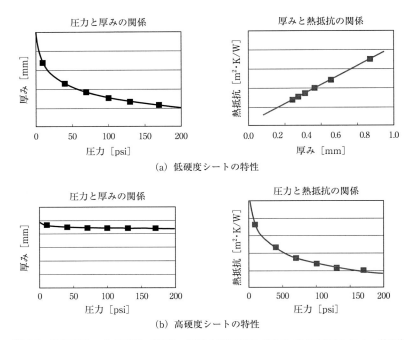

図 9.6　熱伝導シートの特性（出典：信越化学工業株式会社　放熱材料セミナー資料）

が、厚みがあるため（0.5〜5 mm）、熱伝導抵抗は大きくなります。一方、高硬度シートは硬いために接触熱抵抗が大きくなりますが、薄いので（0.2〜0.8 mm）熱伝導抵抗は小さくなります。

　低硬度シートと高硬度シートの代表特性を図 9.6 に示します。低硬度シートは軟らかいので荷重を加えると薄くなり、熱抵抗は下がります（図 9.6a）。高硬度シートは荷重を加えても薄くなりませんが、界面の接触熱抵抗が下がるため、トータル熱抵抗は下がります。どちらも同じ振る舞いをしますが、その理由は異なります。

　こうした特徴を踏まえ、選定や使用にあたっては下記の点に注意して下さい。

1) 低硬度品、高硬度品は使用条件を考慮して使い分ける

　熱伝導シートの使い方は、図 9.7a のように熱源とヒートシンクなどの間に挟んでねじ固定するケースと、図 9.7b のように熱源と筐体等の構造部品の間

9.1 TIM（Thermal Interface Material）

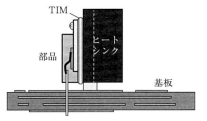
(a) TIMを挟んでねじ止めする方法

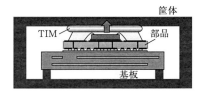
(b) TIMを隙間に挿しこむ方法

図 9.7　熱伝導シートの使い方

に挿み込んで使用するケースに分けられます。前者は高い面圧が加えられるので界面の接触熱抵抗は下がります。薄くて高熱伝導率の高硬度シートを使うと効果を発揮します。一方、後者は部品に大きな荷重を加えることはできないので、軟らかいシートを使います。ギャップ寸法のばらつきが大きいため、最大ギャップのときにも TIM が接触すること、最小ギャップでも荷重がかからないことを考慮して、「厚くて軟らかいシート」を使用します。

2) オイルブリードの確認

サーマルグリースと同様に熱伝導シートにもオイルブリードが発生します。図 9.8 のように、すりガラスに挟んで熱負荷を加えることでオイルブリードの量を把握することができます。

シート	オイルブリードが少ないシート	オイルブリードが多いシート
外観		
ブリード幅 [mm]	0	3.5

(a) オイルブリードの少ないもの　(b) オイルブリードの多いもの

図 9.8　オイルブリード試験（出典：信越化学工業株式会社 製品カタログ）
①1.5 mm 厚のシートを Φ0.5 inch にカットし、すりガラスとポリイミドフィルムで挟む
②圧縮治具とスペーサーを用いて、シートサンプルを約 50 %圧縮状態にする
③150 ℃のオーブンに投入し、90 時間エージング後に取り出す
④常温に戻ったらシートを解放し、すりガラス上のオイルブリード幅を測定する

237

第9章　放熱材料の使い方

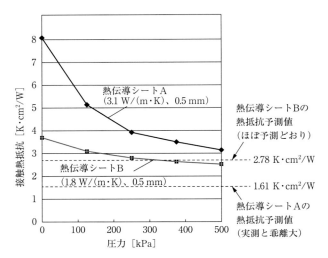

図9.9　熱伝導シートの性能も熱伝導率だけでは決まらない

3) 熱伝導率だけで接触熱抵抗は決まらない

熱伝導シートも熱伝導率だけをみてしまうと判断を誤ることがあります。

図9.9は厚みが同じで熱伝導率の異なる2つのシート（A、B）の接触熱抵抗を測定したものです。測定結果は熱伝導率の大きいシートの熱抵抗が大きく（性能が悪く）なっています。これは硬度の違いによるものです。シートAはASKER C(高分子計器株式会社のゴム硬度計C型で測定した硬度で0～100のレンジで硬さを示す)で90と硬く、シートBはASKER Cで10（人の皮膚程度）と軟らかいシートです。

500 kPa(5.1 kgf/cm^2)以下の接触圧力の小さい領域で使用すると、硬いシートでは界面の接触熱抵抗が大きく、熱伝導率がよくてもトータル熱抵抗は大きくなります。サーマルグリースとの併用で接触熱抵抗を下げることも可能ですが、シートとグリースの相性によっては不具合を生じる場合があるのでメーカに相談したほうがいいでしょう。

4) 低硬度シートはあまり潰しすぎない

高硬度シートは接触圧力を高くする必要がありますが、低硬度シートは接触圧力が高くなるとつぶれすぎて亀裂が入るなどの不具合を生じる可能性があり

9.1　TIM（Thermal Interface Material）

ます。一般には 30 %、最大でも 40 % 程度の圧縮量で使用するとダメージなく使用できます。接触圧が高いときには高硬度シートが適しています。

5）ノイズ（誘電率）

　TIM は回路に電気的な影響を及ぼすことがあります。IC とヒートシンクの間に挿入された TIM によって静電結合されて放射ノイズが出るケースや、TIM によって高速伝送線路の信号が崩れるケースなどの事例があります。誘電率の小さい TIM の使用により影響を抑えることができます。

6）その他

　TIM の選定においては、耐熱温度、難燃性、絶縁破壊電圧、金属腐食性の有無などの適合性確認も必要です。また低硬度シートは自動組み立てが難しいなどの問題もあり、大量生産では製造技術評価が重要です。

7）熱流体シミュレーションでの TIM モデル

　熱伝導シートを熱流体シミュレーションでモデル化する際に、熱伝導率と初期厚みからソリッド形状を作ってしまうと、接触熱抵抗が考慮されないモデルになり、熱抵抗を小さく見積もることになります。これに対処する方法は 2 つあります。

　1 つめは接触熱抵抗を推定する方法です。メーカから、厚みと接触熱抵抗の関係を示すデータを入手し、グラフ化して厚み 0 mm の時の切片を求めます（図 9.10）。この値がシート厚み 0 でも残る熱抵抗、つまり接触熱抵抗です。これは TIM 両面の接触熱抵抗なので 1/2 の値を片面の接触熱抵抗として TIM モデルに与えます。

　2 つめの方法は、同じデータを使用して等価熱伝導率を求める方法です。等価熱伝導率（接触熱抵抗を含む熱伝導率）λ_{eq} は、TIM モデルの厚さ t、断面積 A、接触熱抵抗 R を使って、下式で計算できます。

　　　接触熱抵抗を含む熱伝導率 λ_{eq} [W/(m・K)]
　　　＝TIM モデルの厚さ t[m]/（断面積 A [m²]×接触熱抵抗 R [m²・K/W]）

$$(9.1)$$

この値をソリッド形状の厚み方向の熱伝導率として入力します。なお、信越化学工業からは熱流体解析用の等価熱伝導率や解析モデルを出力できるツールが

239

第9章 放熱材料の使い方

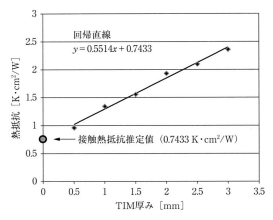

図 9.10　TIM データから接触熱抵抗を推定する方法

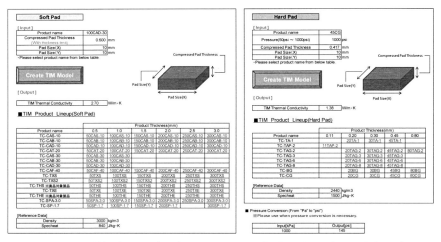

図 9.11　熱流体解析用モデルデータ出力ツール（提供：信越化学工業株式会社）
品名を選定して使用時の厚みや接触圧力を入力すると解析モデルや等価熱伝導率を出力する

無償で提供されています（図 9.11）。

9.1.3　PCM（Phase Change Material）

比較的新しい TIM 材として、PCM（Phase Change Material：相変化材料）

9.1 TIM（Thermal Interface Material）

があります。PCMは蓄熱材としても使用されますが、TIMとして使用する場合は熱により軟化して密着性が向上する性質を利用します。シート状に形成された製品（フェーズチェンジシート）を利用する方法と、あらかじめPCMをデバイスに塗布したものを供給してもらう方法（TIMプリペーストデバイス）とがあります。

　フェーズチェンジシートは、常温では熱伝導シートと同じハンドリングができ、接触部分に挿みこんで使用します。機器に電源を入れると熱で軟化して密着し、サーマルグリースと同程度の性能を得られます。グリースに比べるとポンプアウトが少ないなどのメリットがあります。グリースと同じで絶縁や固定は保証できませんが、最近では絶縁性を有するものも販売されています。保管時に加熱されると流動する可能性があり、保管温度や直射日光などに注意が必要です。

　プリペースト形式のものは主にパワーモジュールに使用されており、モジュールメーカから提供されています。

9.1.4　ゲル（熱伝導性液状充填材）

　熱伝導性充填材（ゲル）もモジュールや電子ユニットなどで使用されます。放熱と同時に配線や部品の保護も兼ねて隙間を埋めることから、ギャップフィラーとも呼ばれます。部品を実装した複雑な形状にも追従できます。サーマルグリースと似ていますが、硬化するため、グリースのような流れ出しが少なく、位置保持性が高いのが特徴です。またシートのような初期厚みを持たないため、組み立て時に部品に加わるストレスが少ないこと、ディスペンサーで供給できるため、自動化しやすいことなどのメリットがあります。

　一液性と二液性があり、どちらも硬化時間が必要です。硬化した後は固形化しますが、接着性はないのでリワーク可能です。

9.1.5　その他の放熱材料

　TIMには熱伝導性接着剤、両面テープなど、面間の固着を目的としたものもあります。いずれも温度サイクルで発生する熱応力やひずみによる剥離やせん

241

第9章 放熱材料の使い方

断が懸念されるため、実使用環境に準じた寿命評価が必要です。

また最近では、炭素繊維を厚み方向に配向した高熱伝導シートや、グラファイトシートを応用した低熱抵抗シートなども登場しており、TIM の高熱伝導化（厚み方向の熱伝導率が 20〜50 W/(m·K)）が進んでいます。低い接触圧力では界面の熱抵抗のためサーマルグリースよりは熱抵抗が大きくなりますが、ねじ止めするとグリースと同等以上の性能が得られます。導電性のものが多いので、使用にあたっては確認してください。

9.2 ヒートスプレッダ

TIM が接触面の熱抵抗低減を目的とするのに対し、ヒートスプレッダは面方向への熱拡散を目的としています。筐体が熱伝導率の大きい金属であれば、TIM を介して部品の熱を筐体に逃がすだけで筐体面に拡散するので、ヒートスプレッダは必要ありません。しかし、樹脂筐体では熱を受けた部分のみが高温（ホットスポット）になり、面全体に熱が広がりません。そこで、筐体の内側で熱を面方向に拡散して伝熱面積を増やしてから筐体に伝える構造をとります（図 9.12）。

9.2.1 シールド材やフレーム板金を使ったヒートスプレッダ

樹脂筐体内に鋼板の構造部材やシールド用板金が実装されている機器であれば、これら金属材料を使って熱拡散ができます。

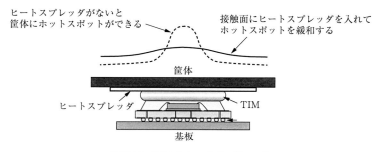

図 9.12　TIM とヒートスプレッダ

9.2 ヒートスプレッダ

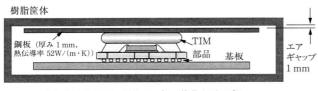

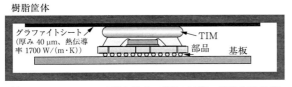

(a) ヒートスプレッダなし：部品 95.2℃、筐体上面 85.2℃

(b) 板金を利用：部品 60.7℃、筐体上面 47℃

(c) グラファイトシート貼り付け：部品 50.8℃、筐体上面 44℃

図 9.13　ヒートスプレッダの効果

〈解析条件〉
・筐体
　外形 150×150×50 mm
　厚み 3 mm
　熱伝導率 0.3 W/(m・K)
・基板
　外形 120×120×1.6 mm
　2 層板(残銅率 50 %)
・部品
　外形　15×15×3 mm
　BGA
　消費電力 2 W
・TIM
　外形 15×15×3 mm
　熱伝導率 3 W/(m・K)
・ヒートスプレッダ
　鋼板　厚み 1 mm
　熱伝導率　52 W/(m・K)
・グラファイト
　厚み 40 μm
　熱伝導率　1700 W/(m・K)
周囲温度 35℃

　板金と樹脂ケースの間には隙間があり熱の伝わりが悪そうですが、板金の広い面に熱を拡散することで筐体への伝熱面積が拡大し、熱抵抗を下げることができます。

　例えば、図 9.13 は熱流体シミュレーションでヒートスプレッダの効果を確認したものです。樹脂筐体（外形寸法 150×150×50 mm、厚み 3 mm、熱伝導率 0.3 W/(m・K)）に、プリント基板（外形 120×120 mm、厚み 1.6 mm、残銅率 50 %の両面基板）を実装し、そこに搭載された 15×15 mm の BGA パッケージ（消費電力 2 W）の放熱を行います。

　ヒートスプレッダを使わずに熱伝導シート（厚み 3 mm、熱伝導 3 W/(m・K)）を介して部品を筐体に接触させると、部品の温度は 95.2℃、筐体上面の最高温度は 85.2℃（室温 35℃）と高温になります。

　次にシールド板金（厚み 1 mm、熱伝導率 52 W/(m・K)）に熱伝導シートを

243

第9章　放熱材料の使い方

挟んで部品を取り付けます。板金と樹脂筐体との間には 1 mm の隙間があります
が、部品温度は 60.7 ℃、筐体上面最高温度は 47 ℃まで低減されます。板金
をヒートスプレッダに使用することで大きな効果が得られることがわかります。

9.2.2　グラファイトシート（黒鉛シート）

　グラファイトシートは、六角形の格子状に結合した炭素原子のシートを積層
したもので、大きな熱伝導率を有します。比較的安価な天然グラファイト（熱
伝導率 500 W/(m·K) 前後）と、熱伝導率の大きい人工グラファイト（熱伝導
率 1000～1800 W/(m·K)）があります。熱伝導率には異方性があり、厚み方向
の熱伝導率は面方向の 1/100 程度になります。薄型軽量（密度 1～2 g/cm³）で
可撓性があり、経年劣化のない安定性が特徴ですが、電気導体のため、表面を
絶縁性素材で覆う必要があります。逆に導体であるメリットとして電磁波シー
ルド効果も期待できます。スマートフォンやタブレット PC・ノートパソコン、
薄型テレビなど幅広い分野の製品で多くの使用実績があります。

　図 9.13c は、グラファイトシート（厚み 40 μm、熱伝導率 1700 W/(m·K)）
を筐体内面に貼り、TIM を介して部品の熱拡散を行った場合のシミュレーショ
ン結果です。部品温度 50.8 ℃、筐体上面最高温度 44 ℃まで低減することが
できます。

　板金よりも薄く軽いのにもかかわらず同等以上の放熱効果が期待できます。
最近ではたくさんのグラファイトを積層したグラファイトブロックや、折り曲
げ可能な状態で積層したグラファイトストラップのような形態の商品も提供さ
れています。

9.2.3　金属箔を使ったヒートスプレッダ、高放射シート

　グラファイトシートを使うほど発熱が大きくなく、コストをかけたくない場
合は、金属箔ベースのヒートスプレッダを利用することができます。厚めのア
ルミ箔テープ、銅テープなどを樹脂面に貼ることも可能ですが、安全性と熱放
射性能向上のために表面は絶縁コーティングされたものを使用するといいでし
ょう。高放射率のカーボン層と高熱伝導率のアルミ層を積層した放射カーボン

コート箔テープや高放射シリコンシート（信越化学）、セラミック材を表面にコーティングした高放射テープなども販売されています。

9.2.4 ヒートスプレッダの性能概算

TIM の放熱性能（熱コンダクタンス）は、熱伝導率×断面積/厚み［W/K］で表すことができます。断面積は形状で変わるため、消去すると熱伝導率/厚み［W/(m²·K)］が性能を表す指標になります。

一方、ヒートスプレッダは面方向への熱拡散を促進する働きのため、伝熱面積が幅×厚み、熱を伝える距離が長さになります。したがって、熱コンダクタンスは熱伝導率×幅×厚み/長さ［W/K］ですが、幅と長さはカット寸法で変わるので消去すると、熱伝導率×厚み［W/K］が性能を表します。

例えば、熱伝導率 200 W/(m·K)、厚み 0.1 mm のアルミニウムと熱伝導率 50 W/(m·K)、厚み 0.5 mm 鋼板の性能を単純な掛け算で比較すると、アルミニウム 20、鋼板 25 となり、鋼板の方が有利であることがわかります。実際には厚み方向の熱伝導率も関連しますが、当たりをつけるにはこの指標が便利です。

9.3 断熱材と蓄熱材

これまで高熱伝導材料を使った放熱促進策を中心に紹介しましたが、受熱の低減や保温のための断熱材や、時間的変化の抑制のための蓄熱材なども使用される機会が増えてきました。

9.3.1 断熱材

断熱材というとグラスウールや発泡材をイメージしますが、最近では薄くて断熱性能の高いものが製品化され、電子機器にも応用され始めています。断熱材の伝熱は 4 つの伝熱メカニズムで構成されます。

断熱材の伝熱＝固体熱伝導＋気体熱伝導＋対流伝熱＋熱放射伝熱
実際には下記の対策で伝熱量を減らします。
- 固体熱伝導：熱伝導率を下げるか、繊維や粒子にして接触点を小さくする

第9章　放熱材料の使い方

- 気体熱伝導：熱伝導率の悪いガスを用いる。真空にする
- 対流伝熱：密閉狭小空間を作り流動を抑える。減圧する
- 放射伝熱：放射率（吸収率）を下げる

9.3.2　真空断熱材とシリカエアロゲル

　最近の技術として真空断熱とシリカエアロゲルがあります。真空断熱材は、冷蔵庫や家電製品、自販機などで使用され、断熱材の薄肉化に寄与しています。真空断熱材とは、多孔質の心材をラミネートフィルムで包み、内部を1〜200 Pa まで減圧したものです。等価熱伝導率が 0.002〜0.005 W/(m·K) と極めて小さいため、断熱材の厚みを薄くできます。ただし、傷や穴から空気が入ると断熱性能はほぼ0になることや、長い時間経つと空気が入り込んで性能が低下するなどの弱点もあります。

　シリカエアロゲルは、数十 nm の多孔構造を持つ、空隙率が非常に高い（90％以上）シリカゲルです。固体部分が少ないため固体伝導が小さく、空気分子の運動も妨げられるため、気体伝導・対流伝熱も抑えられます。真空を使わない材料としては最も低い熱伝導率（0.015 W/(m·K)）を持ちます。機械的強度が小さい、製造コストが高いなどの課題がありますが、パナソニックより NASBIS という商品名で電子機器向けの応用製品が販売されています（図9.14）。

　ヒートスプレッダを利用して熱拡散を行っても熱源周辺の温度がまだ高い場合、熱源近くを断熱して表面温度の均一化を図ることができます。

9.3.3　蓄熱材

　最近の電子機器は発熱量が変動するものが増えています。例えば、スマホやデジカメは動画撮影時に消費電力が増えますし、車両や電鉄は走行状態によって電装品の消費電力が変動します。温度上昇を抑えるには、冷却能力を高めるか発熱量を減らすことになりますが、もうひとつ蓄熱材を利用する手段があります。

　蓄熱には顕熱蓄熱（顕熱＝熱容量×温度差を利用したもの）と潜熱蓄熱（相

9.3 断熱材と蓄熱材

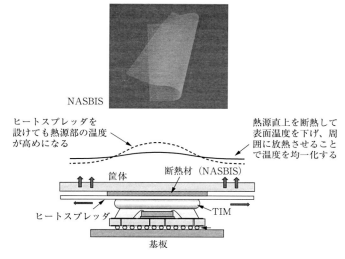

図9.14 断熱材（NASBIS）の利用イメージ

変化の際に生じる潜熱を利用したもの）があります。前者は、例えばヒートシンクのベース面を厚くして部品の温度変化を小さくするなど、一般的によく使われる方法ですが、熱容量（＝質量×比熱）を増やすと重くなります。そこで最近は潜熱蓄熱材料が提供されはじめています。

電子機器向けとしては、有機系蓄熱材をマイクロカプセルに内包させた「蓄熱マイクロカプセル」を利用するものや、蓄熱性無機粒子を使用したものがあります。TIMに蓄熱材を配合した蓄熱性の熱伝導シートなども開発されています。

蓄熱材を選定するときには潜熱量だけでなく熱伝導率も重視します。潜熱量が大きくても熱伝導率が小さいと、熱源から蓄熱材まで熱が届きにくく、熱源の温度が上昇してしまうためです。今後の熱制御材料の1つとして期待されています。

第 10 章　ヒートシンク活用術
～吸収拡散の具を駆使せよ～

10.1　ヒートシンクの種類

　ヒートシンクは伝熱面積拡大デバイスと呼ばれ、古い歴史を持ちます。前出のヒートスプレッダと区別がつきにくいですが、ヒートスプレッダは温度を均一化して等価表面積を広げるもの、ヒートシンクは物理表面積を拡大して放熱量を増やすものです。ヒートシンクは多種多様ですが、下記のように分類できます。

（1）冷却方式による分類

　自然空冷ヒートシンク、強制空冷ヒートシンク、水冷ヒートシンクなどに分けられます。設計方法が異なるため、この3つは分けて考えます。

（2）フィン形状による分類

　プレート型（櫛形押出しタイプ）、ピン型（格子状配置、千鳥配置）、タワー型、コルゲート型、波型などがあります。

（3）製造方法による分類

　押出しフィン、カシメフィン、スカイブ（切起加工）フィン、ダイキャストフィン、冷間鍛造フィン、プレスフィン、切削（ワイヤーカット）フィンなど（図 10.1）。

（4）実装方法や取り付け方法による分類

　基板実装型（はんだ付けタイプ、ねじ止めタイプ）、独立型など。

（5）部品の取り付け方法による分類

　ねじ止めタイプ、ワンタッチ（クリップ）タイプ、スプリングタイプ。

　その他にも、ヒートパイプ式、電子冷却式などがあります。

　製造方法によってヒートシンクの形状が制限されます。例えば、アルミ押出

10.2 ヒートシンクには3つの熱抵抗がある

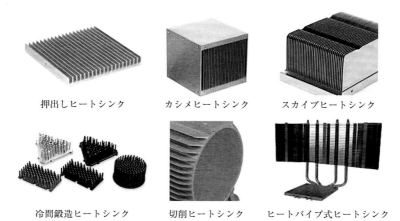

| 押出しヒートシンク | カシメヒートシンク | スカイブヒートシンク |
| 冷間鍛造ヒートシンク | 切削ヒートシンク | ヒートパイプ式ヒートシンク |

図10.1 さまざまなヒートシンク（提供：株式会社ザワード）

し材ではトング比（フィン高さ/フィン隙間）が8〜13が限界ですし、アルミダイキャストではフィンの厚みが1mm以下になると製造が難しくなります。

10.2 ヒートシンクには3つの熱抵抗がある

「ヒートシンクの熱抵抗」という表現をよく使いますが、人によって定義が違うことがあります。熱源から空気までの間には下記の3種類の熱抵抗が存在します（図10.2）。

1) 熱源とヒートシンクベース面の間の「接触熱抵抗」R_{cf}

部品とヒートシンクの間に発生する熱抵抗で、部品底面と部品直下のベース面との温度差を部品の発熱量で割ったものです。TIMを使って低熱抵抗化を図ります。第9章を参照下さい。

2) 部品直下のベース面からベース面全体への「拡がり熱抵抗」R_c

発熱体がヒートシンクベース面より小さいと、熱源直下のベース面の温度は高く、熱源から離れた場所の温度は低くなります。このベース面内に生じる温度差を発熱量で割ったものを拡がり熱抵抗と呼びます。熱源がベースプレートに比べて小さいほど、また中央から端にずれるほど熱抵抗は大きくなります。

249

第10章 ヒートシンク活用術

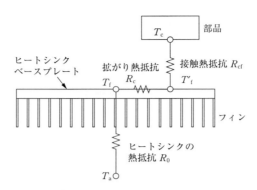

図10.2　ヒートシンクは3つの熱抵抗で構成される

最も把握しにくい熱抵抗です。
3）ヒートシンクの熱抵抗 R_0

　ベース面に一様な発熱体を搭載した時のベース面の温度上昇を発熱量で割ったもので、ヒートシンクメーカが提示するヒートシンクの熱抵抗とは、この熱抵抗のことです。

　1）や2）は部品の大きさや搭載位置、使うTIMによって変わるもので、ヒートシンクの使い方に依存します。つまり、ユーザの使い方しだいで変わる熱抵抗です。

　部品の表面温度を測定して、

　　　熱抵抗＝(部品温度－周囲空気温度)/部品の発熱量

とすると、熱抵抗は3つの熱抵抗の合計値になり、ヒートシンクメーカの提示する熱抵抗とは一致しません。せっかく性能のよいヒートシンクを採用しても、熱源の搭載方法が悪いと十分性能を引き出せません。

10.3　ヒートシンクベース面の「拡がり熱抵抗」の計算

　3つの熱抵抗の中でもっとも把握が難しく、忘れられがちなのが2）の「拡がり熱抵抗」です。これを厳密に把握するには熱解析が必要ですが、ここでは手計算可能な予測式を紹介します。

10.3 ヒートシンクベース面の「拡がり熱抵抗」の計算

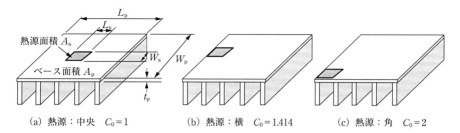

図10.3 拡がり熱抵抗 Rc 計算モデルと係数 C₀ の値
(出典:Seri Lee, "Calculating Spreading Resistance in Heat Sinks", Electronics Cooling)

図10.3a に示すように大きさが縦 L_p [m]、横 W_p [m]、厚み t_p、面積 A_p [m²] のベースプレートに、縦 L_s [m]、横 W_s [m]、面積 A_s [m²] の熱源が搭載されたモデルを想定します。拡がり熱抵抗 R_c は以下の式で計算できます (Lee の式と呼ばれます)。

$$R_c = A_c \cdot \frac{B_c + C_c}{1 + B_c \cdot C_c} \tag{10.1}$$

A_c、B_c、C_c は下記の式で計算します。k_p はベースプレートの熱伝導率 [W/(m・K)]、C_0 は部品搭載位置で変わる係数 (図10.3)、R_0 はベース面に一様な発熱体を搭載したときのヒートシンクの熱抵抗です。

$$A_c = C_0 \frac{\sqrt{A_p} - \sqrt{A_s}}{k_p \cdot \sqrt{\pi A_p A_s}}, \quad B_c = \frac{\lambda \cdot k_p \cdot A_p \cdot R_0}{C_0}$$

$$C_c = \tanh\left(\frac{\lambda \cdot t_p}{C_0}\right), \quad \lambda = \frac{\pi^{\frac{3}{2}}}{\sqrt{A_p}} + \frac{1}{\sqrt{A_s}}$$

図10.4 にこの近似式の計算と熱回路網法による数値計算との比較を示します。計算結果はほぼ一致しており、熱源が小さくなると拡がり熱抵抗が急激に大きくなることがわかります。

第10章　ヒートシンク活用術

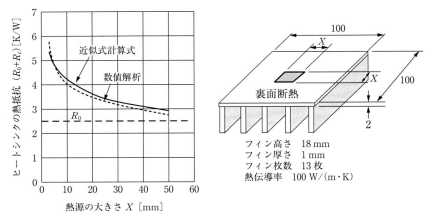

図10.4　近似式と数値解析（熱回路網法）の比較
ベースプレート裏面側は断熱

10.4　自然空冷ヒートシンクの選定・設計の手順

　自然空冷ヒートシンクは主に形状で性能が決まるため、熱設計は比較的シンプルです。自然空冷ヒートシンクの設計・選定手順を図 10.5 に示します。ここでは図 10.6 の例に沿って設計・選定手順を説明します。

1）目標熱抵抗の算出

　最初は「目標熱抵抗」の算出です。冷却対象部品の目標温度と使用条件（周囲空気温度）、搭載部品の総発熱量から目標熱抵抗を計算します。

$$目標熱抵抗 ＝ (部品の目標温度 － 周囲空気温度)/総発熱量 \quad (10.2)$$

　ヒートシンクが機器内に実装される場合には、周囲空気温度は室温ではなく機器内部の空気温度です。図 10.6 の例では目標温度が半導体チップ（ジャンクション）温度で 90 ℃、周囲空気温度が最高で 50 ℃、総発熱量が最大 2 W なので、

$$目標熱抵抗\ R_{ja} ＝ (90 － 50)/2 ＝ 20\ ℃/W$$

となります。

10.4 自然空冷ヒートシンクの選定・設計の手順

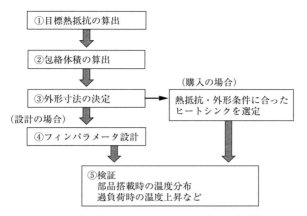

図 10.5　自然空冷ヒートシンクの設計・選定手順

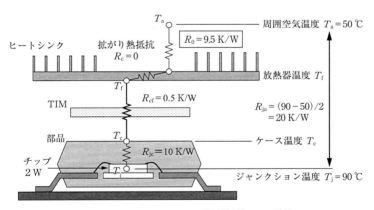

図 10.6　ヒートシンクの目標熱抵抗 R_0 の計算
ここでは拡がりの熱抵抗 R_c は 0 としています

しかし、この熱抵抗はジャンクションから空気までのトータル熱抵抗であり、ヒートシンクの熱抵抗ではありません。ヒートシンクの熱抵抗 R_0 を求めるには、ジャンクション-ケース間の熱抵抗 R_{jc}、ケース-ヒートシンク間の TIM の熱抵抗 R_{cf}、拡がり熱抵抗 R_c を差し引く必要があります。ジャンクション-ケース間の熱抵抗 R_{jc} は 10 K/W、ケース-ヒートシンク間の TIM の熱抵抗 R_{cf} は 0.5 K/W、拡がり熱抵抗 R_c はここでは 0 とすると、ヒートシンクの目標熱抵

抗 R_{fa} は、
$$R_{fa} = R_{ja} - R_{jc} - R_{cf} = 20 - 10 - 0.5 = 9.5\,\text{K/W}$$
となります。

2) 包絡体積の算出と外形寸法の決定

　ヒートシンクの目標熱抵抗が決まると、概ねヒートシンクの大きさが求められます。図 10.7 は包絡体積グラフと呼ばれるものです。包絡体積とはヒートシンクの外形輪郭で構成される体積で、ラップで包んだ体積と思ってください。グラフから 9.5 K/W の熱抵抗のヒートシンクを作るには 25000〜32000 mm^3 程度の包絡体積（例えば 40×40×17 mm 程度の大きさ）が必要なことがわかります。

　市販ヒートシンクを使用するのであれば、熱抵抗や寸法の条件に合った製品を探します。

3) フィンパラメータの決定（最適フィン枚数の計算）

　ヒートシンクの外形寸法が決定すると、次に決めるのはフィン枚数、フィン厚み、ベース厚みです（図 10.8）。フィン枚数には最適値があります。フィンが少ないと表面積が小さく性能が出ませんが、フィンが多すぎるとフィン間を空気が通りにくくなり、熱伝達率が低下して性能が悪くなります。最適なフィン

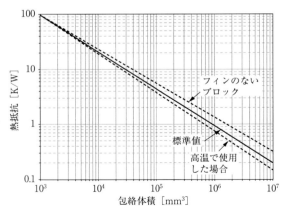

図 10.7　自然空冷ヒートシンクの包絡体積グラフ

10.4 自然空冷ヒートシンクの選定・設計の手順

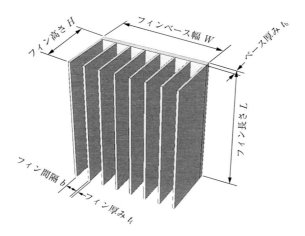

図10.8 ヒートシンクの各部寸法パラメータ

間隔は最大温度境界層厚みの2倍で下記の式で算出できます。

最適フィン間隔 b_{opt}[mm]

$$= 5 \times \left(\frac{\text{フィン長さ } L}{\text{フィン熱抵抗} R_{\text{fa}} \times \text{総発熱量 } W} \right)^{0.25} \tag{10.3}$$

この例では、フィン長さ40 mm、フィン目標熱抵抗9.5 K/W、総発熱量2 Wを代入し、最適フィン間隔≒6 mm となります。

フィン厚みにも最適値があります。フィンが薄いとフィン間隔が広くなって熱伝達率が増大しますが、フィン先端の温度が下がり「フィン効率」が悪化します。フィン効率とはフィン根元の温度と先端の温度が同じときの放熱能力（最大）を1としたときの放熱能力の比率を表しています（図10.9）。

フィン厚みは製造条件の制約が大きく、自由にコントロールできません。自然空冷では熱伝達率が小さく、フィン効率が大きめになるのでフィンを薄くして、フィン間隔を開けた方がいいでしょう。ここでは1 mm とします。ここから、フィン枚数＝フィンベース幅÷(6+1)+1＝7枚が最適フィン枚数となります。

4）検証

以上から、ヒートシンクの仕様は、外径寸法40×40×17 mm、フィン枚数7

第10章 ヒートシンク活用術

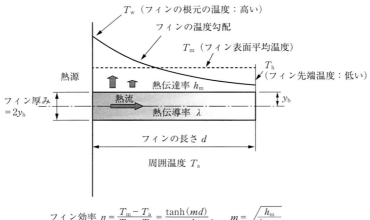

$$\text{フィン効率 } \eta = \frac{T_\mathrm{m} - T_\mathrm{a}}{T_\mathrm{w} - T_\mathrm{a}} = \frac{\tanh(md)}{md}, \quad m = \sqrt{\frac{h_\mathrm{m}}{\lambda \cdot y_\mathrm{b}}}$$

図 10.9 フィン効率
フィン効率は全体が根元と同じ温度のときの放熱量と実際の放熱量との比率を表し、有効な放熱面積と同じ意味合いを持ちます

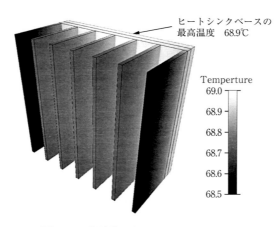

図 10.10 熱流体シミュレーションの結果
ベース面と同じ大きさの熱源を取り付け

枚、表面黒色アルマイト処理（放射率 0.92）、素材 A6063（熱伝導率 209 W/(m·K)）となります。

この条件で熱流体シミュレーションを行った結果、ヒートシンクベース面の

温度は 68.9℃ でした（図 10.10）。R_{jc} と R_{cf} を考慮してジャンクション温度を求めると、

$$\text{ジャンクション温度}=68.9+(10+0.5)\times 2=89.9\,℃<90\,℃$$

と予想され、条件を満足できることが確認できました。

10.5 知っておくべきヒートシンクの常識

一般的なヒートシンクの熱設計手順を紹介しましたが、ここではヒートシンクの設計で気をつけなければならないポイントについて解説しておきます。

10.5.1 自然空冷ヒートシンクの熱抵抗は温度で変わる

自然空冷ヒートシンクでは発熱量と温度上昇は正比例しません。温度が高くなるとヒートシンク近傍の空気温度も上昇して風速が上がります。これにより冷却性能が増大して温度が上がりにくくなります（図 10.11a）。

熱抵抗は、温度上昇÷発熱量なので図 10.11a の傾きに相当します。これをグラフ化したものが図 10.11b です。発熱量の増加に伴って熱抵抗は減少します。

ヒートシンクのカタログに「熱抵抗」しか掲載されていなかったら、条件（温度上昇か発熱量）を確認しておく必要があります。

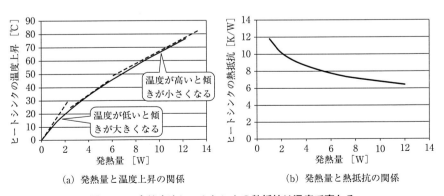

図 10.11　自然空冷ヒートシンクの熱抵抗は温度で変わる

10.5.2　包絡体積が同じでも熱抵抗は異なる

　ヒートシンクの性能は概ね包絡体積（＝ベース幅×フィン長さ×フィン高さ）で決まりますが、同じ包絡体積でも形状によって性能は若干異なります。上記3つのパラメータを効く順番に並べると、ベース幅、フィン高さ、フィン長さとなります。ベース幅を2倍にするのとフィン長さを2倍にするのではベース幅を2倍にする方が有利です。

　フィン長さを2倍にするのは同じヒートシンクを上下に積むのに近い状態になります。上側のヒートシンクは下側のヒートシンクに熱せられて温度が上がるので、熱抵抗は1/2にはなりません。一方、ベース幅を2倍にするのは同じヒートシンクを横に並べるのと同じです。この状態であればお互いに熱的影響はほとんどなく、熱抵抗は1/2になります。フィンを長くした場合の熱コンダクタンス増加例を図10.12に示します。

　フィン高さを2倍にするとフィン先端の温度が下がり（フィン効率が悪化し）、熱抵抗は1/2にはなりません。しかし、自然対流の熱伝達率は小さいのでフィンの厚みが1mm以上あれば先端の温度降下は小さく、熱抵抗は1/2近くまで低減できます。強制空冷や水冷では熱伝達率が大きく、フィン先端温度が下がるため、同じ考え方は適用できません。

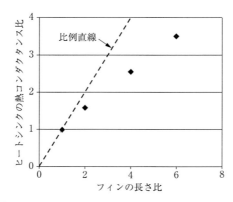

図10.12　ヒートシンク長さと放熱能力は比例しない

10.5 知っておくべきヒートシンクの常識

10.5.3 熱源の大きさや配置で熱抵抗は変わる

10.3節で説明したように、ヒートシンクの熱抵抗はベース面にのる熱源の大きさや配置によって変わります。熱源が小さくなるとベース面内に温度差が発生し、熱源近くの温度が上昇します。ヒートシンクメーカの熱抵抗測定ではベース面と同じ大きさの熱源を使うことが多く、ベース面内にはホットスポットが発生しません。しかし、実機でベース面より小さい熱源を実装すると、必ず拡がり熱抵抗が発生します。100×100 mmのアルミ板に搭載した熱源（10 W）の大きさを変えたときの温度変化を図10.13に示します。

10.5.4 ヒートシンクベースの「厚み」はホットスポットを解消し温度変動を抑える

このようなホットスポットをなくすにはベース面の熱拡散性能を高めます。ヒートスプレッダの性能は熱伝導率×厚みなので、ベース面を厚くしたり、銅板などを設けて熱伝導率を高めるのが効果的です。（ただし銅板とベース板の接触熱抵抗に注意してください。）ベースプレートを厚くすると熱源近くの熱容量が増え、過負荷による急激な温度上昇を抑えることもできます。ベースプ

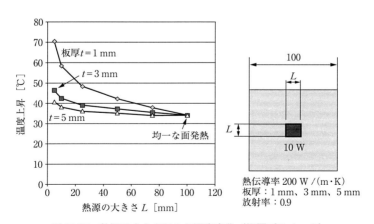

図10.13　熱源の大きさによる温度変化（板厚パラメータ）
ベース厚を増すと拡がり熱抵抗は低下する

第10章　ヒートシンク活用術

レートは空間的、時間的に温度を平均化させる重要な役割を持ちます。

10.5.5　ヒートシンクの性能評価は「ヒートシンク温度」を基準にしてはいけない

　ヒートシンクの性能を比較する場合、ヒートシンクベースプレートの温度を測定して比較すると正しい評価ができない場合があります。熱源とヒートシンクの間の接触熱抵抗が大きくなれば、熱源温度は上昇しヒートシンク温度は低下します。このためヒートシンクの温度だけをみていると、接触熱抵抗が大きくなるほどヒートシンクの性能がよくみえてしまいます。必ず熱源の温度で評価しましょう。

10.5.6　ヒートシンクメーカの熱抵抗測定方法は製品で異なる

　ヒートシンクメーカの熱抵抗測定は製品ごとに異なります（表10.1）。使用状態が違うと熱抵抗も異なるのでメーカの測定方法を確認しておく必要があります。

10.5.7　プレート型ヒートシンクは指向性が大きい

　プレート型ヒートシンクはフィンに平行に空気が流れる状態にすると熱抵抗が小さくなるため、自然空冷ではフィン垂直置きが良好です。フィンの向きを変えると、フィン上向きでは2〜3％、フィン下向きでは10〜20％、フィン水平では30％程度の熱抵抗の増加がみられます（図10.14）。この増加量はベースのアスペクト比やフィン高さによって異なります。

　フィン水平置きが最も悪化しますが、フィン面を傾斜させることで改善できます。図10.15にヒートシンクをフィン垂直置きから水平置きまで傾斜角度を変えた時の温度上昇変化例を示します。45°付近まではわずかな変化ですが、フィンが水平に近くなると急激に上昇します。

　フィンの指向性をなくすにはフィンにスリットを設ける、ピンフィンを使うなどの方法が有効です。

260

10.5　知っておくべきヒートシンクの常識

表 10.1　自然空冷ヒートシンクの熱抵抗測定方法（例）　（提供：三協サーモテック株式会社）（出典：深川栄生著「まちがいだらけの熱対策ホントにあった話30」アナログウェア No.4、トランジスタ技術 2017 年 11 月号別冊付録、CQ 出版社）

放熱器の種類	基板搭載用 PH シリーズ	基板搭載用 UOT、OSH シリーズ	基板搭載用 NOSV、OSV シリーズ	基板搭載用 FSH シリーズ	汎用 BS シリーズ
熱源	TO220 型 トランジスタ	TO220 型 トランジスタ	TO220 型 トランジスタ	30×30 （熱源の基板側を断熱）	放熱器のベース幅×切断長と同サイズ（素子取り付け面全面均一加熱）
周囲部品 （放熱器、熱源以外）	基板	基板	基板	基板	何もない
取り付け方向					
取り付け方向　放熱器	垂直	垂直	垂直	垂直	垂直
取り付け方向　基板	水平	水平	垂直	垂直	なし
温度測定点	熱源中央1点	熱源中央1点	熱源中央1点	熱源中央1点	熱源中央1点

10.5.8　フィン高さが増すほど熱放射の割合が減る

　自然空冷ヒートシンクでは放射伝熱の割合が大きく、表面の放射率を高めることで低熱抵抗化が図れます。3.6.3 項で説明したように、対流の表面積は空気に触れている表面積、放射の表面積は包絡体積の表面積と定義されます。フィン高さが増すと対流表面積は増加しますが、放射の表面積の増加はわずかなため、放射伝熱の割合が減ります。平板が放射伝熱の割合が最も高く、フィンが高くなるほど放射の割合は減少します。

10.5.9　アルマイトや塗装色に大きな差はない

　放射率と色とは直接関係しないこともすでに説明したとおりです。アルマイト処理と塗装には大きな差は認められません（表 10.2）。塗装色についても白

第 10 章　ヒートシンク活用術

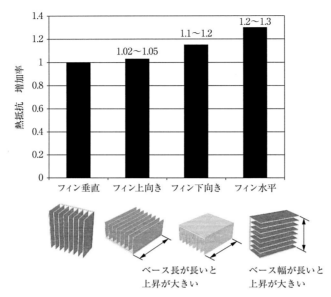

図 10.14　ヒートシンクの向きと熱抵抗増加率
フィンベース裏面からの放熱あり

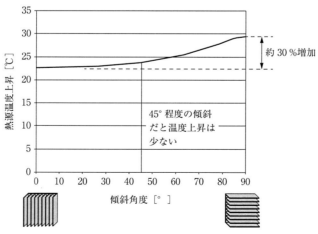

図 10.15　ヒートシンクの傾斜角度と温度上昇の関係（例）
40×40×フィン高さ 13 mm、放射率 0.2、発熱量 2 W、周囲温度 50 ℃

10.5 知っておくべきヒートシンクの常識

表 10.2　自然空冷放熱プレートの表面処理と温度上昇
モジュール抵抗 8 個を実装した 130×100 mm の基板に□ 100 mm のアルミ板を取り付け、部品とアルミ板の間にグリースを塗布。アルミ板の上面の処理を変えたときの各部品の温度を測定した

表面処理	放射率（測定値）	平均温度上昇	温度低減率
アルミ金属面	0.06〜0.07	45.4	0
黒色塗装（水性）	0.92〜0.93	34.6	− 23.8 %
白色塗装（油性）	0.92	34.8	− 23.4 %
黒色ビニールテープ貼	0.92	34.9	− 23.0 %
粗化面（やすり掛け）	0.17〜0.2	41.2	− 9.4 %

と黒の差はわずかです。放射伝熱量を増やすには表面が絶縁である（自由電子がない）ことが重要です。

10.5.10　フィン表面の微細加工は自然空冷では効果がない

表面積を増やす目的でフィン表面にローレットなどの微細加工を施すことがあります。しかし自然空冷フィンでは温度境界層が厚く、凹凸が境界層内に埋もれてしまうためほとんど効果がありません。境界層が薄くなる強制空冷では効果を発揮する場合があります。

10.5.11　かしめヒートシンクは製造ばらつきがある

ヒートシンクにはさまざまな製造方法がありますが、ベースプレートとフィンを接合する製造方法で放熱経路に接触部が存在すると熱抵抗が増加します。例えばカシメのヒートシンクではフィンとベースの接続部に接触面があり、そこに接触熱抵抗が発生します。熱抵抗はカシメ部の密着度によって変わるので、同じ寸法のヒートシンクでも加工精度によって性能が異なります。

10.5.12　自然空冷ヒートシンクでは近くに流れを妨げるものを置かない

自然空冷ヒートシンクは温度差で発生する弱い浮力を駆動源とするため、設

第10章 ヒートシンク活用術

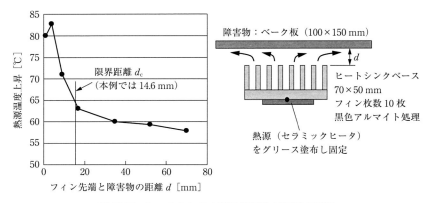

図 10.16 ヒートシンク上部の障害物が及ぼす影響

置環境の影響を受けます。例えば、ヒートシンク上側に流れを妨げる障害物があると温度が上昇します（図10.16）。特に限界距離 d_c を超えて近づけると急激な温度上昇を示すため、限界距離以上の間隔を保つようにします。具体的にはヒートシンクベースプレートの面積と障害物を避けて横に逃げる隙間（4面）の面積を比較し、後者が前者を下回らないような距離をとります。限界距離 d_c は以下の式で表すことができます。

$$d_c > \frac{ab}{2(a+b)} = \frac{ヒートシンクベースの面積}{ヒートシンクベースの周長} \tag{10.4}$$

d_c：障害物とフィン先端との限界距離 [mm]
a, b：ヒートシンクの幅と長さ [mm]

図 10.16 の実験では、障害物を限界距離 $d_c = 14.6$ mm よりも近づけると急激に温度が上昇しています。ただし、障害物がアルミなどの熱伝導率のよい材料の場合、むしろ接触させることで放熱面積が増えて温度が下がります。

10.6　強制空冷ヒートシンクの選定・設計の手順

　強制空冷ヒートシンクはその形状だけでは性能が決まりません。使用するファンやダクトの大きさで性能が左右されます。このため熱設計は自然空冷ヒー

10.6 強制空冷ヒートシンクの選定・設計の手順

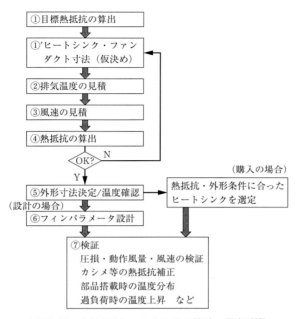

図 10.17 強制空冷ヒートシンクの設計・選定手順

トシンクよりも複雑になります。ここでは図 10.17 の設計フローに従って順を追って説明します。図 10.18a に示すパワーモジュール（消費電力 150 W）のジャンクション温度を 100℃以下に抑えるため、図 10.18b のヒートシンクを使用します。使うファンは図 10.18c の特性を有する最大風量 0.375 m³/min のファンです。ヒートシンクは同じ外形サイズのダクトに入れて PULL 型ファンで送風します。周囲温度は最大で 40℃ とします。

1) 目標熱抵抗の算出

目標熱抵抗＝(部品の目標温度−周囲空気温度)/総発熱量
　　　　＝(100−40)/150＝0.4 K/W

となり高性能な冷却器が必要なことがわかります。

ここから部品の内部熱抵抗 θ_{jc}＝0.15 K/W と接触熱抵抗 0.02 K/W を除くと、ヒートシンクの目標熱抵抗は、0.23/W となります。

第10章　ヒートシンク活用術

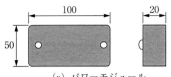

・発熱量 150 W
・取付面の接触熱抵抗 0.02 K/W
・内部熱抵抗 θ_{jc} = 0.15 K/W
・許容ジャンクション温度 100 ℃
・周囲温度 40 ℃

(a) パワーモジュール

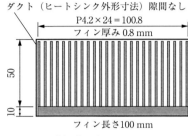

(b) 使用するヒートシンク

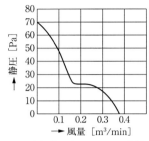

(c) 使用するファンの特性
最大風量 0.375 m³/min
耐熱温度 70 ℃

図 10.18　強制空冷ヒートシンクの例題

2) 排気温度の見積

強制空冷では、排気温度が高いとファンの故障を招くため、まず排気温度を求めます。ここではファンの動作風量は最大風量×1/2 で概算します。

空気の最高温度上昇＝発熱量/(空気の密度×比熱×最大風量×1/2)
　　　　　　　　　＝150/(1.15×1000×0.375/60×1/2)＝42 ℃

ファン1台では排気温度が40＋42＝82℃となり、ファンの耐熱温度を超えてしまいます。2台のファンを使うと21℃上昇（61℃）で耐熱温度を下回ります。この仕様のファンならば最低2台必要なことがわかります。

3) 風速の見積

風量から風速を概算します。ヒートシンクフィン間の流路面積は

（フィンピッチ4.2 mm－フィン厚み0.8 mm）×フィン高さ50 mm×流路数24
　＝4080 mm²

実効風量（ファン2台分）を最大風量の1/2とし、

0.375/60×1/2×2＝0.00625 m³/s

266

10.6 強制空冷ヒートシンクの選定・設計の手順

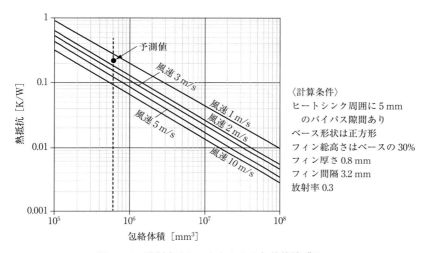

図 10.19　強制空冷ヒートシンクの包絡体積グラフ

流路面積で割ると平均風速 1.53 m/s が得られます。

4）熱抵抗の算出

強制空冷ヒートシンク用の包絡体積グラフ（図 10.19）から、ヒートシンクの熱抵抗を求めます。

ヒートシンクの包絡体積は、100.8×100×60＝604800 mm^3 なので、平均風速 1.5 m/s を考慮すると、熱抵抗は 0.2 K/W と予測され、目標熱抵抗をクリアできそうなことがわかります（図 10.19）。

5）外形寸法決定/温度確認

このヒートシンク、ファン、ダクトの組み合わせで冷却できそうなので、温度を確認しておきます。もし条件が満足できなければ、構成部品を見直します。

目標とするジャンクション温度は

　　ジャンクション温度＝周囲温度 40 ℃＋（ヒートシンク熱抵抗 0.2
　　　　　　　　　　　＋接触熱抵抗 0.02＋内部熱抵抗 0.15）
　　　　　　　　　　　×発熱量 150 W＝95.5 ℃

と予測できます。計算上はジャンクション温度を 100 ℃ 以下にできそうです。

第 10 章　ヒートシンク活用術

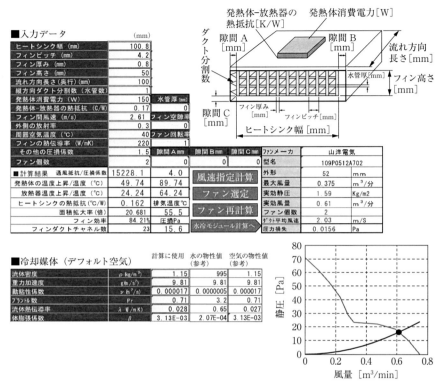

図 10.20　Excel（Thermocalc※）を使用した計算例
※ Thermocalc はサーマルデザインラボが提供する熱設計用計算ツールです

6）フィンパラメータ設計

　強制空冷でもフィン枚数や厚みに最適値がありますが、手計算では難しいので、Excel を用いて数値計算を行います。最初にヒートシンクの圧損から通風抵抗を求めて動作風量を計算し、得られた風量、風速からヒートシンクの熱計算を行います。図 10.20 に熱計算シート（Thermocalc）を使った計算結果を例示します。手計算では実効風量＝最大風量×1/2 としましたが、通風抵抗から算出すると 80 ％の風量が得られ、風速も 2.6 m/s となることがわかります。この結果、熱抵抗は 0.162 K/W と手計算よりも小さめの結果になりました。

　ジャンクション温度は 89.7 ℃と予想されます。

10.7 強制空冷ヒートシンク設計における留意点

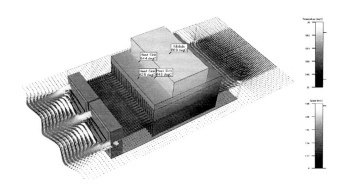

図10.21 熱流体シミュレーションの結果(使用ソフト:FloTHERM)
ヒートシンク温度は64.6℃となっている

7) 検証

ここまでの検討ではベース面に発生する温度差(拡がり熱抵抗)を考慮していないので、最後に熱流体シミュレーションを利用して設計検証を行います。解析の結果はヒートシンク温度64.6℃で、手計算64℃、Excel計算64.2℃に近い予測結果となりました(図10.21)。ベースプレートが厚く熱源が大きいためホットスポットはほとんど発生しません。パワーモジュールの温度は66.9℃なので、ジャンクション温度は、89.4℃と予想されます。Excelの計算結果、89.7℃とほぼ一致しています。

10.7 強制空冷ヒートシンク設計における留意点

10.5節で説明した自然空冷ヒートシンクの注意点は、ほとんどがそのまま強制空冷ヒートシンクにも当てはまります。それ以外にも強制空冷ヒートシンクでは以下の点に配慮が必要です。

1) ヒートシンクの周囲にバイパスルートを作らない

強制空冷では空気は流れやすいところを流れます。ヒートシンクとダクトの間に隙間があるとフィン間の狭い隙間よりも流れやすいので、流れのバイパス

第10章 ヒートシンク活用術

が発生し、フィン間の風速が低下します。ヒートシンクの通風抵抗が大きいほど隙間を流れやすくなるため、フィンピッチが狭く流路が長いヒートシンクは気を付けなければなりません。

図 10.22 はベース幅 100 mm、ベース長さ 100 mm、フィン高さ 50 mm のヒートシンクでシミュレーションを行ったものです。隙間が増えるほど熱抵抗が増加することがわかります。

2）条件を整えないとカタログどおりの性能は出ない

1）と関連しますが、メーカの強制空冷ヒートシンク性能試験ではヒートシ

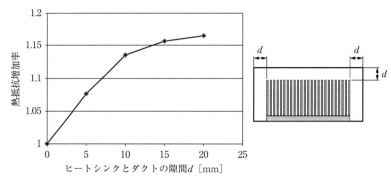

図 10.22　ヒートシンクとダクトのバイパス隙間による熱抵抗への影響
100×100×50 mm のヒートシンクでシミュレーション

表 10.3　強制空冷ヒートシンクの熱抵抗測定方法（例）　（提供：三協サーモテック株式会社）
（出典：深川栄生著「まちがいだらけの熱対策ホントにあった話 30」アナログウェア No.4、トランジスタ技術 2017 年 11 月号別冊付録、CQ 出版社）

項　目	条　件
熱源サイズ	放熱器のベース幅×切断長と同サイズ（素子取り付け面全面均一加熱）
熱源個数	1 個
風速	前面（風上）における平均風速
温度測定点	放熱器との接触面熱源中央 1 点
風洞断面形状	製品幅×製品高さ

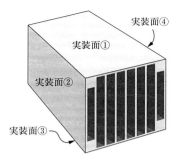

図 10.23　ホロー型ヒートシンク

ンクと同じサイズの風洞に入れます（表 10.3）。つまり周囲に全く隙間のない状態での測定です。カタログと同等の性能を得るには、ヒートシンクとダクトの間に空気のバイパスルートがないことが条件になります。

3）内部熱抵抗や接触熱抵抗、拡がり熱抵抗の影響が大きい

　強制空冷ヒートシンクはヒートシンク自体の熱抵抗が小さいため、相対的に接触熱抵抗やベース面の拡がり熱抵抗の割合が大きくなります。事例をみても、ヒートシンクの熱抵抗 0.2 K/W に対し、モジュール内部熱抵抗が 0.15 K/W もあり、低熱抵抗パッケージを採用すればヒートシンクを小型化できる可能性があります。

4）ホロー型のヒートシンクでは熱源を均等に配置する

　パワーデバイスではホロー型（中空型）のヒートシンクも使われます（図 10.23）。ホロー型は内部を空気が流れるのでダクトを設ける必要がなく、隙間のバイパスの心配もいりません。

　ホロー型ヒートシンクでは実装面①③を中心に②④にも部品を実装できますが、できるだけ均等に熱源を分散する必要があります。熱源が偏ると各面に温度差ができ熱抵抗が増大します。

10.8　ヒートシンクの過渡熱応答

　パワーデバイスなど、動作中に発熱量が変動する部品は少なくありません。

定常状態で許容温度を満足できても、過負荷時に超えてしまうと信頼性に影響を及ぼします。そこで過負荷時の短時間の温度上昇を計算します。非定常熱計算には熱抵抗に加えて熱容量が必要になります。

1）全体がほぼ均一な温度になる場合（図10.24a）

部品とヒートシンクの間の接触熱抵抗が小さく、ヒートシンクも小型であれば、ほぼ一様に温度が上昇します。その場合はヒートシンクの熱抵抗 R と全体の熱容量 C を用いて下記の式で推定できます。

$$\Delta T = RW(1-e^{-\frac{t}{RC}}) \tag{10.5}$$

W は発熱量の増分 [W]、t は時間 [s] を表します。

熱容量は、ヒートシンク、部品それぞれの体積 [m^3]×密度 [kg/m^3]×比熱 [J/(kg·K)] で算出します。例えば、強制空冷ヒートシンクの例題で扱った 100.8×100×60 のヒートシンクの発熱から 60 秒後の温度は、下記のように計算できます。ヒートシンクの熱容量 C は、アルミの密度を 2710 kg/m^3、比熱を 900 J/(kg·K) とし、

熱容量＝$(0.1008 \times 0.1 \times 0.01 + 0.05 \times 0.0008 \times 25) \times 2710 \times 900 = 490$ J/K

部品はエポキシ樹脂（密度 1850 kg/m^3、比熱 1100 J/(kg·K)）と考えて熱容量を計算すると、

熱容量＝$0.1 \times 0.05 \times 0.02 \times 1850 \times 1100 = 204$ J/K

合計すると熱容量は 694 J/K、熱抵抗は 0.2＋0.04 K/W なので、$t=60$ s、

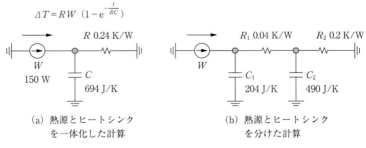

図10.24　ヒートシンクの非定常モデル

$W=150\,\text{W}$ を代入し、

$$\Delta T = 0.24 \times 150 \times (1-\text{e}^{-60/(0.24 \times 694)}) = 10.9\,℃$$

となります。定常状態の温度上昇 36 ℃ の 30 % まで達することがわかります。

$R \times C$ は熱時定数と呼ばれ、定常温度上昇の 63.2 % に達するまでの時間を表します。この例では $0.24 \times 694 = 167$ 秒です。一般に強制空冷ヒートシンクは熱抵抗 R が小さいので応答時間が速くなります。

2) 部品とヒートシンクを分けて考える場合（図 10.24b）

上記計算は熱源とヒートシンクが一体的に温度上昇すると考えていますが、通常はヒートシンクと部品との間に熱抵抗があるため、部品の温度が先に上がり、ヒートシンクは遅れて昇温します。このときは部品温度とヒートシンク温度の2つが未知数になるので、熱回路網法で計算します。

Excel 熱回路網法計算シート（4.1.4 項）を使って計算した結果が図 10.25 です。60 秒後の部品の温度上昇は 14.3 ℃ で一体型での計算より高くなります。このシートは Excel 計算シートにあります。

さらに精度が必要であれば、ジャンクション–ケース間の熱抵抗を考慮し、ヒートシンクベース面を分割するなど、過渡的な熱の広がりをより細かく表現します。

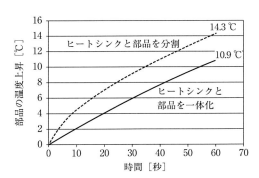

図 10.25　ヒートシンクの非定常計算結果
部品から先に温度上昇するので部品とヒートシンクは節点を分けた方がよい

第 11 章　ヒートパイプ・電子冷却・液冷
〜飛び道具を活用せよ！〜

　放熱材料やヒートシンクは基本的な伝熱メカニズムを利用して熱移動させるものですが、もっと積極的なカラクリで一挙に熱を運ぶ冷却デバイスがあります。これらをうまく活用すれば放熱能力を大幅に向上させることができます。

11.1　ヒートパイプ

　ヒートパイプは熱輸送能力の高いパイプと考えればいいでしょう。金属パイプ（コンテナ）で作られ、両端は溶接で閉じられています。内部は減圧され、少量の液体（作動液）が入っています。日本製ヒートパイプは銅パイプに水を作動液として使うものがほとんどです。

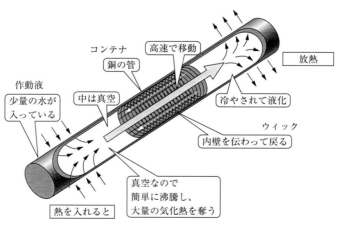

図 11.1　ヒートパイプの動作メカニズム

11.1.1　動作メカニズムと性能

　ヒートパイプの一端を加熱すると溜まっている水が蒸発します。内部は減圧されているので、低い温度でも気化して水蒸気になります。このとき大量に気化熱を奪います。水蒸気は圧力が高いため、素早く他端まで移動します。移動速度は圧力波並み（音速に近い）といわれています。移動した蒸気は低温部分で冷やされて水に戻りますが、このときに凝縮熱をはき出します。パイプの表面に放熱し、液体に戻った水は、パイプの内壁にある多孔質体（ウィック）を伝わって高温部に戻ってきます。

　温度差があればこのサイクルが繰り返され、温度は次第に均一になります。この動作メカニズムからわかるように、応答性が速いこと、可動部がなくシンプルなこと、電源などの外部動力が不要であることが特徴です。

　表11.1にヒートパイプの性能例を示します。この表からヒートパイプの等価熱伝導率を求めることができます。ヒートパイプを単純な固体の丸棒と考えれば、熱抵抗＝長さ/(断面積×熱伝導率) です。ここにヒートパイプの熱抵抗、長さ、断面積を入れて熱伝導率を計算すると 10000 W/(m·K) を超える値になります。

11.1.2　ヒートパイプの種類

　ヒートパイプの構造はシンプルですが、ウィックのつくりによって作動液の戻りが異なるため、性能が違ってきます。グルーブ式は内壁面に溝を形成したもので信頼性が高いものの、トップヒート（後述）に弱い欠点があります。焼結式は目が細かくトップヒートに強いという特徴があります（**図**11.2）。

　最近ではスマホ用に 0.5 mm 前後の超薄型ヒートパイプが開発されており、ウィックにファイバーを用いた製品もあります。作動液は、水の他に、エタノール、代替フロン（HFC–134a）、ナフタリンなども使われ、その種類によって使用温度範囲が異なります。

第11章　ヒートパイプ・電子冷却・液冷

表11.1　ヒートパイプ性能例
(出典：株式会社 UACJ 鋼管 製品カタログ)

仕様	モード	性能	φ3.0*	φ4.0*	φ5.0*	φ6.0*	φ8.0*	φ9.5*	φ12.7*	φ15.0*	φ25.4*	φ32.0*
L 300 mm Le＝Lc 100 mm	水平ヒート	R（℃/W）	0.8	0.54	0.41	0.36	0.26	0.084	0.06			
	水平ヒート	Qmax（W）	12	35	55	75	105	250	340			
	ボトムヒート	R（℃/W）	0.67	0.45	0.35	0.3	0.22	0.06	0.048			
	ボトムヒート	Qmax（W）	25	74	115	158	220	340	530			
	トップヒート	R（℃/W）	1.27	0.86	0.65	0.57						
	トップヒート	Qmax（W）	4	10	16	22						
L 500 mm Le＝Lc 150 mm	水平ヒート	R（℃/W）			0.24	0.22	0.15	0.056	0.04	0.038		
	水平ヒート	Qmax（W）			31	42	60	140	200	250		
	ボトムヒート	R（℃/W）			0.2	0.18	0.13	0.045	0.032	0.03		
	ボトムヒート	Qmax（W）			170	240	330	480	750	930		
L 1,000 mm Le＝Lc 200 mm	水平ヒート	R（℃/W）						0.049	0.035	0.029	0.016	0.013
	水平ヒート	Qmax（W）						63	90	110	180	380
	ボトムヒート	R（℃/W）						0.04	0.028	0.023	0.013	0.01
	ボトムヒート	Qmax（W）						610	960	1300	2800	4400
L 1,500 mm Le＝Lc 300 mm	水平ヒート	R（℃/W）								0.02	0.013	0.009
	水平ヒート	Qmax（W）								80	120	250
	ボトムヒート	R（℃/W）								0.016	0.01	0.007
	ボトムヒート	Qmax（W）								1700	3900	6500

＊ 単位：mm

R：熱抵抗　　Qmax：熱最大輸送量

L：全長
Le：加熱部長さ
Lc：冷却部長さ

11.1 ヒートパイプ

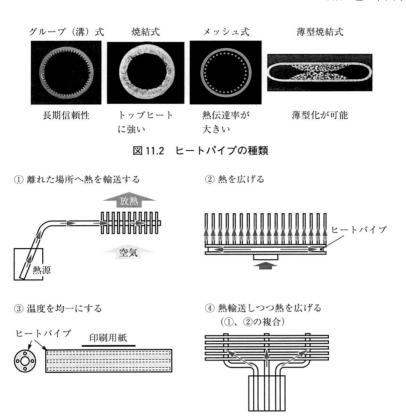

図 11.2 ヒートパイプの種類

図 11.3 ヒートパイプの用途

11.1.3 ヒートパイプの用途

ヒートパイプの使い方は主に以下の4つです（図 11.3）。
①離れた場所へ熱を輸送する
　熱源から離れた放熱部まで熱を輸送します。
②熱を広げる
　発熱源が小さいと拡がり熱抵抗が発生し、周囲へ熱拡散しにくくなります。ヒートパイプでベース面全体に熱を拡散すると拡がり熱抵抗を低減できます。

277

第11章　ヒートパイプ・電子冷却・液冷

③温度を均一にする

　液晶パネルや印刷機の加熱ローラなど、広い面積の温度分布を均一にしたい場合も有効です。

④熱輸送しつつ熱を広げる

　①、②の合わせ技として熱輸送と拡大の両方を行います。

　ヒートパイプは、電鉄、パワエレ、衛星などの産業用機器から、ゲーム機、パソコン、スマホ、車載機器などの一般民生機器まで幅広く使われるようになってきました。万能に見えるヒートパイプも、いくつかの弱点があります。下記の点に注意して使用しなければなりません。

11.1.4　注意点①　最大熱輸送量

　ヒートパイプの熱輸送量には限界があります。許容値を超えて入熱すると作動液が蒸発して乾ききってしまいます（ドライアウト）。一定の入熱量を超えると急激に熱抵抗が増大します。熱抵抗が増大する直前の入熱量を「最大熱輸送量 Q_{max}」と呼び、ヒートパイプ性能を代表する値としています。最大熱輸送量は、パイプ径、作動温度、傾角、長さによって変化します。例を表11.1に示します。必ず最大熱輸送量を確認し、それ以下の入熱量で使用しましょう。

11.1.5　注意点②　トップヒートモード

　ヒートパイプは重力の方向で性能が変わってしまうという弱点があります。ヒートパイプの下部を加熱して上部で放熱する状態であれば、上部で液体に戻った作動液が重力の助けを借りて戻ってこられます。逆になると重力に逆らって昇っていくことになるので性能が悪くなります。これを「トップヒートモード」と呼びます。表11.1から、トップヒートモードではボトムヒートモードの数分の1の熱輸送能力になることがわかります。これを解決するために、ウィックにさまざまな工夫をして、毛細管現象を強化しています。

　図11.4は水平ヒートから傾斜させたときの最大熱輸送量データです。トップヒート側に傾けると徐々に熱輸送能力が低下します。熱源が下になるよう構造を工夫してトップヒートモードをさける設計を行うことが大切です。

11.1 ヒートパイプ

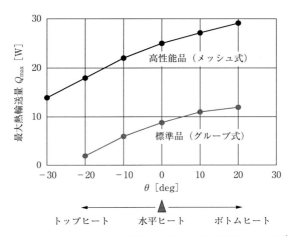

図11.4 ヒートパイプの傾斜角度θと最大熱輸送量 Q_{max}（例）
（出典：株式会社 UACJ 銅管ホームページより引用、http://www.heatpipe.jp/）

11.1.6 注意点③ 取り付け（接触熱抵抗）

ヒートパイプは熱輸送デバイスであり、それ自身で完結した冷却機能を持つわけではありません。設計で大切なのは熱源の熱がきちんとヒートパイプに伝わること、放熱部で速やかに冷却器に熱を伝えることです。

多くのヒートパイプが円形断面をしているため、接触面積を確保しにくく、取り付けに難があります。この対策として、つぶし加工を行って平らにする方法がとられますが、つぶすことによって断面積が減少し、熱輸送能力は低下します。

取り付け部分は、金属ブロックに嵌合させて接触固定する方法やはんだで固定する方法が推奨されます。

11.1.7 注意点④ 曲げ加工

設計自由度の高いヒートパイプですが、曲げ加工には制限があります（図11.5）。
① 90°以上曲げてはいけない

第11章　ヒートパイプ・電子冷却・液冷

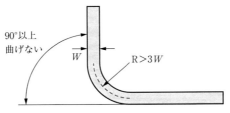

図11.5　ヒートパイプの加工制限

②曲げRはヒートパイプの幅Wの3倍以上とる

無理な加工を行った場合、割れ、しわ、エクボのような加工不良が発生し、腐食が起こる場合があります。

11.1.8　プレイステーション3での活用例

　ゲーム機やノートパソコンでは、もはやヒートパイプは必需品となっています。代表例としてプレイステーション3（以下PS3®）の構造を見てみましょう（図11.6）。

　初代PS3®ではCPUとGPUを冷却するためのヒートシンクユニットに5本のヒートパイプが使われていました。各部品からの熱はアルミの受熱ブロック

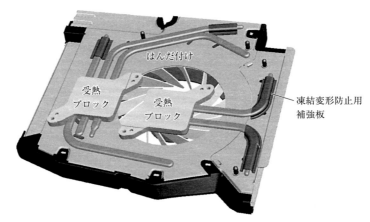

図11.6　PS3®におけるヒートパイプの取り付け構造
（出典：国峰尚樹、藤田哲也、鳳康宏「トコトンやさしい熱設計の本」、日刊工業新聞社）

で受けます。ヒートパイプは受熱ブロックに挿入され、さらにアルミのベースプレートにはんだ付けされています。ヒートパイプの先端に覆い被さるように付いている板金部品は、凍結時の変形を防ぐ補強板です。作動液が凍結してパイプが膨張するのを防いでいます。梱包状態では下向きになる側、つまり水がたまる側に付けています。

11.2　液冷システムの設計

　以前は、液冷システムは大掛かりなホストコンピュータなどで使われるだけで、一般民生機器に利用されることはありませんでしたが、パソコンで採用されるなどして身近になりました。液冷といっても液体は熱源から放熱部への熱輸送に使っているだけで、ヒートパイプと同じです。液体を空冷しているので、トータルで見れば空冷部分の性能で冷却能力が決まります。

11.2.1　液冷システムの構成

　液冷機器は、構造的には3つの部位で構成されます（図11.7）。
①発熱部（熱源と液冷ヒートシンク）
②液体を循環させる循環機構（パイプ、ポンプ、タンク）
③放熱部（液体を冷却するラジエターやファン）
液冷機器の放熱経路を熱等価回路で表すと、図11.8のように7つの直列熱抵抗になります。最初の2つの熱抵抗R_{jc}（部品のジャンクション-ケース間熱抵抗）

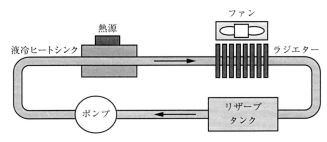

図11.7　液冷システムの構成

第11章　ヒートパイプ・電子冷却・液冷

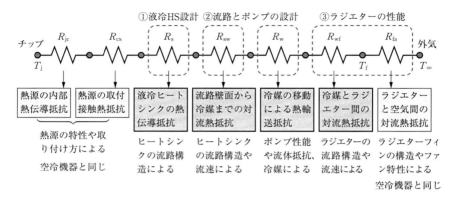

図11.8　液冷システムの構成

と R_{cs}（部品−液冷ヒートシンク間の接触熱抵抗）は他の冷却機構と同じです。それ以外のうち4つの抵抗が液冷固有の熱抵抗です。

R_s：熱源から冷却部（配管）までのヒートシンクの熱伝導抵抗

　　　流路の配管や熱源との位置関係によって変わります。

R_{sw}：流路壁面から冷媒までの対流熱抵抗

　　　ヒートシンクと冷媒との間の熱抵抗で、表面積や流速で変わります。ピンフィンの本数や配置など多くの設計パラメータがあります。

R_w：冷媒の移動による熱輸送抵抗

　　　流量や冷媒の密度・比熱が関連します。流量は流路の流体抵抗とポンプの性能に依存します。

R_{wf}：冷媒からラジエター（内壁）までの対流熱抵抗

　　　ラジエターの構造、表面積、流速などで決まります。

R_{fa}：ラジエターから空気までの対流熱抵抗

　　　ラジエターの表面積やファンの性能（風速）などで決まります。

　　　ここは一般的な空冷ヒートシンクと同じです。

　たくさんの熱抵抗が直列につながっているため、全体の熱抵抗を下げて冷却性能を上げるには、ボトルネックとなる熱抵抗に着目します。通常一番熱抵抗が大きいのは R_{fa} です。この性能で冷媒の温度が決まります。外気に近い熱抵

抗ほど全体の温度に影響します。

　熱源を許容温度以下にするにはこれら直列熱抵抗の合計値を一定以下にしなければなりません。個々のコンポーネントは市販品を使うことも多いので、熱抵抗要件を満たすものを選定し、全体としての熱抵抗を常に管理します。

11.2.2　液冷システムの計算の流れ

　液冷システムの設計では、熱の計算と流れの計算が必要です。

　流れの計算の結果、流量・流速が決まり、熱の計算が可能になります。しかし、熱を満足しようとして流路を複雑にすると流れの条件（圧損○kPa以下など）を満足できなくなることもあり、トレードオフしながら全体設計を進める必要があります。

　設計計算の流れを図 11.9 に示します。

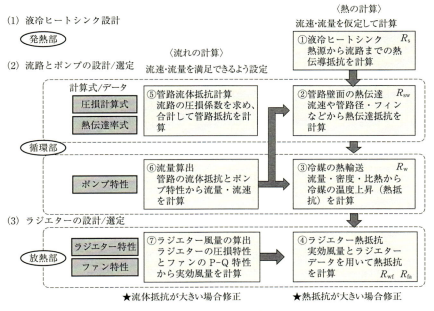

図 11.9　液冷システム設計計算の流れ

第11章　ヒートパイプ・電子冷却・液冷

①液冷ヒートシンク R_s

　熱伝導の基礎式を使って概算します。

②管路壁面の熱伝達 R_sw

　液冷ヒートシンクに設けた流路の熱伝達率から熱抵抗を計算します。ピンフィンなどを設けた複雑な形状の場合、熱流体解析を行います。流速が未決定の場合は仮決めして計算します。

③冷媒の熱輸送 R_w

　冷媒の物性と流量から熱輸送抵抗を計算します。流量が未決定の場合は仮決めして計算します。

④、⑦ラジエターの熱抵抗 $R_\mathrm{wf} + R_\mathrm{fa}$

　ラジエターの圧損特性と熱抵抗特性データを参照して、ファン動作風量と流量から熱抵抗を求めます。

⑤管路流体抵抗計算

　流路で発生する摩擦・局所圧損係数を求め、合計して管路抵抗を計算します。

⑥流量算出

　管路の流体抵抗とポンプの特性から冷媒の流量・流速を計算し、適切なポンプを選定します。

11.2.3　液冷システムの計算例

　この流れに従って、図11.10に示す液冷ヒートシンクに搭載した200Wの熱源の温度を計算してみましょう。冷却器の仕様は下記のとおりです。

● 水冷ヒートシンク

　寸法：170×140 mm、$t = 10$ mm、管路内径：$\phi 4$ mm、直管部長さ：590 mm
　ベント部長さ：R10×8箇所≒151 mm、管路中心から表面までの距離：5 mm
　搭載熱源発熱量：200 W、熱伝導率　220 W/(m・K)、流量：2 L/min

● 水冷ヒートシンク以外の配管

　長さ：0.5 m、管路内径：$\phi 4$ mm

また、ここで使用するラジエターの流体・熱特性、ラジエター用空冷ファンの特性を図11.11に、ポンプの特性（製品A〜D）を図11.12に示します。

284

11.2 液冷システムの設計

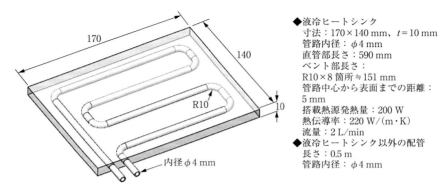

◆液冷ヒートシンク
 寸法：170×140 mm、$t = 10$ mm
 管路内径：$\phi 4$ mm
 直管部長さ：590 mm
 ベント部長さ：
 R10×8箇所≒151 mm
 管路中心から表面までの距離：
 5 mm
 搭載熱源発熱量：200 W
 熱伝導率：220 W/(m・K)
 流量：2 L/min
◆液冷ヒートシンク以外の配管
 長さ：0.5 m
 管路内径：$\phi 4$ mm

図 11.10　液冷システムの計算例
（出典：橘純一「液冷におけるシミュレーションのポイント」、熱設計・対策技術シンポジウム 2016 予稿集）

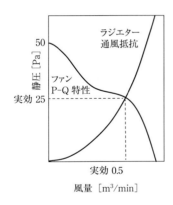

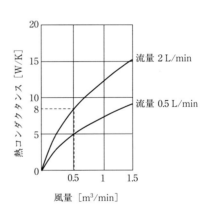

(a) ラジエターの通風抵抗と
　　ファンのP-Q特性
　　（実効風量0.5 m³/min）

(b) ラジエターの熱コンダクタンス特性
　　熱コンダクタンス
　　＝放熱量/(流入水温－周囲空気温度)
　　＝$1/(R_{wf} + R_{fa})$

図 11.11　ラジエターとその冷却ファンの特性

①液冷ヒートシンクの熱伝導計算 R_s

　複雑な流路の熱抵抗を正確に計算するには熱伝導解析が必要ですが、液冷管が一定間隔で密に配置されていれば、管が面全体に均一に分布すると考えて熱伝導計算式を使います。A_{HS}をヒートシンクの断面積 [m²]、Lを熱源面から配

第11章 ヒートパイプ・電子冷却・液冷

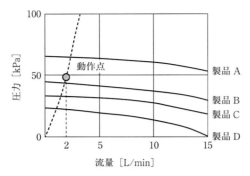

図 11.12 ポンプの特性と動作点

表 11.2 配管の伝導形状係数（表 3.2 からの抜粋）

項目	形状	伝導形状係数
半無限媒質中の円筒	円筒半径 r （境界面温度一定）	$S = \dfrac{2\pi L}{\cosh^{-1}\left(\dfrac{D}{r}\right)}$
無限媒質中の 平行2円筒	円筒半径 r_1 円筒半径 r_2	$S = \dfrac{2\pi L}{\cosh^{-1}\left(\dfrac{D^2 - r_1^2 - r_2^2}{2r_1 r_2}\right)}$

熱抵抗は伝導形状係数を S として下記の式で計算できます

$$R = \dfrac{1}{S \cdot \lambda}$$

管中心までの距離 [m]、λ をヒートシンクの熱伝導率 [W/(m·K)] として、

$$R = \dfrac{L}{\lambda \cdot A_{\mathrm{HS}}} = \dfrac{0.005}{220 \times 0.0238} = 0.000955 \text{ K/W}$$

となります。

配管の本数が少なく、熱源下を1本の液冷管しか通らないような場合には、半無限媒質中の円筒の伝導形状係数を使用して計算できます（**表 11.2**）。

水管の長さ（合計）0.741 m、表面から水管までの距離 5 mm、水管半径 0.002 m なので熱伝導抵抗は、

11.2 液冷システムの設計

$$R = \frac{1}{S \cdot \lambda} = \frac{\cosh^{-1}\left(\dfrac{D}{r}\right)}{2\pi L \cdot \lambda} = 0.00153 \ \text{K/W}$$

となり、面全体に配管した場合より熱抵抗が大きくなります。適度な間隔で配管したときは、この2つの熱抵抗の間になります。ここでは0.000955 K/W を使用します。

②液冷ヒートシンクの熱伝達率計算 R_{sw}

液冷管の壁面の熱伝達抵抗は、発達した管内流の実験式（Dittus-Boelter の式）を用いて計算します（式(3.37)）。

$$\text{Nu} = 0.023 \cdot \text{Re}^{0.8} \cdot \text{Pr}^{0.4}$$

この計算では冷媒の物性値として、**表 11.3** に示す値（水の値）を使います。冷媒の物性値は温度依存性があるので、実際の計算では使用温度での物性値を使ってください。なお、以下で使用する無次元数については、3.5.1 項を参照下さい。

まず、流量（2 L/min）から流速を求めます

$$u = \frac{Q}{A} = \frac{2/1000/60}{0.002^2 \times \pi} = 2.65 \ [\text{m/s}]$$

次に、レイノルズ数を求めます。

$$\text{Re} = \frac{u \cdot d}{\nu} = \frac{2.65 \times 0.004}{1 \times 10^{-6}} = 10610$$

ここで Dittus-Boelter の式を使ってヌッセルト数を求めます。

$$\text{Nu} = 0.023 \cdot \text{Re}^{0.8} \cdot \text{Pr}^{0.4} = 83.2$$

ヌッセルト数から熱伝達率を求めます。

表 11.3 例題で使用する冷媒の物性値
本来温度依存性があるが、ここでは固定値とする

密度 [kg/m³]	比熱 [J/(kg·K)]	熱伝導率 [W/(m·K)]	動粘性係数 [m²/s]	プラントル数
998.2	4180	0.6	1×10^{-6}	6.99

287

$$h = \frac{\mathrm{Nu} \cdot \lambda}{d} = \frac{83.2 \times 0.6}{0.004} = 12479 \ \mathrm{W/(m^2 \cdot K)}$$

配管の全表面積を求めて熱抵抗を計算します。

$$S = \pi d L = \pi \times 0.004 \times 0.741 = 0.009307 \ \mathrm{m^2}$$

$$R = \frac{1}{S \cdot h} = \frac{1}{0.009307 \times 12479} = 0.0086 \ \mathrm{K/W}$$

ヒートシンクの熱伝導抵抗 R_{sw} よりもこちらの熱抵抗が大きいことがわかります。

この部分の熱抵抗を下げるためにピンフィン（円管群）が使われることがあります。ピンフィンの熱伝達率計算にはZukauskas（ズカウスカス）の式を使います（図11.13）。

③冷媒の熱輸送抵抗計算 R_w

冷えた状態で液冷ヒートシンクに流入する冷媒は、流出するときには温度が上昇します。この温度上昇と受熱量との比が冷媒の熱輸送抵抗です。流入口と流出口では冷媒の温度が異なるので、平均温度を基準に考えます。最悪値を考

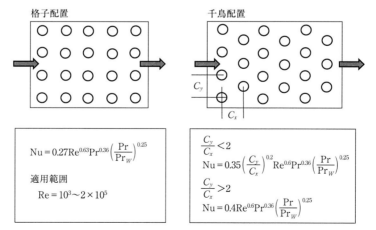

Re は管群最小間隔部の流速 V と管直径 d で定義される

図 11.13 ピンフィン（円管群）の熱伝達率計算式（Zukauskas の式）
（出典：Holman, J. P., "Heat Transfer 10th ed.", McGraw Hill）

慮するのであれば、流出側温度を基準にとります（2で割らない）。熱抵抗は密度×比熱×流量の逆数を2で割って（平均化する）算出します。

$$R = \frac{1}{\rho \cdot C_{\mathrm{p}} \cdot Q \times 2} = \frac{1}{4180 \times 998.2 \times (2/1000/60) \times 2} = 0.0036 \ [\mathrm{K/W}]$$

④⑦ラジエターの熱抵抗算出（$R_{\mathrm{wf}}+R_{\mathrm{fa}}$）

ラジエターの通風抵抗とファンのP–Q特性をメーカから入手し、交点（動作風量）を求めます。ここでは図11.11aより動作風量が0.5 m³/minなのでラジエターの熱コンダクタンスは8 W/K（熱抵抗0.125 K/W）と推定できます。この熱抵抗が最も大きいことがわかります。

ここまでの熱抵抗をまとめて、温度上昇を予測すると次のようになります。

$R=$ 液冷ヒートシンク熱伝導抵抗＋液冷ヒートシンク熱伝達抵抗

＋熱輸送抵抗＋ラジエターの熱抵抗

$= 0.000955 + 0.0086 + 0.0036 + 0.125 = 0.138 \ \mathrm{K/W}$

$\Delta T = 0.138 \times 200 = 27.6 \ ℃$

ラジエターの熱抵抗が支配的なことがわかります。

⑤管路流体抵抗計算

ここまで2 L/minの流量を条件に計算しましたが、この流量を得るためのポンプを選定します。まず配管の流体抵抗を計算します。

〈ヒートシンク直管部の摩擦圧損〉

流速と管径からレイノルズ数を求めます。

$$\mathrm{Re} = \frac{v \cdot d}{\nu} = \frac{2.65 \times 0.004}{1 \times 10^{-6}} = 10610 \ （乱流）$$

レイノルズ数を使って管摩擦係数f（乱流）を求めます。式(3.54)より、

$$f = \frac{0.3164}{\mathrm{Re}^{0.25}} = 0.031$$

となります。管摩擦係数を使って摩擦による圧力損失を求めます。直管部分の長さが0.59 mなので下記の値が得られます。

$$\Delta P = f \frac{L}{d} \cdot \frac{\rho}{2} \cdot v^2 = 0.031 \times \frac{0.59}{0.004} \times \frac{998}{2} \times 2.65^2 = 15 \ \mathrm{kPa}$$

第11章　ヒートパイプ・電子冷却・液冷

〈ベンド部局所圧損〉

　ベンド部分の局所圧損の計算には、3.8.3項で説明した「曲がり圧損」計算式を使用します。曲げ半径 R が 0.01 m なので、使用する式の判定は次のようになります。

$$\mathrm{Re} \cdot \left(\frac{d}{R}\right)^2 = 1700 > 364, \quad \frac{d}{R} = 2.5$$

90°曲げ8箇所なので圧損は以下のように算出できます。

$$\zeta_{\mathrm{b}} = 0.00431 \cdot \alpha \cdot \theta \cdot \mathrm{Re}^{-0.17} \cdot \left(\frac{R}{d}\right)^{0.849} = 0.293$$

$$\alpha = 0.95 + 4.42 \cdot \left(\frac{R}{d}\right)^{-1.96} = 1.68$$

従って、

$$\Delta P = \zeta_{\mathrm{b}} \cdot \frac{\rho}{2} \cdot v^2 = 0.293 \times 8 \times \frac{998}{2} \times 2.65^2 = 8.2 \ \mathrm{kPa}$$

〈配管部分の摩擦圧損〉

　レイノルズ数や管摩擦係数は〈ヒートシンク直管部の摩擦圧損〉の計算と同じです。配管の長さを 0.5 m とし、下記のように計算できます。

$$\Delta P = f \frac{L}{d} \cdot \frac{\rho}{2} \cdot v^2 = 0.031 \times \frac{0.5}{0.004} \times \frac{998}{2} \times 2.65^2 = 13.6 \ \mathrm{kPa}$$

その他、ジョイントや分岐などの配管圧損はメーカデータを参考にして上記に加えます。ここではラジエターの流路圧損はメーカより 10 kPa のデータが得られているとします。

　以上の結果を合計して全流路の圧力損失を計算すると、

　　　$\Delta P =$ 直管部圧損 15＋曲げ部圧損 8.2＋配管圧損 13.6

　　　　　　　　　　　　　　　＋ラジエター圧損 10＝46.8 kPa

が得られます。

　改めて、図 11.12 ポンプの特性カーブに、流量 2 L/min、静圧 46.8 kPa をプロットしてみると、使えそうな製品（カーブが上記の点より上に来る）は A のみであることがわかります。

11.3　ペルチェモジュール（熱電素子：TEC）

このように液冷システムの計算は複雑なため、Excel を使うとパラメータスタディが容易になります。この計算事例は Excel 計算シートに入っています。

11.2.4　冷媒の選定

この例では冷媒の物性値として水の値を使いましたが、実際には LLC（Long Life Coolant：不凍液）なども使用されます。冷媒は使用温度や配管材料との相性、放熱特性（熱伝導率や比熱）、流動性、絶縁性、メンテナンス性、価格など幅広い評価尺度で選定する必要があります。

11.3　ペルチェモジュール（熱電素子：TEC）

ペルチェモジュール（Thermoelectric Cooler：TEC）は、半導体のペルチェ効果を利用したヒートポンプです。ファンやヒートシンクでは部品の温度を周囲温度以下にはできませんが、ペルチェモジュールを使うと、部品を周囲温度以下にすることもでき、広範囲な温度制御が可能となります。ペルチェモジュールは光通信用レーザダイオードの冷却で普及し、産業用を中心に電子機器冷却にも使われ始めています。発電にも使用できるので、エネルギーハーベスティング（環境発電）への用途も期待されています。

11.3.1　動作メカニズムと予測式

ペルチェ効果とは、金属電極で接合されたN型素子からP型素子に電流を流すと熱移動が生じる現象です。これは、電子が半導体から出るときにエネルギーを放出し、半導体に入るときにエネルギーを吸収することにより発生します。図 11.14a のように電流を流すと、上部金属電極で吸熱、下部金属電極で発熱が起こります。電流の向きを逆にすると吸熱と発熱が逆転するため、スイッチ1つで加熱、冷却の切り替えが可能です。

一対の素子では冷却能力が小さいので、ペルチェ素子をマトリックス状に並べ、それぞれの上下を電極で直列に電気接続し、セラミック等ではさみます。これがペルチェモジュール（TEC）と呼ばれる冷却デバイスです（図 11.14b）。

291

第11章 ヒートパイプ・電子冷却・液冷

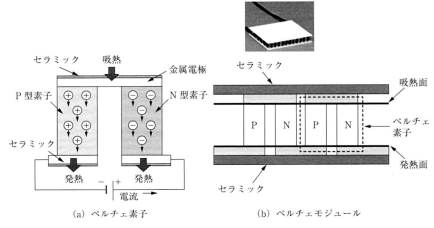

(a) ペルチェ素子　　　　(b) ペルチェモジュール

図 11.14　ペルチェ素子の原理とモジュールの構造

　ペルチェモジュールの吸熱量は、電流に比例して増加しますが、内部抵抗によるジュール発熱が電流の2乗に比例して増加することから、吸熱量が最大となる電流値が存在します。また、素子の熱伝導により高温面から低温面への熱の戻りがあります。ペルチェ素子の吸熱量 Q_C、発熱量 Q_H は、以下の式で表されます

$$Q_C = -\alpha \cdot T_C \cdot I + R \cdot I^2 / 2 + K \cdot \Delta T \tag{11.1}$$

$$Q_H = \alpha \cdot T_H \cdot I + R \cdot I^2 / 2 - K \cdot \Delta T \tag{11.2}$$

　　Q_C：吸熱量 [W]、Q_H：発熱量 [W]、T_C：吸熱側絶対温度 [K]
　　T_H：発熱側絶対温度 [K]、I：電流値 [A]
　　ΔT：素子の温度差 [K] $= T_H - T_C$、α：素子のゼーベック係数 [V/K]
　　R：素子の抵抗値 [Ω]、K：素子の熱コンダクタンス [W/K]

　式（11.1）の右辺第1項はペルチェ効果による吸熱量、第2項は素子のジュール発熱、第3項は発熱面（高温）から吸熱面（低温）に戻る熱流量です。
　ペルチェ素子の代表特性である吸熱量 Q_C、発熱量 Q_H、電気抵抗 R が温度依存になるため、温度依存性を考慮した性能予測が必要です。熱回路網法を使うとペルチェモジュールの正確な特性計算ができます。ペルチェモジュールの熱

11.3 ペルチェモジュール（熱電素子：TEC）

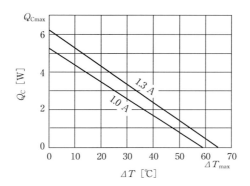

図 11.15　ペルチェ素子の性能を表すグラフ例

回路モデルは Excel 計算シートにあります。

ペルチェモジュールのカタログには、I_{max}（最大電流）、V_{max}（最大電圧）、Q_{max}（最大吸熱量）、ΔT_{max}（最大温度差）が記述されています。それぞれの意味は下記のとおりです。

- I_{max}（最大電流）：吸熱側と排熱側が最大の温度差を生じるときの電流値
- V_{max}（最大電圧）：I_{max}（最大電流）を流すために必要な電圧
- Q_{max}（最大吸熱量）：I_{max}（最大電流）で動作させたときの吸熱量
- ΔT_{max}（最大温度差）：吸熱側と排熱側に生ずる最大温度差

ペルチェ素子の性能は縦軸を吸熱量 Q_C、横軸を ΔT とした直線グラフで表現できます。電流ごとに複数の線が描かれます（図 11.15）。

11.3.2　ペルチェモジュールを使った計算例

図 11.16 に示す仕様の TEC を挿んで、熱源（22.5 W）をヒートシンク（1 K/W）に取り付けます。

どれくらいの電流を流したときに部品の温度を最も低くできるでしょうか？Excel 計算シート（ペルチェモジュール）で計算した結果を図 11.17、グラフを図 11.18 に示します。電流を増加させると発熱体の温度は徐々に下がり、ヒートシンクの温度は上がります。発熱体の温度が最も下がるのは電流 2.2 A のときで、64.9 ℃ となります（図 11.18a）。ただしペルチェモジュールを使わない

293

第11章 ヒートパイプ・電子冷却・液冷

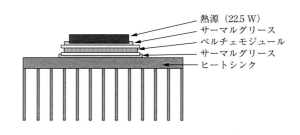

◆TECの仕様
外形寸法縦	25 mm
外形寸法横	25 mm
外形寸法高さ	3.1 mm
素子数（ペア数）	127 個
素子の断面積	0.64 mm^2
素子の厚み	1.27 mm
セラミック厚み	0.915 mm
セラミック熱伝導率	15 W/(m・K)

◆TECの物性値
ゼーベック係数 a	2.07×10^{-4} V/K
電気抵抗率	1.03×10^{-5} mΩ
熱伝導率	1.6 W/(m・K)

◆冷却器
ヒートシンク熱抵抗	1 K/W

図 11.16　ペルチェモジュール計算例

節点1	節点2	熱コンダクタンス	発熱点番号	発熱量	固定点番号	固定温度
1	2	10000	4	−38.96154261	9	25
2	3	20.49180328	5	25.02938543		
3	4	20.49180328	6	43.48671227		
4	5	0.4096	1	22.5		
5	6	0.4096				
6	7	20.49180328				
7	8	20.49180328				
8	9	1				
2	9	0.0001				
4	6	0.0001				

節点番号	温度	
1	64.9	部品
2	64.9	セラミックC 部品面
3	63.8	セラミックC厚み中心
4	62.7	ペルチェ吸熱面
5	103.0	ペルチェ中心部
6	82.1	ペルチェ排熱面
7	79.6	セラミックH厚み中心
8	77.0	セラミックH放熱面
9	25.0	周囲温度

電流	2.2	A
ゼーベック係数	0.0002069	V/K
素子の厚み	0.00127	m
素子の断面積	0.00000064	m^2
素子の電気抵抗率	0.00001026	Ωm
熱伝導率	1.6	W/(m・K)
素子数（PNペア数）	127	ペア
セラミック熱伝導率	15	W/(m・K)
外形寸法縦	0.025	m
外形寸法横	0.025	m
外形寸法高さ	0.0031	m
セラミック厚み	0.000915	m
部品の発熱量	22.5	W
ヒートシンク熱抵抗	1	K/W
発熱体-空気熱抵抗	10000	K/W
Hot-Cool 戻り熱抵抗	10000	K/W

温度差ΔT ［℃］	−14.6333847	
吸熱量 Qc［W］	22.47755645	
投入電力 ［W］	25.02938543	
成績係数 COP	0.898046579	
電気抵抗/素子	0.020359688	Ω
電気抵抗/モジュール	5.171360576	
電圧	11.37699338	V
入力電力	25.02938543	W

図 11.17　Excel 計算シート（ペルチェモジュール）の計算結果

11.3 ペルチェモジュール（熱電素子：TEC）

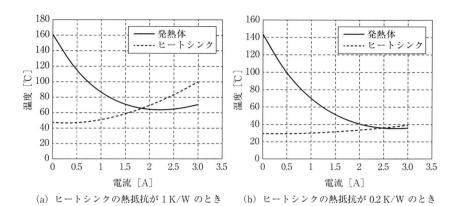

(a) ヒートシンクの熱抵抗が 1 K/W のとき　(b) ヒートシンクの熱抵抗が 0.2 K/W のとき

図 11.18　電流を変化させたときの温度

ときの温度上昇が 25 ℃ ＋1 K/W×22.5 W＝47.5 ℃ ですから、かえって温度が上がっていることになります。

これはヒートシンクの冷却能力が十分でないためです。

ヒートシンクの熱抵抗を 0.2 K/W まで下げると、電流 2.7 A 付近で 35.8 ℃ になります（図 11.18b）。

ペルチェモジュールの性能を十分引き出すには、冷却器の性能が重要であることがおわかりいただけると思います。

11.3.3　ペルチェモジュール使用上の注意点

ペルチェモジュールは手軽に使える冷凍機として便利ですが、いくつか弱点があります。この点に注意して使ってください。

1）性能係数が小さい

ペルチェ素子の性能は、COP（Coefficient of Performance：成績係数）で表されます。

$$\text{COP(成績係数)}＝吸熱量/投入電力 \tag{11.3}$$

COP は、実用領域では 1 以下です。つまり 1 W 冷やすのにそれ以上の電力を食ってしまうということです。小型冷蔵庫などでは 0.2 程度、通信用の光モジュールでも最大 0.7 程度といわれています。

第11章 ヒートパイプ・電子冷却・液冷

このCOPは動作温度と性能指数で決まってしまいます。性能指数は以下の式で計算できます。

$$性能指数 = \frac{\alpha^2}{\rho\lambda} \tag{11.4}$$

α：ゼーベック係数 [V/K]、ρ：比抵抗 [Ω·m]、λ：熱伝導率 [W/(m·K)]

性能指数はすべて物性値で構成されていますので、性能の大半が使う素子で決まることになります。ビスマス-テルルという半導体が広く使われています。

2）温度サイクルにより熱疲労する

ペルチェ素子の耐荷重強度は高くないので、繰り返しの熱応力が発生すると疲労破壊が起こります。温度サイクル（全体が均一な温度で変化）負荷とON-OFFサイクル負荷では疲労の発生メカニズムが異なります。温度サイクルではペルチェモジュールと接合部材の熱膨張差によって熱応力が発生するのに対し、ON-OFFサイクルでは高温側と低温側の温度差による変形が起こり、素子の接続部に応力集中が発生します（**図 11.19**）。こうした課題を解決するため、軟らかい素材を使った製品や素子を補強した製品が登場しています。

また、ペルチェモジュールは、許容範囲を超えた高温で使用すると、接続部のはんだが融解するなどの不具合が出るおそれがあるので注意して下さい。

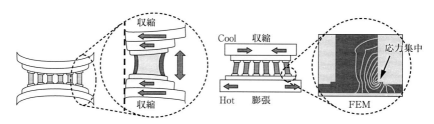

(a) 温度サイクルによる疲労破壊
　　ペルチェモジュールと接合部材の熱膨張差によって繰り返し熱応力が発生する

(b) ON-OFFサイクルによる疲労破壊
　　ペルチェモジュールの上下の温度差により繰り返し熱応力が発生する

図 11.19　ペルチェモジュールの熱疲労
（出典：小西明夫「ペルチェ冷却の基礎と応用」、熱設計・対策技術シンポジウム 2016 予稿集）

第12章　製品設計に見る熱設計のプロセス
～熱設計は手順を踏んで効率的に進めましょう～

　これまでさまざまな観点から熱設計のポイントについて説明してきましたが、実際の製品設計においては、これらの手法を一連の流れとして実施していかなければなりません。断片的なスキルや手法、ツールだけでは熱設計は難しく、プロセスが重要です。

　ここでは仮想製品を例として熱設計の流れを説明します。

12.1　基本的な熱設計手順

　熱設計のアウトプットは目標温度を満足する冷却機能を提供することにあります。そのためのインプットは許容温度、周囲温度、発熱量といった熱的な要件と実装上の制約条件です。第4章で説明したように、これら熱的条件と冷却機構（形状）を結びつけるのが「熱抵抗」です。

　基本的な熱設計の流れを図12.1に示します。まず、熱的条件から目標熱抵抗を求めます。次に目標熱抵抗を実現する設計パラメータを抽出します。筐体に実装された部品のジャンクションの目標熱抵抗は下記（式(4.8)に同じ）で表されます。

$$R = R_{jc} + \frac{1}{S \cdot h} + \frac{1}{1150 \cdot Q} \tag{12.1}$$

図12.1の例ではブロック表面温度を目標としているので、$R_{jc}=0$、筐体に実装していないので$Q=\infty$となり、

$$R = \frac{1}{S \cdot h} \tag{12.2}$$

と単純化できます。

　熱伝達率は大きさや放射率で変わりますが、ここでは小型部品の経験値

第12章 製品設計に見る熱設計のプロセス

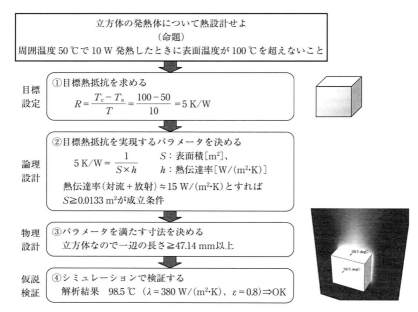

図12.1 熱設計の流れ

$15\,\mathrm{W/(m^2 \cdot K)}$ を使用します。熱伝達率を正しく与えたい場合には、一辺長 $50\,\mathrm{mm}$、温度上昇 $50\,°\mathrm{C}$、放射率 0.8 として概算します。Excel計算シート（筐体温度計算）を使って計算すると対流と放射熱伝達率の合計で $14.6\,\mathrm{W/(m^2 \cdot K)}$ が得られます。

ここから、熱設計条件を満足するには表面積 $0.0133\,\mathrm{m^2}$ 以上であることがわかります。立方体の条件なので一辺長は $47.14\,\mathrm{mm}$ 以上です。

外形寸法をこれより小さくしなければならない場合でも、表面積の確保は必須条件なので、工夫しながら表面積を確保します。表面にフィンを設ける、筐体やブラケットなどの近接部品に熱を伝えるなどの方法が考えられます。

このようにして立てられた「仮説」（「この対策でいいはず」という見通し）をシミュレーションで「検証」します。この例では解析の結果、$98.5\,°\mathrm{C}$ となりました（熱伝導率 $380\,\mathrm{W/(m \cdot K)}$、放射率 0.8 で解析）。

この例は考え方を示したもので、実際の熱設計はもっと複雑になります。し

かし、目標熱抵抗を設定し、実現する形状を導くプロセスは同じです。

以下 3 つの設計事例を元に具体的な手順を説明します。

12.2 【事例 1】密閉機器の熱設計

一般的な電子機器はたくさんの部品を実装しているので、それぞれの部品に対して目標熱抵抗の考え方をあてはめます。複数の部品を搭載した基板を密閉筐体に実装した機器の熱設計例（図 12.2）を考えてみましょう。スマホやデジカメ、ECU などがこのカテゴリーに入ります。

こうした機器では筐体をヒートシンクとして使用します。内部に部品を実装したヒートシンクを設計すると考えてもいいでしょう。

```
筐体サイズ：180×150×30 mm、(厚み 3 mm)、材質 ADC12
          表面放射率 0.85
基板サイズ：160×130×1.6 mm、4 層基板 FR-4
          (銅厚 35 μm、表層残銅率 20 %、内層 87 %
          等価熱伝導率＝18 W/(m・K))
総消費電力：15.5 W、実装部品リストを表 12.1 に示す
周囲温度　：40 ℃
```

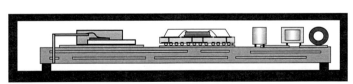

筐体サイズ：180×150×30 mm
基板サイズ：160×130×1.6 mm
消費電力　：15.5 W
周囲温度　：40 ℃

図 12.2　自然空冷密閉機器の熱設計事例

第12章　製品設計に見る熱設計のプロセス

表12.1　密閉機器の部品リスト

名称	許容温度 [℃]	外形寸法 [mm]			消費電力 [W]
		縦 又は直径	横	高さ	
部品1	90	5	4.9	1	0.200
部品2	90	17	17	1	2.000
部品3	90	13	13	1.5	1.700
部品4	90	3.95	4.9	1	0.140
部品5	90	3	6.5	1	0.160
部品6	90	9.25	10	3.5	1.700
部品7	90	6	7.2	1.7	0.300
部品8	90	5	2.1	1	0.200
部品9	90	13.2	14.5	1.2	2.300
部品10	90	7	6	1.5	0.190
部品11	90	10.5	7.5	2.5	0.500
部品12	90	11.3	11.4	2.5	1.200

1）筐体表面温度の計算

　自然空冷密閉筐体の表面温度は筐体表面積と総発熱量（熱流束）で決まります。熱流束 $= 15.5/0.0738 = 210$ W/m²、放射を含めた熱伝達率は $10 \sim 15$ W/(m²·K) なので、表面温度上昇は $14 \sim 21$ ℃となることが予想されます。Excel計算シート（【事例1】密閉機器筐体シート）を使って厳密に計算すると、筐体表面温度上昇 19.28 ℃が得られます（図12.3a）。

　筐体表面から外気への熱抵抗にすると、$19.28/15.5 = 1.24$ K/W となります。もしこの温度が許容値よりも高かったら表面積を増やす（フィンを設ける）、風を流すなどの対策が必要です。

2）基板平均温度の計算

　次に基板平均温度を求めます。密閉筐体に実装された基板は周囲温度が筐体温度上昇分上がったと考え、周囲温度を筐体温度（59.3 ℃）として Excel 計算シート（【事例1】密閉機器基板シート）で計算します。筐体に対する基板の平均温度上昇は 29.61 ℃（温度 88.9 ℃）なので、基板-筐体間の熱抵抗は $R = 29.61$

筐体幅[m]	0.18		
筐体奥行[m]	0.15	上面代表長	0.15
筐体高さ[m]	0.03	Stop	0.027
表面放射率	0.85	Sside	0.0198
発熱量[W]	15.5	Sbot	0.027
通風口面積[m²]	0	σ	5.67E-08
周囲空気温度℃	40	煙突長	0.015

表面温度上昇 ΔT(仮定)	19.28	内部空気温度上昇	38.56
周囲温度[K]	313.15	内部空気温度	78.56
表面温度[K]	332.43	表面温度	59.28

	熱伝達率	熱コンダクタンス	放熱量
上面の対流熱伝達率	4.564	0.123	2.376
側面の対流熱伝達率	7.077	0.140	2.702
底面の対流熱伝達率	2.282	0.062	1.188
全面の放射熱伝達率	6.490	0.479	9.234
換気による放熱量			0.000
合計放熱量			15.500

ERR	2.295E-06

筐体幅[m]	0.16		
筐体奥行[m]	0.13	上面代表長	0.13
筐体高さ[m]	0.0016	Stop	0.0208
表面放射率	0.85	Sside	0.000928
発熱量[W]	15.5	Sbot	0.0208
通風口面積[m²]	0	σ	5.67E-08
周囲空気温度℃	59.281236	煙突長	0.0008

表面温度上昇 ΔT(仮定)	29.61	内部空気温度上昇	59.23
周囲温度[K]	332.43	内部空気温度	118.51
表面温度[K]	362.05	表面温度	88.90

	熱伝達率	熱コンダクタンス	放熱量
上面の対流熱伝達率	5.266	0.110	3.244
側面の対流熱伝達率	16.395	0.015	0.451
底面の対流熱伝達率	2.633	0.055	1.622
全面の放射熱伝達率	8.086	0.344	10.184
換気による放熱量			0.000
合計放熱量			15.500

ERR	0.0001182

（a）筐体の温度計算
　　筐体が等温の時の温度上昇は 19.3 ℃、筐体の熱抵抗は 19.3/15.5 ＝ 1.24 K/W

（b）基板の温度計算
　　基板が等温の時の筐体に対する温度上昇は 29.6 ℃、筐体と基板間の熱抵抗は 29.61/15.5 ＝ 1.91 K/W となる

図 12.3　Excel による筐体温度計算

外気（40 ℃）に対し、筐体温度上昇 19.3 ℃、基板温度上昇 19.3＋29.6＝48.9 ℃（基板温度 88.9 ℃）となった

/15.5＝1.91 K/W となります（図 12.3b）。

3）対策目標（熱抵抗）を求める

　ここでは実装部品の許容温度（周囲温度 70 ℃以下など）を考慮し、基板の目標温度を 70 ℃として検討を進めます。

　基板の温度を 70 ℃以下にするには、筐体の温度を下げるか、筐体と基板の温度差を縮めるしかありません。ここでは筐体の熱対策は行わないので、後者で対応します。

　基板温度を 70 ℃以下にするには、筐体–基板間の熱抵抗（現在 1.91 K/W）を、

　　　　目標熱抵抗＝(70－19.28－40)/15.5＝0.692 K/W

にしなければなりません。

4）目標熱抵抗を実現するための対策案

　この熱抵抗を実現するには、基板と筐体を接触させて熱伝導で放熱する構造

第 12 章　製品設計に見る熱設計のプロセス

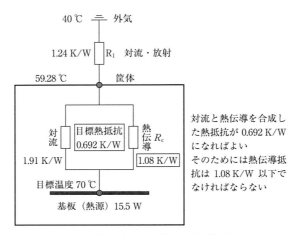

図 12.4　自然空冷密閉機器の放熱概念図

が効果的です。このとき、熱伝導による熱抵抗を R_c として逆算すると、

$$\frac{1}{R_c} = \frac{1}{1.91} - \frac{1}{0.692} \text{ より、} R_c = 1.08 \text{ K/W}$$

となります（図 12.4）。この熱抵抗が実現可能なレベルかどうか試算してみます。

TIM を使って基板を筐体に接触させるとし、接触面積を A [m²]、TIM 厚みを 3 mm、TIM 熱伝導率を 3 W/(m・K) とすると、

$$\frac{0.003}{3 \times A} = 1.08 \text{ K/W}$$

ここから接触面積 $A = 0.000926 \text{ m}^2 = 926 \text{ mm}^2$ が得られます。これは 30×30 mm 程度の接触面積であり、実現可能と考えられます。

5）各部品の目標熱抵抗と単体熱抵抗から対策の要不要を判断する

ここからは個別の実装部品に目を移し、対策が必要な部品と不要な部品の識別を行います。

8.3.1 項で説明した部品の対策仕分けを行います。各部品に与えられた目標熱抵抗と、部品が持つ固有の単体熱抵抗から自己冷却可能な部品かどうか判断します。Excel 計算シートにある「【事例 1】危険部品判断シート」を使用しま

12.2 【事例1】密閉機器の熱設計

(a) 目標熱抵抗と単体熱抵抗算出表

名称	許容温度 [℃]	外形寸法 [mm] 縦又は直径	横	高さ	消費電力 [W]	周長 [mm]	表面積 [mm²]	熱流束 [W/m²]	単体熱抵抗 [K/W]	目標熱抵抗 [K/W]	周囲温度 単体＜目標	59.28 目標＜30
部品1	90	5	4.9	1	0.2	19.8	68.8	2907	688.86	153.59	×	○
部品2	90	17	17	1	2	68	646	3096	87.18	15.36	×	×
部品3	90	13	13	1.5	1.7	52	416	4087	130.70	18.07	×	×
部品4	90	3.95	4.9	1	0.14	17.7	56.41	2482	813.47	219.42	×	○
部品5	90	3	6.5	1	0.16	19	58	2759	758.46	191.99	×	○
部品6	90	9.25	10	3.5	1.7	38.5	319.75	5317	162.36	18.07	×	×
部品7	90	6	7.2	1.7	0.3	26.4	131.28	2285	371.90	102.40	×	○
部品8	90	5	2.1	1	0.2	14.2	35.2	5682	1181.22	153.59	×	○
部品9	90	13.2	14.5	1.2	2.3	55.4	449.28	5119	121.26	13.36	×	×
部品10	90	7	6	1.5	0.19	26	123	1545	396.93	161.68	×	○
部品11	90	10.5	7.5	2.5	0.5	36	247.5	2020	203.68	61.44	×	○
部品12	90	11.3	11.4	2.5	1.2	45.4	371.14	3233	143.76	25.60	×	×

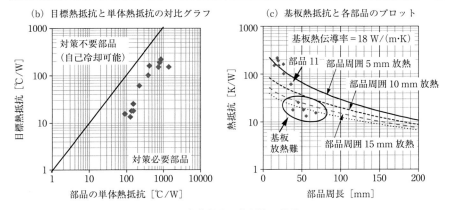

図 12.5 実装部品の熱対策の仕分け

す。

図 12.5b は部品周囲温度 59.3℃（筐体温度＝環境温度）の条件で目標熱抵抗と単体熱抵抗を比較したものです。今回の部品はすべて目標熱抵抗＜単体熱抵抗となっています（図 12.5b）。これは要求されている放熱条件が部品の持つ固有の放熱能力よりも高いことを意味しています。つまり自己冷却可能な部品はなく、すべての部品がなんらかの対策が必要であるということになります。

第12章　製品設計に見る熱設計のプロセス

6) 基板で冷却可能な部品かどうかの判断

　なんらかの対策が必要と判断された部品は、その要求レベルに応じて「基板で冷却できるもの」と、「基板では冷却できないもの」に分けられます（8.3.2項）。

　図 12.5c は基板に実装した部品の熱抵抗カーブ（部品周囲の放熱エリア 5～20 mm で計算）に搭載部品のプロットを重ねたものです。基板の等価熱伝導率は図 12.7 より 18 W/(m·K) としています。プロットが「部品周囲 5 mm 放熱」のラインより上側にあれば、部品周囲に幅 5 mm 程度の放熱領域を設けることで目標温度に抑えられます。ラインより下側に来ていたら放熱エリアをより大きくとらなければなりません。

　部品周囲 20 mm 放熱のラインより下側の部品は周囲 20 mm 以上を放熱面積として確保できれば放熱可能です。難しければヒートシンクや筐体放熱が必須になります。ここでは部品 2、3、6、9、12 は基板による放熱が難しいと判断しました。

7) 筐体放熱部品の選定と接触構造の検討

　ここからは具体的な実装検討のため、図 12.6 に示す部品配置案をもとに考えます。部品 2、3、6、9、12（図の黒塗り）の筐体放熱を優先的に行うとします。5 つの部品の上面に TIM を挟んで筐体に放熱させれば、接触面積（5 部品

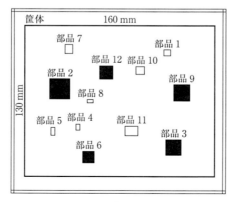

図 12.6　部品配置図

viaエリア幅[mm]				viaエリア奥行き[mm]		
10				10		

	材料の熱伝導率 [W/(m·K)]	層厚さ [mm]	銅箔残存率 ベタ=1, なし=0	本数 [本]	ビア内径 [mm]	メッキ厚 [mm]	メッキ熱伝導率 [W/(m·K)]
1層目	380	0.035	0.2	–	–	–	–
1-2層間	0.4	0.49	–	0	0.2	0.02	370
2層目	380	0.035	0.87	–	–	–	–
2-3層間	0.4	0.49	–	0	0.2	0.02	370
3層目	380	0.035	0.87	–	–	–	–
3-4層間	0.4	0.49	–	0	0.2	0.02	370
4層目	380	0.035	0.2	–	–	–	–
4-5層間	0.4	0	–	0	0.2	0.02	370
5層目	380	0	0.2	–	–	–	–
5-6層間	0.4	0	–	0	0.2	0.02	370
6層目	380	0	0.2	–	–	–	–
トータル板厚		1.61					

面方向等価熱伝導率 [W/(m·K)] 18.04

厚み方向等価熱伝導率 [W/(m·℃)] 0.4379602

図 12.7　基板の等価熱伝導率（Excel 計算シートの「PCB 等価熱伝導率」）

の上部面積合計）は、870.7 mm²、発熱量合計は 8.9 W となります。ただし、5 部品の高さは 1〜3.5 mm とばらついているため、TIM の厚みを変えて高さを調整します。低硬度 TIM を 20〜30 ％圧縮して挿みこむ構造とします。低硬度シートは接触熱抵抗が小さいため、シートの熱伝導抵抗のみを考慮します。

TIM の熱伝導率を 3 W/(m·K)、TIM の平均厚さ 3 mm とすると、このとき得られる熱伝導抵抗は、

$$\text{TIM 接触熱抵抗} = \frac{0.003}{0.00087 \times 3} = 1.15 \text{ K/W}$$

と、目標熱抵抗（1.08 K/W）に近い値になります。

良否判定のために個々の部品について熱抵抗を計算します。例えば部品 2 は、接触面積が 17×17 mm、発熱量が 2 W、使用する TIM の厚み 3.5 mm なので、筐体への熱伝導抵抗は、

$$\text{部品 2 の接触熱抵抗} = \frac{0.0035}{0.000289 \times 3} = 4.04 \text{ K/W}$$

筐体からの部品温度上昇＝4.04 K/W×2 W＝8 ℃となります。このように 5 つの部品の温度を計算したものを**表 12.2** に示します。

部品の熱を裏面側から筐体に接触させて逃がす場合は、サーマルビアを設けて基板の厚み方向の熱伝導性能を上げます。この計算は少し複雑になるので第

第12章　製品設計に見る熱設計のプロセス

表12.2　筐体放熱部品の温度予測と解析結果

| 部品 | 許容温度 [℃] | 外形寸法 [mm] | | | 消費電力 [W] | 上面面積 [mm²] | TIM厚み | 熱抵抗 [K/W] | 温度上昇 [K/W] | 温度 [℃] | 解析結果 [℃] |
		縦又は直径	横	高さ							
部品2	90	17	17	1	2	289	3.5	4.04	8.07	67.4	67.4
部品3	90	13	13	1.5	1.7	169	2.5	4.93	8.38	67.7	71.3
部品6	90	9.25	10	3.5	1.7	92.5	1	3.60	6.13	65.4	67.7
部品9	90	13.2	14.5	1.2	2.3	191.4	3.5	6.10	14.02	73.3	74.7
部品12	90	11.3	11.4	2.5	1.2	128.82	2	5.18	6.21	65.5	67.4
				合計	8.9	870.72		0.9214			

8章（8.5.2項）の熱回路網法の例を参照下さい。

8）基板放熱部品の確認

　筐体に放熱する5部品については許容温度以下にできそうですが、基板に放熱する部品についても検証が必要です。特に部品11は目標熱抵抗が小さいので概算してみます。

　まずExcelを使ってプリント基板の等価熱伝導率を計算します（図12.7）。面方向は18 W/(m·K) に対し、厚み方向は0.438 W/(m·K) が得られます　この値を使って部品11の熱抵抗を概算します。

　図12.6のレイアウトのとおり、部品11の周囲15 mmの範囲には発熱体を実装していません。図12.5cで部品周長36 mm、部品周囲15 mm放熱のラインを見ると、熱抵抗は30 K/W程度になると予想されます。発熱量が0.5 Wなので、基板からの温度上昇は、30×0.5＝15℃、基板温度を70℃とすれば部品11の温度は85℃と予想されます。

9）熱流体シミュレーションによる検証

　以上の検討から部品の許容温度90℃はすべてクリアできそうです。最後に熱流体シミュレーションで検証します。図12.8に解析結果を示すとおり、すべての部品が許容温度を満足しました。基板そのものの温度も最初に目標にした70℃前後になっています。

12.3 【事例2】自然空冷通風機器の熱設計

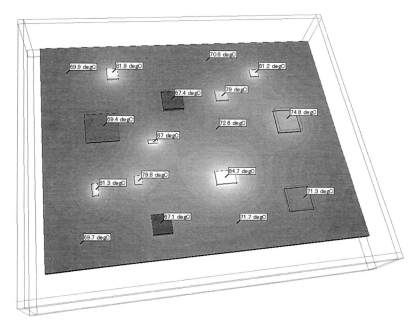

図 12.8　熱流体シミュレーション結果

　部品8は解析の結果が87℃と高くなっていますが、外形の小さい部品は等価熱伝導率で表現した基板の熱解析モデルでは精度が悪くなります。配線パターンをモデル化しなかったため高めになったと考えられます（3.4.2項）。

　このようにTIMを使った筐体への放熱は効果的ですが、TIMの反力によって基板のたわみや熱応力が発生したり、TIMが位置ずれを起こしたりすることもあるので注意して下さい。部品レイアウトを変更してTIMを挟む位置をできるだけ基板固定部の近くにしたほうがいいでしょう。TIMの使用上の注意点に関しては第9章を参照下さい。

12.3　【事例2】自然空冷通風機器の熱設計

　下記の自然空冷通風機器（図 12.9）を例に熱設計を行ってみましょう。

第12章　製品設計に見る熱設計のプロセス

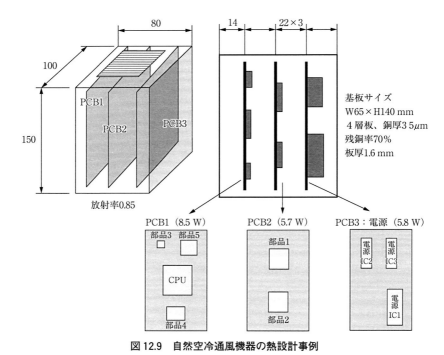

図 12.9　自然空冷通風機器の熱設計事例

> 筐体サイズ：W80×D100×H150、樹脂 $t=3$ mm、放射率 0.85
> 通風口面積：上下面とも 開口率 40 %（面積 3200 mm^2）、総消費電力：20 W
> 基板サイズ：W65×H140×t1.6×3 枚、4 層板、銅厚 35 μm、残銅率 70 %
> 周囲温度　：35 ℃
> この装置には表 12.3 に示す主要部品を実装します。
> すべての部品が許容温度を満足するような熱設計を行ってください。

1）内部空気温度計算

　本製品の体積あたりの消費電力は 20 W/1.2 L＝16.7 W/L と厳しいですが、通風口の開口率を 40 %までとれるので、冷却できる可能性があります。

　Excel 計算シート（【事例 2】自然空冷通風機器シート）を使って温度を計算

12.3 【事例 2】自然空冷通風機器の熱設計

表 12.3　部品表

部品名称	ケース温度上限[℃]	外形寸法 [mm]			消費電力[W]
		縦	横	高さ	
CPU	85	35	35	2.3	6.7
部品 1	85	15	15	2	2.2
部品 2	85	12	12	2.3	0.6
部品 3	85	9	9	1.4	0.4
部品 4	85	24	18	2.8	0.6
部品 5	85	22	22	2	0.8
電源 IC1	85	16	31	4.8	4.5
電源 IC2	85	4.5	17	10	0.4
電源 IC3	85	4.5	17	10	0.2

すると、図 12.10 のとおり、内部空気の最高温度上昇が 18.8 ℃と予測されます。このシートを使って通風口の開口率（通風口面積/上面面積）と内部空気の最高温度上昇との関係を調べると図 12.11 のようになり、40 ％以上通風口を増やしても温度低下は小さいことがわかります。

　一般的な機器では空気温度上昇を 10～25 ℃程度の範囲に収めますが、この装置では 20 ℃を下回っているので、冷却できる可能性が高いです。

2）基板の熱流束計算

　次に各基板の熱流束を計算します。表 12.4 に示すように PCB1 の熱流束が 400 W/m² を超えており、この基板は対策が必要になることが予想されます。PCB2、PCB3 は標準的な熱流束なので、部品に電力集中がなければ冷却可能と考えられます。

3）各部品の目標熱抵抗と単体熱抵抗から対策要不要を判断

　ここからは部品の仕分け（8.3.1 項）を行います。Excel 計算シートにある【事例 2】危険部品判断シートを使用します。表 12.5 に計算結果、図 12.12 にグラフを示します。この結果から、CPU、IC1、電源 IC1 はヒートシンクを付けるなどの本格対策、IC2、IC3、IC5 は目標熱抵抗が 30 K/W 以上なので一次判断として基板放熱対策、その他は対策不要とします。

309

第 12 章　製品設計に見る熱設計のプロセス

筐体幅 [m]	0.08			
筐体奥行 [m]	0.1	上面代表長	0.088889	
筐体高さ [m]	0.15	Stop	0.008	筐体上面面積
表面放射率	0.85	Sside	0.054	筐体側面面積
発熱量 [W]	20	Sbot	0.008	筐体底面面積
通風口面積	0.0032	σ	5.67E-08	ステファンボルツマン定数
周囲空気温度 [℃]	35	煙突長	0.075	

計算

表面温度上昇ΔT（仮定）	9.4	内部空気温度上昇	18.8	（表面温度上昇×2）
周囲温度 [K]	308.2	内部空気温度	53.8	
表面温度 [K]	317.5	表面温度	44.4	

	熱伝達率	熱コンダクタンス	放熱量
上面の対流熱伝達率	4.183	0.033	0.314
側面の対流熱伝達率	3.953	0.213	2.002
底面の対流熱伝達率	2.092	0.017	0.157
全面の放射熱伝達率	5.904	0.413	3.876
換気による放熱量			13.651
合計放熱量			20.000

ERR	8.921E-07

内部空気
最高温度予測値

図 12.10　筐体内部空気温度の計算

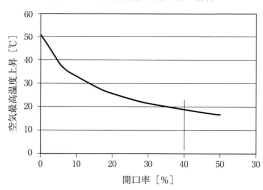

図 12.11　通風口開口率と内部空気温度上昇との関係

表 12.4　各基板の熱流束

基板名	基板サイズ [mm]		消費電力 [W]	熱流束 [W/m²]
PCB1	65	140	8.5	467.0
PCB2	65	140	5.7	313.2
PCB3	65	140	5.8	318.7

12.3 【事例2】自然空冷通風機器の熱設計

表 12.5　目標熱抵抗と単体熱抵抗算出表

名称	温度上限 [℃]	外形寸法 [mm] 縦又は直径	横	高さ	消費電力 [W]	周長 [mm]	表面積 [mm²]	熱流束 [W/m²]	単体 熱抵抗 [K/W]	目標 熱抵抗 [K/W]	周囲温度 単体＜目標	53.8 目標＞30
CPU	90	35	35	2.3	6.7	140	2772	2417	22.04	5.41	×	×
IC1	90	15	15	2	2.2	60	570	3860	96.12	16.48	×	×
IC2	90	12	12	2.3	0.6	48	398.4	1506	133.39	60.44	×	○
IC3	90	9	9	1.4	0.4	36	212.4	1883	240.28	90.65	×	○
IC4	90	24	18	2.8	0.6	84	1099.2	546	51.07	60.44	○	○
IC5	90	22	22	2	0.8	88	1144	699	50.38	45.33	×	○
電源 IC1	90	4.8	31	16	4.5	71.6	1443.2	3118	32.23	8.06	×	×
電源 IC2	90	4.5	17	10	0.4	43	583	686	79.00	90.65	○	○
電源 IC3	90	4.5	17	10	0.2	43	583	343	79.00	181.31	○	○

第 12 章 製品設計に見る熱設計のプロセス

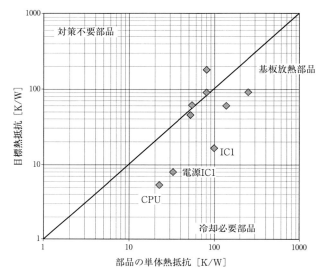

図 12.12　目標熱抵抗と単体熱抵抗の対比グラフ

4) 基板放熱可能性判断

基板放熱と分類された部品について妥当性を判断します。放熱可能かどうかは、基板の放熱性能（等価熱伝導率）や実装密度によって変わります。

まず、等価熱伝導率を計算します（図 12.13）。層構成から等価熱伝導率 $23.5\,\mathrm{W/(m \cdot K)}$ と算定されます。

図 12.14 は横軸に部品の周長、縦軸に目標熱抵抗をプロットしたグラフです。4 本のラインは等価熱伝導率 $23.5\,\mathrm{W/(m \cdot K)}$ の基板に部品を実装し、周囲に幅 5 mm、10 mm、15 mm、20 mm の放熱スペースを設けた場合の熱抵抗を Lee の式（10.3 節）で計算したものです。ラインより上側にプロットされた部品は放熱可能と考えられます。いずれの部品も周囲に 5 mm 程度の放熱スペースがあれば放熱可能と考えられます。

5) ヒートシンクの設計

本格的な冷却が必要な CPU、IC1、電源 IC1 は、筐体放熱などの対策も考えられますが、ここではヒートシンクの取り付けで対策します。

これらの部品は単体でそれぞれ $22.0\,\mathrm{K/W}$、$96.1\,\mathrm{K/W}$、$32.2\,\mathrm{K/W}$ の固有熱抵

12.3 【事例2】自然空冷通風機器の熱設計

	材料の熱伝導率 [W/(m·k)]	層厚さ [mm]	銅箔残存率 (ベタ=1, なし=0)
1層目	380	0.035	0.7
1-2層間	0.4	0.49	—
2層目	380	0.035	0.7
2-3層間	0.4	0	—
3層目	380	0.035	0.7
3-4層間	0.4	0	—
4層目	380	0.035	0.7
4-5層間	0.4	0	
5層目	380	0	
5-6層間	0.4	0	
6層目	380	0	

面方向等熱伝導率 [W/(m·k)]
23.50

図 12.13　面方向の等価熱伝導率

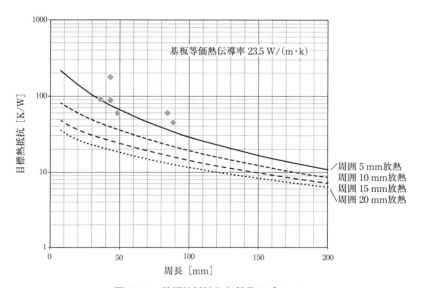

図 12.14　基板熱抵抗と各部品のプロット

抗を持っている（**表 12.5**）ので、目標熱抵抗に足りない分だけ補助します。下記の式でヒートシンクの熱抵抗を決めます。

　　ヒートシンクの熱抵抗＝1/(1/目標熱抵抗 －1/単体熱抵抗)

それぞれ、下記の熱抵抗が求められます。

第12章 製品設計に見る熱設計のプロセス

- CPUのヒートシンク熱抵抗＝7 K/W
- IC1のヒートシンク熱抵抗＝19 K/W
- 電源IC1のヒートシンク熱抵抗＝10 K/W

これらの熱抵抗はヒートシンクの周囲温度が内部空気最高温度53.8 ℃になっている条件での計算です。ヒートシンクを吸気口近くに置く場合は、熱抵抗はこれより大きくても大丈夫です。

　この熱抵抗を有するヒートシンクの包絡体積は、図12.15の包絡体積グラフから表12.6のように算定されます。この熱抵抗は第10章で説明したヒートシンクの3つの熱抵抗のうちの1つで、接触熱抵抗や拡がりの熱抵抗は考慮されていません。

　取付面にグリースを塗布すると考えると、接触熱抵抗は$1 \text{ K} \cdot \text{cm}^2/\text{W}$以下となるので、それぞれの部品の接触熱抵抗は接触面積［cm^2］で割って下記のとおり推定されます。

- CPUのヒートシンク接触熱抵抗＝$1/(3.5 \times 3.5)$＝0.082 K/W
- IC1のヒートシンク接触熱抵抗＝$1/(1.5 \times 1.5)$＝0.44 K/W

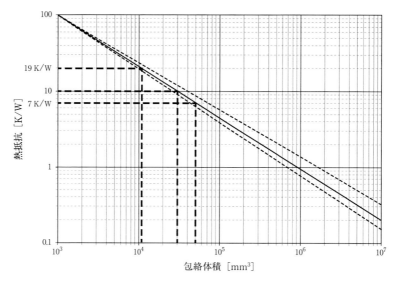

図12.15　自然空冷ヒートシンクの包絡体積グラフ

12.3 【事例2】自然空冷通風機器の熱設計

表 12.6　各部品のヒートシンクの仕様

	熱抵抗 [K/W]	包絡体積 [mm³]	フィン長さ [mm]	フィン幅 [mm]	フィン高さ [mm]	フィン枚数
CPU	7	50000	60	55	15	10
IC1	19	12000	28	28	15	6
電源 IC1	10	30000	125	15	16	4

共通仕様：熱伝導率 209 W/(m·K)（A6063）
ベースプレートの厚みは 3 mm
放射率 0.9（アルマイト処理）

電源 IC1 は背の高い部品なので、側面にヒートシンクを取り付けるとすると

　　電源 IC1 のヒートシンク接触熱抵抗＝1/(1.6×3.1)＝0.2 K/W

基板実装ピッチが 22 mm、基板奥行きが 65 mm であることを考慮して、基板面からのフィンの高さは 15 mm 以内に収めるようにします。

　次に最適フィン間隔の式を用いてフィン枚数を決めます。ここではフィンの厚みを 1 mm とすると、例えば CPU 用ヒートシンクについては下記のようになります。

$$最適フィン間隔 \ [mm] = 5 \times \left(\frac{フィン長さ \ L}{フィン熱抵抗 \times 総発熱量} \right)$$

$$= 5 \times \left(\frac{55}{7 \times 6.7} \right)^{0.25} = 5.3 \ mm$$

　フィン枚数＝60/(5.3＋1)＋1＝10 枚

同様に IC1、電源 IC1 についても枚数を決定します。

　最終的なヒートシンクの案を表 12.6 にまとめました。可能であればヒートシンクは共通化したいですが、仕様が大きく異なるので 3 種類のヒートシンクで進めます。

　CPU と IC1 については正方形に近いヒートシンクのベース面の中央に部品を載せられるため、拡がり熱抵抗は小さいと考えられますが、電源 IC1 は細長いヒートシンクの端に部品を搭載するため、拡がり熱抵抗の発生が予測されます。

　ベースプレートの厚みを 3 mm、熱伝導率 200 W/(m·K) として Lee の式

315

(10.3節) で拡がり熱抵抗を計算すると 0.26 K/W 程度と予想されます。少し大き目のヒートシンクにすべきですが、ここでは表 12.6 の案で進めます。

6) 熱流体シミュレーションによる検証

このようにしてヒートシンクの形状が決まったら、熱流体シミュレーションによって検証を行います。解析した結果を図 12.16〜19 に示します。図 12.16 は何も対策を行わなかったときの温度上昇、図 12.17 はヒートシンク設計案、図 12.18 は対策後の結果です。図 12.19 は対策前と後の部品温度の比較です。電源 IC1 は 87 ℃となり、85 ℃を少し超えています。これは熱源がヒートシンクの偏った位置に実装されており、拡がり熱抵抗が発生したためです。ヒートシンク長さを 140 mm にすると 84.3 ℃、部品をヒートシンク中央に移動すると 84.5 ℃で、ぎりぎりクリアすることができます。

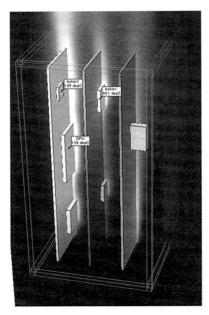

図 12.16　対策前の解析結果
多くの部品が 100 ℃を超える

12.3 【事例2】自然空冷通風機器の熱設計

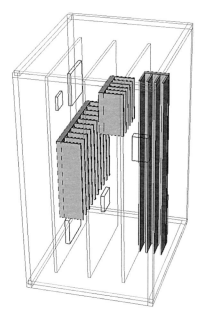

図12.17　ヒートシンク設計案

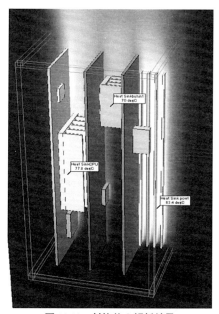

図12.18　対策後の解析結果

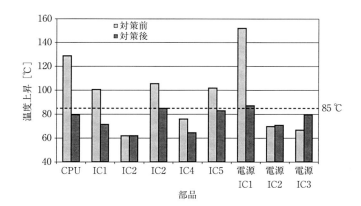

図12.19　対策前、対策後の部品温度の比較
電源IC1が87℃となった。ヒートシンクの拡がり熱抵抗を考慮していないためと考えられる

第 12 章　製品設計に見る熱設計のプロセス

12.4　【事例 3】強制空冷機器の熱設計

　次に発熱の大きい強制空冷機器（図 12.20）を例に熱設計を行ってみましょう。

> 筐体サイズ：300×350×150 mm、鋼板板厚 1 mm、表面放射率 0.9
> 基板サイズ：250×200×1.6 mm、
> 　　　　　　　　6 層板、銅厚 35 μm、残銅率 70 %、放射率 0.85
> 主な電子部品
> 　部品 A：30×30 mm、t＝3、80 W、BGA、ケース温度 90 ℃
> 　部品 B：37×37 mm、t＝4.5、40 W、BGA、ケース温度 90 ℃
> 　その他主要部品：18.6 W
> ユニット 1：150×130×100 mm（密閉）、発熱量 30 W、許容表面温度 80 ℃
> ユニット 2：100×100×70 mm（密閉）、発熱量 20 W、許容表面温度 80 ℃
> 電源：250×80×100 mm（通風口付き）、73 W、許容内部空気温度 70 ℃
> 総消費電力：261.6 W（うち基板 138.6 W）、周囲温度 40 ℃
> レイアウト案を図 12.20 に示します。
> 表 12.7 に挙げた実装部品の温度をすべて満足できるような熱設計を行ってください。

1）自然空冷可否判断

　発熱が大きいので、自然空冷は困難と思われますが、念のため容積−消費電力グラフにプロットしてみます。図 12.21 のように、この機器は自然空冷限界を大きく超えており、すべての発熱体を筐体に放熱しても自然空冷での冷却は困難であることがわかります。

2）必要風量の計算とファンの選定

　強制空冷機器の設計では最初に必要な風量を計算し、そこから使用するファンや個数を選定します。一般的な市販ファンの許容温度は60〜70℃なので、こ

12.4 【事例3】強制空冷機器の熱設計

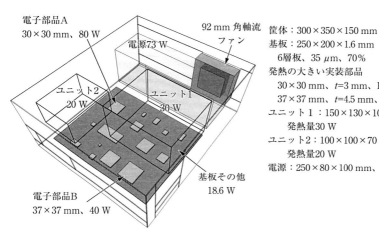

図 12.20　強制空冷機器

表 12.7　部品表（基板全体で 138.6 W）

名称	許容温度 [℃]	外形寸法 [mm] 縦	横	高さ	消費電力 [W]
部品 A	90	30	30	3	80
部品 B	90	37	37	4.5	40
部品 1	90	11	11	1.7	1.1
部品 2	90	6	6	1	0.15
部品 3	90	10	10	1	0.7
部品 4	90	29	29	2.6	1.8
部品 5	90	10	20	1.5	1.2
部品 6	90	19	19	2.2	2.2
部品 7	90	8	12.5	1.2	0.3
部品 8	90	31	31	2.23	3.5
部品 9	90	12	12	1.75	1.1
部品 10	90	24	24	1.5	2
部品 11	90	22.22	11.75	1.8	1.23
部品 12	90	12	18.4	1	2.1
部品 13	90	55	25	2.5	1.2
ユニット 1	80	150	130	100	30
ユニット 2	80	100	100	70	20

319

第12章 製品設計に見る熱設計のプロセス

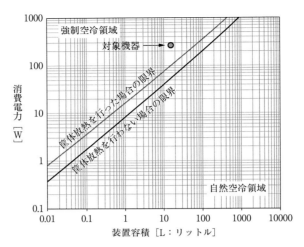

図 12.21 自然空冷可否判断グラフ（使用ソフト：Thermocalc 2016）

こではひとまず、排気温度上昇 15℃ を目安として必要な風量を計算します。7.3.1 項の式(7.9) より、

$$必要風量 = \frac{総消費電力}{空気密度 \times 比熱 \times 許容温度上昇}$$

$$= \frac{261.6}{1150 \times 15} = 0.0152 \text{ m}^2/\text{s} = 0.91 \text{ m}^3/\text{min}$$

使用するファンは、ここで計算した必要風量（動作風量）の 1.5〜2 倍の最大風量を持つものを選びます。例えば、図 12.22 に示すファンなどが候補として挙げられます。ここでは騒音に配慮し、必要風量の 1.5 倍程度の最大風量を持つこのファンで検討します。

3）内部平均風速の計算

　風量が決まったので機器内の平均風速を計算します。前面吸気・後面排気とすると筐体断面積（300×150 mm）に 2 つのユニット（前面から見た投影面は、ユニット 1：150×100 mm、ユニット 2：100×70 mm）が置かれるので流路の面積は、300×150−150×100−100×70＝23000 mm^2、実効風量 0.91 m^3/min とすれば平均風速は、0.91/60/0.023＝0.66 m/s となります。

12.4 【事例3】強制空冷機器の熱設計

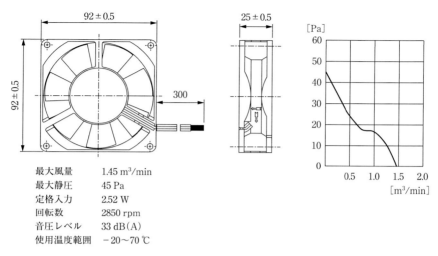

最大風量	1.45 m³/min
最大静圧	45 Pa
定格入力	2.52 W
回転数	2850 rpm
音圧レベル	33 dB(A)
使用温度範囲	−20〜70 ℃

図 12.22　使用するファンの候補

4）熱流束の計算

基板の熱流束は、$138.6\,W \div (0.25 \times 0.2 \times 2) = 1386\,W/m^2$ と大きく、風速の増大と表面積増大（ヒートシンクなど）の複合対策が必要と考えられます。

各ユニットの熱流束はユニット1が $316\,W/m^2$、ユニット2が $417\,W/m^2$ で、発熱量の小さいユニット2の方が熱的には厳しいため、速い風速を与える必要があります。

電源ユニットは $36.5\,W/L$ あり、強制空冷が必須です。

5）各部品の目標熱抵抗と単体熱抵抗から対策要不要を判断

これまでの例と同様に部品、ユニットの熱対策仕分けを行います。強制空冷では、平均風速（0.66 m/s）を使った強制対流平板（層流）の熱伝達率式で単体熱抵抗を計算します。機器内部空気温度は必要風量が得られたときの温度55℃（40＋15℃）とします。表 12.8 に計算結果、図 12.23 に目標熱抵抗と単体熱抵抗の対比、図 12.24 に基板熱抵抗と各部品の目標熱抵抗のプロットを示します。データは、Excel 計算シート（【事例3】危険部品判断シート）にあります。多くの部品に対策が必要ですが（図 12.23）、部品 A と部品 B 以外は基板に実装すれば冷却できるレベルであることがわかります（図 12.24）。

第12章　製品設計に見る熱設計のプロセス

表12.8　目標熱抵抗と単体熱抵抗算出表

単体熱抵抗算出時の周囲温度は55℃、熱伝達率は風速0.66 m/sの層流、部品の放射率は0.9としている

名称	許容温度 [℃]	外形寸法 [mm]			消費電力 [W]	周長 [mm]	表面積 [mm²]	熱流束 [W/m²]	単体熱抵抗 [K/W]	目標熱抵抗 [K/W]
		縦	横	高さ						
部品 A	90	30	30	3	80	120	2160	37037	17.44	0.44
部品 B	90	37	37	4.5	40	148	3404	11751	11.87	0.88
部品 1	90	11	11	1.7	1.1	44	316.8	3472	82.33	31.82
部品 2	90	6	6	1	0.15	24	96	1563	212.92	233.33
部品 3	90	10	10	1	0.7	40	240	2917	104.69	50.00
部品 4	90	29	29	2.6	1.8	116	1983.6	907	18.77	19.44
部品 5	90	10	20	1.5	1.2	60	490	2449	51.28	29.17
部品 6	90	19	19	2.2	2.2	76	889.2	2474	36.06	15.91
部品 7	90	8	12.5	1.2	0.3	41	249.2	1204	92.25	116.67
部品 8	90	31	31	2.23	3.5	124	2198.52	1592	17.33	10.00
部品 9	90	12	12	1.75	1.1	48	372	2957	72.52	31.82
部品 10	90	24	24	1.5	2	96	1296	1543	26.90	17.50
部品 11	90	22.22	11.75	1.8	1.23	67.94	644.462	1909	41.52	28.46
部品 12	90	12	18.4	1	2.1	60.8	502.4	4180	53.70	16.67
部品 13	90	55	25	2.5	1.2	160	3150	381	11.23	29.17
ユニット1	80	150	130	100	30	560	95000	316	0.63	0.83
ユニット2	80	100	100	70	20	400	48000	417	1.16	1.25

12.4 【事例3】強制空冷機器の熱設計

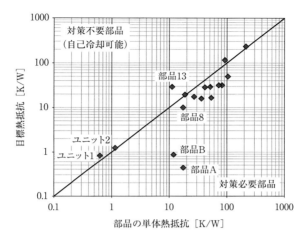

図 12.23　目標熱抵抗と単体熱抵抗の対比グラフ

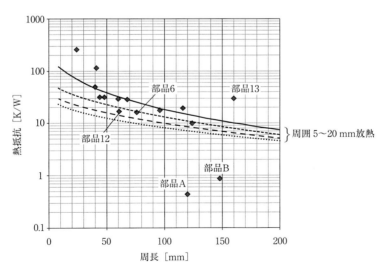

図 12.24　基板熱抵抗と各部品の目標熱抵抗のプロット
基板の等価熱伝導率は層構成より 35.6 W/(m·K) とした

第 12 章　製品設計に見る熱設計のプロセス

6) 流路と通風口の設計

　ここまでで機器の冷却能力（風量・風速）、各ユニットの熱的厳しさを概ねつかむことができたので、流路の設計を行います。強制空冷機器ではこの作業が重要です。

　部品 A、B はヒートシンクによる冷却が必須ですが、よりコンパクトなものにするにはヒートシンクに十分な風速が流れるような流路を設計します。強制空冷機器では速い風速を得るために、ダクトによる風速増大、吸気口近傍の突入風速の利用、ファン近くの高速気流を利用するなどの方法があります。

　以下、流路設計の手順を紹介します。

①吸排気口の面積を決める

　吸排気口が大きすぎると風速が低下し、部品温度が上昇します。吸排気口が小さいと風量が減って空気温度が上昇します。強制空冷では適切な吸排気口面積があります。使用するファンブレード回転部の面積（最小流路面積）を最小値、ファン外形面積（縦×横）を最大値としてこの範囲で通風口面積を設定します。ここでは使用するファン（**図 12.22**）のブレード部分の流路面積（4400 mm^2）より大きめの吸気口を設けます。

②吸排気口の位置を決めて流路を作る

　空気は吸気口から排気口に向かって流れますが、その際流れやすいところをショートカットしようとします。

　この装置ではユニット 1 が大きく流路を塞いでいるので、これを利用して、部品 A、B を通過する直列型ルートをとります（**図 12.25**）。

- 右側面に吸気口を設け、突入風速で部品 B、ユニット 1 を冷却する。
- 正面にも吸気口を設け、突入風速で熱流束の大きいユニット 2 を冷やすとともに、右側面からの流入空気と合流させて部品 A を冷却する。
- 部品 A を冷やした後、電源ユニット内部を左右方向（断面積の小さい方向）に通過させ、電源内部の部品を冷却する。

　吸気口面積は、ブレード開口部面積 4400 mm^2 とファン断面積 8464 mm^2 の範囲で少し大きめとし、正面には 5×50 mm のスリットを 20 個（5000 mm^2）、右側面には 5×50 mm のスリットを 8 個（2000 mm^2）設けます（吸気口トータル

12.4 【事例3】強制空冷機器の熱設計

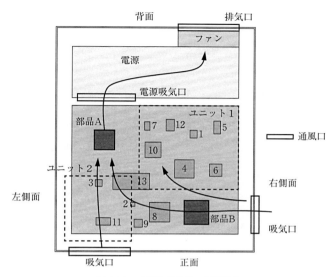

図 12.25　流路の設計（平面図）
番号は部品番号を表す

7000 mm²）。より発熱の大きい部品 A に風量を大きめに送り込みます。
- 電源ユニットの吸排気にも同等以上の通風口面積を設ける。

③装置の通風抵抗を求める

　主な圧損を考慮して通風抵抗を求めます。この装置の流路上の主な通風抵抗は開口部で、それぞれの開口面積は次のように設定します。
- 吸気口：7000 mm²、排気口：8000 mm²、電源吸気口：7000 mm²

　通風抵抗は、下記のように計算できます（式(7.11)）。

$$R = \zeta \frac{\rho}{2} \sum \frac{1}{A^2} = \frac{1.5 \times 1.2}{2} \times \left(\frac{1}{0.007^2} + \frac{1}{0.008^2} + \frac{1}{0.007^2} \right)$$

$$= 50797 \text{ Pa} \cdot \text{s}^2/\text{m}^6$$

④ファン実効風量を求める

　通風抵抗とファンの P–Q 特性からクロスポイントを求め、ファンの動作点（実効風量）を推定します。図 12.26 に示す通り、動作風量は 1 m³/min 以上と

第 12 章　製品設計に見る熱設計のプロセス

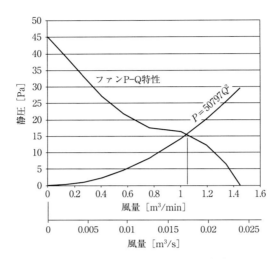

図 12.26　通風抵抗とファンの動作点計算

なり、必要風量 0.91 m³/min を満足できることがわかります。動作点も最大出力点に近く騒音も低く抑えられそうです。
⑤実効風量と通風路面積から風速を算出する
　吸気口からの突入風速は V_{max}＝動作風量/吸気口面積＝1/60/0.007＝2.3 m/s、内部平均風速を実効風量より再計算すると、V_{ave}＝1/60/0.023＝0.72 m/s なのでヒートシンクを通過する風速はこの範囲になると考えられます。

7）ヒートシンクの設計

　部品 A、B のヒートシンクを設計します。表 12.8 から部品 A、B の目標熱抵抗 0.4 K/W、0.9 K/W 以下のヒートシンクを取り付ければ許容温度を満足できますが、この熱抵抗は周囲温度を 55 ℃（15 ℃上昇）として計算したもので、冗長的な設計になる可能性があります。部品配置から、部品 A、B ともほぼ吸気口からの外気（40 ℃）で冷却されると考えられるため、目標熱抵抗を周囲温度 40 ℃で再計算します。
- 部品 A の目標熱抵抗＝(90－40)/80＝0.625 K/W
- 部品 B の目標熱抵抗＝(90－40)/40＝1.25 K/W

この熱抵抗を実現するためのヒートシンクの大きさは、図 12.27 の包絡体積グ

12.4 【事例3】強制空冷機器の熱設計

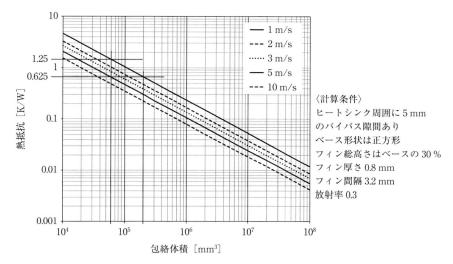

図 12.27　強制空冷ヒートシンクの包絡体積グラフ

ラフから、風速 1 m/s として以下のように算定できます。
- 部品 A のヒートシンクの包絡体積 $= 2 \times 10^5$ mm³
- 部品 B のヒートシンクの包絡体積 $= 6 \times 10^4$ mm³

サーマルグリースの塗布で接触熱抵抗を 1 K・cm²/W 程度に抑えたとしても、部品 A の接触熱抵抗は 0.11 K/W、部品 B の接触熱抵抗は 0.073 K/W と予想されるので、少し大き目のヒートシンクとします。ここでは部品 A のヒートシンクを 70×70×43 mm（210700 mm³）、部品 B のヒートシンクを 45×45×30 mm（60750 mm³）とします。強制空冷ヒートシンクの最適フィン間隔は、周囲のバイパスによって変わりますが、概ね 3〜4 mm になります。ここではフィン枚数を 15 枚、11 枚とします。

8）熱流体シミュレーションによる検証

最後に熱流体シミュレーションにより設計案の検証を行います。
FloTHERM による解析結果を図 12.28〜図 12.32 に示します。
図 12.28 は流路内の風速分布です。計算で予想したとおり、吸気口からは 2 m/s 強の風速で入り、流路全体にわたって平均風速よりも高い風速を維持し

第 12 章 製品設計に見る熱設計のプロセス

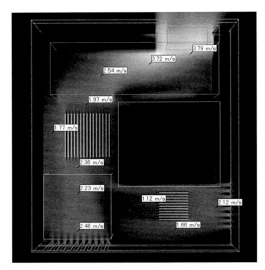

図 12.28 流路内の流速分布

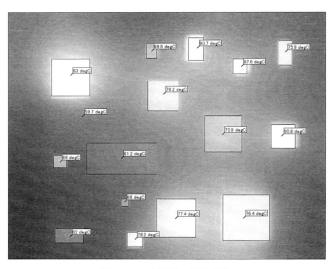

図 12.29 各部品の温度分布

12.4 【事例3】強制空冷機器の熱設計

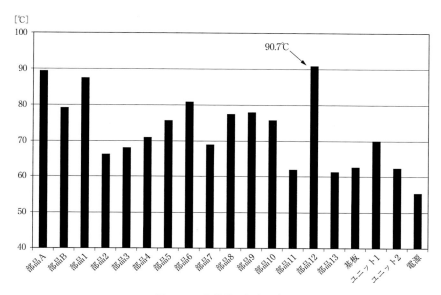

図 12.30　各部品の温度分布

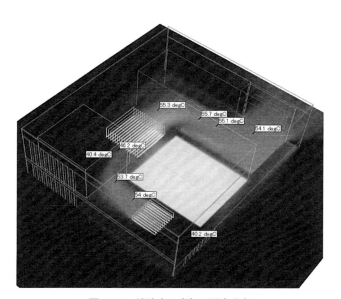

図 12.31　流路内の空気の温度分布

第12章　製品設計に見る熱設計のプロセス

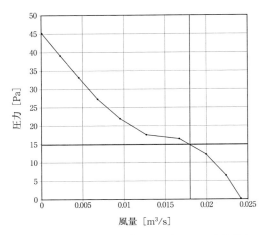

図12.32　熱流体解析で求められたファンの動作点

ています。しかし、ヒートシンクを通過せずに横をバイパスしている流れが観測されます。バイパスを防いでヒートシンクの通過風量を増やせば、ヒートシンクはもっと小型化が可能と考えられます。

図12.29、図12.30は各部品の温度です。ほとんどの部品が許容温度90℃を下回っていますが、部品12だけ90℃を少し超えました。この部品はユニット1下部の狭い空間に実装したため、風速が低くなっています。対策として部品Aの近傍に移動すると80℃まで低下しました。

図12.31は流れに沿った空気の温度分布です。ヒートシンクの風上側の空気はほとんど温度上昇せずに流入し、排気ファン直前の温度は予定の+15℃（55℃）に収まっています。

図12.32はファン動作点を示したグラフです。図12.26の手計算結果とよく一致しています。

12.5　まとめ

主だった実装形態の機器について熱設計手順を紹介しました。少しずつ手順は異なりますが、必ず3つのアプローチを含んでいます。

12.5 まとめ

- 「熱抵抗」を軸にして目標値と実現値を対比して対策を考えること
- 熱的条件（熱流束、体積熱密度、風量、平均風速、平均温度）を大ぐくりに
  捉えて冷却方針をたてること（トップダウンアプローチ）
- 個々の発熱部品の分析から対策を仕分けること（ボトムアップアプローチ）

熱抵抗を目標として対策を創り込むことで、精度よく温度を予測できなくても
論理的な熱設計を行うことは可能なのです。ここで紹介した方法論がたくさん
の方々に活用され、さらに進展することを期待しています。

331

引用文献

〈第1章〉

1) Andrew Danowitz, Kyle Kelley, James Mao, John P. Stevenson and Mark Horowitz "CPU DB: recording microprocessor history", Queue–Processors, 10 (4) ,「スタンフォード大学 VLSI 研究グループ報告」(2012)

2) 安達昭夫「PM モータの熱設計」、熱設計・対策シンポジウム 2010、F2-1-1 (2010)

3) Stefan Rusu, "Power and Leakage Reduction in the Nanoscale Era", Intel Corporation (2008)

4) A. R. Moritz and F. C. Henriques, Jr. "Studies of Thermal Injury", The American Journal of Pathology, 23 (5) (1947)

5) 梶田欣「基板上に実装された電子部品の発熱量推定方法」、第 38 回日本熱物性シンポジウム予稿集、D141 (2017)

6) JIS C6950「情報技術機器－安全性」

7) JIS T0601「医療用機器－安全に関する一般的要求事項」

〈第2章〉

8) 北川工業株式会社「技術資料」KGS テクノフェア 2014

9) 信越化学工業株式会社「製品カタログ」

〈第3章〉

10) 槌田昭、山崎慎一郎、神谷昌平、秋山光庸「改訂伝熱工学演習」、学献社 (1978)

11) 日本機械学会「伝熱工学」JSME テキストシリーズ (2005)

12) 日本機械学会「伝熱工学資料改訂第 5 版」(2009)

13) 井上宇市著「空気調和ハンドブック改訂第 5 版」、丸善出版 (2008)

14) 日本機械学会「機械工学便覧（流体工学）」第 8 章 管路内の流れおよび流体中の物体に働く力 (2006)

15) 甲藤好郎「伝熱概論」養賢堂 (1964)

〈第4章〉

16) 国峯尚樹、中村篤「熱設計と数値シミュレーション」、オーム社 (2015)

〈第5章〉

17) 新日本無線株式会社技術資料「熱抵抗について（Ver.2015-09-11）」 https://www.njr.co.jp/products/semicon/package/thermal.html

18) 電子情報技術産業協会（JEITA）技術レポート EDR-7336「半導体製品におけるパッケージ熱特性ガイドライン」(2010)

19) KOA 株式会社「技術資料」

20) 有賀善紀、平沢浩一、青木洋稔、畠山友行、中川慎二、石塚勝「密集実装時のチップ部品の温度上昇に関する考察」、第31回 エレクトロクス実装学会春季講演大会 (2017)

21) 有賀善紀、平沢浩一、山辺孝之、青木洋稔、畠山友行、中川慎二、石塚勝「チップ抵抗器の温度上昇とパッド形状に関する考察」、第 54 回伝熱シンポジウム (2017)

22) Y. Aruga, K. Hirasawa, H. Aoki, T. Hatakeyama, S. Nakagawa and M. Ishizuka "Study of Temperature Rise of Small Chip Components in Case of Dense Mounting",

ICEP2017, 399–404 (2017)

23) KOA 株式会社「製品データブック」

24) JIS1602–1995「熱電対」

25) 電子情報技術産業協会（JEITA）技術レポート RCR–2114「表面実装用固定抵抗器の負荷軽減曲線に関する考察」(2014)

26) 株式会社八光電機ホームページ「熱の実験室」、http://www.hakko.co.jp/

27) 平沢浩一「電子機器熱設計のための微小領域の温度測定に関する研究」学位論文、熊本大学 (2017)

28) 羅亜非「過渡熱抵抗測定器 T3Ster による高精度 PCB 実装基板の放熱解析」、Mentor Graphics Japan 資料

29) JEDEC STANDARD JESD51–14 "Transient Dual Interface Test Method for the Measurement of the Thermal Resistance Junction–to–Case of Semiconductor Devices with Heat Flow Through a Single Path", (2010)

30) 株式会社デンソー「熱流センサ Energy Eye 技術資料（https://energyeye.com/)」

31) 日置電機株式会社「熱流ロガーカタログ」

32) 山洋電気株式会社「エアフローテスター製品カタログ」

〈第 6 章〉

33) 国立天文台編「理科年表 平成 29 年」、丸善出版 (2017)

〈第 7 章〉

34) 深川栄生「まちがいだらけの熱対策ホントにあった話 30」アナログウェア No.4、トランジスタ技術 2017 年 11 月号別冊付録、CQ 出版社 (2017)

35) 鈴木昭次「電子機器設計のためのファンモータと騒音・熱対策」、工業調査会 (2001)

〈第 8 章〉

36) 安達新一郎「マイルドハイブリッド車用 IGBT モジュールの直接水冷技術」、熱設計・対策技術シンポジウム 2016 予稿集 (2016)

37) KOA 株式会社「技術資料」

38) 日本電子回路工業会（JPCA）規格、JPCA–TMC–LED02T–2010「高輝度 LED 用電子回路基板試験方法」(2010)

〈第 9 章〉

39) 信越化学工業株式会社、製品カタログ「放熱ソリューション 2014」

40) 信越シリコーン放熱材料セミナー資料 (2017)

41) 信越化学工業株式会社、TIM 特性計算ソフト "TIM Creator"

42) パナソニック「熱対策部品総合カタログ」(2017)

〈第 10 章〉

43) 株式会社ザワード「ヒートシンク製品カタログ」

44) Seri Lee "Calculating Spreading Resistance in Heat Sinks", Electronics Cooling, 4 (1) (1998)

45) 深川栄生「まちがいだらけの熱対策ホントにあった話 30」アナログウェア No.4、トランジスタ技術 2017 年 11 月号別冊付録、CQ 出版社 (2017)

46) 株式会社サーマルデザインラボ「熱設計プロセスナビゲータ Thermocalc2016」

〈第11章〉
47) 株式会社 UACJ 銅管「製品カタログ」
48) 株式会社 UACJ 銅管ホームページ（http://www.heatpipe.jp/）
49) 橘純一「液冷におけるシミュレーションのポイント」、熱設計・対策技術シンポジウム 2016 予稿集（2016）
50) Holman, J. P. "Heat Transfer 10th ed.", McGraw Hill（2010）
51) 小西明夫「ペルチェ冷却の基礎と応用」、熱設計・対策技術シンポジウム 2016 予稿集（2016）

参考文献

1）国峰尚樹「エレクトロニクスのための熱設計完全入門」、日刊工業新聞社（1997）
2）伊藤謹司、国峰尚樹「電子機器の熱対策設計第2版」、日刊工業新聞社（2006）
3）国峰尚樹、藤田哲也、鳳康宏「トコトンやさしい熱設計の本」、日刊工業新聞社（2012）
4）国峰尚樹編著「電子機器の熱流体解析入門第2版」、日刊工業新聞社（2015）
5）国峯尚樹、中村篤「熱設計と数値シミュレーション」、オーム社（2015）
6）熱設計何でも相談室ホームページ（http://thermo-clinic.com）掲載資料

使用ソフトウエア

1）熱設計プロセスナビゲータ Thermocalc 2016（株式会社サーマルデザインラボ）
2）熱回路網法ソフト Nodalnet6.2（株式会社サーマルデザインラボ）
3）FloTHERM Ver12.0（株式会社 IDAJ、メンター・グラフィックス・ジャパン株式会社）

◆ Excel 計算シートは以下からダウンロードできます

　　株式会社 サーマルデザインラボ　ホームページ

　　　http://www.thermo-clinic.com/

　　トップページの「熱設計完全制覇/Excel 計算シートダウンロード」

※ダウンロードサービスは止むを得ない事情により、予告なく中断・中止する場合がありますのでご了承ください。

索 引

【あ】

圧力損失係数 ·················· 73
ウィーデマン・フランツの法則 ·· 20
ウイック ···················· 275
エアフローテスター ········· 130
液冷システム ················ 281
煙突効果 ···················· 137
オイルブリード ·············· 232
温度境界層 ··················· 24

【か】

ギャップフィラー ············ 241
局所熱伝達率 ················· 56
キルヒホッフの法則 ··········· 34
グラスホフ数 ················· 57
グラファイトシート ······ 154, 244
形態係数 ················· 29, 66
結露対策 ···················· 162
高熱伝導基板 ················ 205

【さ】

サーマルグリース ············ 231

サーモグラフィー

サーモグラフィー ············ 116
最大出力点 ·················· 169
最大熱輸送量 ················ 278
最適フィン間隔 ·············· 255
散乱日射 ···················· 156
ジュール発熱 ················ 223
シリカエアロゲル ············ 246
真空断熱材 ·················· 246
真実接触点 ··················· 38
接触熱抵抗 ··················· 54

【た】

太陽光吸収率 ················ 158
端子部温度規定 ·············· 108
直達日射 ···················· 156
通風抵抗 ················· 73, 165
低温やけど ··················· 15
抵抗法 ······················ 120
ディッタスベルターの式 ········ 63
低熱伝導基板 ················ 207
銅インレイ基板 ·············· 215
等価熱伝導率 ················· 50
トップヒートモード ··········· 278

【な】

ナビエ–ストークスの式 ············ 29
ヌッセルト数 ······················ 57
熱回路網法 ························ 83
熱抵抗 ························ 43, 87
熱伝達率 ·························· 24
熱伝導シート ····················· 235
熱暴走 ···························· 14
熱流センサ ······················· 126

【は】

発熱中心 ························· 132
ヒートパイプ ····················· 274
表皮効果 ························· 224
ヒルパートの式 ···················· 63
拡がり熱抵抗 ················· 56, 250
ファン騒音 ······················· 169
ファンの相似則 ··················· 166
フーリエの法則 ···················· 41
フォノン伝導 ······················ 20
吹付ファン ······················· 192
プランクの法則 ···················· 32
プラントル数 ······················ 57
平均熱伝達率 ····················· 56
ペルチェモジュール ··············· 291
放射係数 ························· 67
放射率 ···························· 34
防塵対策 ························· 195

包絡体積 ························· 254
ポンプアウト ······················ 232

【ま】

目標熱抵抗 ······················· 90
漏れ（リーク）電流 ················ 13

【ら】

乱流 ····························· 27
乱流効果 ························· 182
流路パターン ····················· 185
レイノルズ数 ······················ 57

【英】

ASKER C ······················· 238
BLT ···························· 233
CFD ····························· 98
COS（コサイン）4乗則 ·········· 68
Dittus-Boelter の式 ·············· 63
IFOV ··························· 118
JEDEC 規格 ···················· 104
JPCA 規格 ····················· 212
Lee の式 ························ 251
PCM ···························· 240
PULL 型 ························ 180
PUSH 型 ························ 180
RHE ···························· 199
T3Ster ·························· 123
TIM ······················· 153, 230

336

〈著者紹介〉

国峰尚樹（kunimine@thermo-clinic.com）

1977年より沖電気工業株式会社にて、電子交換機やコンピュータの冷却技術開発、プリンタ、ATM、HDD、半導体デバイスの熱設計、熱流体解析システムの開発に従事。

2007年、株式会社サーマルデザインラボを設立。熱問題の撲滅と上流熱設計の普及をめざして活動中。

主な著書に、「エレクトロニクスのための熱設計完全入門」、「トラブルをさけるための電子機器の熱対策設計」、「電子機器の熱流体解析入門」、「トコトンやさしい熱設計の本」（いずれも日刊工業新聞社）、「熱設計と数値シミュレーション」（オーム社）などがある。

熱設計なんでも相談室（http://www.thermo－clinic.com）を通じて、熱で困っている人を幅広く支援している。

エレクトロニクスのための熱設計完全制覇　NDC 542.11

2018 年 5 月 28 日　初版 1 刷発行	定価はカバーに表示してあります
2024 年12月 13 日　初版 12 刷発行	

©　著　者	国峰　尚樹	
発行者	井水　治博	
発行所	日刊工業新聞社	
	〒 103-8548	
	東京都中央区日本橋小網町 14-1	
電　話	書籍編集部　03（5644）7490	
	販売・管理部　03（5644）7403	
ＦＡＸ	03（5644）7400	
振替口座	00190-2-186076	
ＵＲＬ	https://pub.nikkan.co.jp/	
e-mail	info_shuppan@nikkan.tech	
印刷・製本	新日本印刷㈱（POD10）	

落丁・乱丁本はお取り替えいたします。　　2018 Printied in Japan

ISBN978-4-526-07852-1　C3054

本書の無断複写は、著作権法上での例外を除き、禁じられています。